計算力学レクチャーコース

線形方程式の反復解法

一般社団法人 日本計算工学会 編
藤野清次・阿部邦美・杉原正顯・中嶋徳正 著

丸善出版

刊行にあたって

理・工学現象を理解・解明するための，理論，実験に次ぐ第3の方法として登場した「計算力学」(Computational Mechanics) は，1980年代にCAE (Computer Aided Engineering) を産み出すことで生産活動における計算の中核を担うに至り，その後のコンピュータ性能およびCADなどの周辺技術の進歩に支えられて飛躍的な発展を遂げた．そして現在では,「計算力学」は“ものづくり”の産業分野だけでなく，生命科学，エネルギー，防災・減災・環境，宇宙工学など，ありとあらゆる理・工学分野において必要不可欠な“道具”となっている．一方，CAEソフトの普及とその機能面の充実が進んだことで，計算力学は成熟した方法論として見なされる傾向が強くなり，汎用・商用のソフトウェアを利用するのが当たり前の状況で，自ら新たな手法やソフトウェア開発を行おうとする機運が薄れてきている．

一般社団法人日本計算工学会では，このような背景を受けて，有用でかつ発展が期待される計算力学手法に着目し，“基礎理論からプログラミングに至るまでを例題を通じて詳しく解説する”ことで，読者が“その手法を深く理解するとともに独自のコード開発が可能となること”をコンセプトとした，計算力学レクチャーシリーズ (全9巻) を刊行してきた．このシリーズは，幸いにも読者の皆様から好評を博すとともに，続刊を望む声が数多く寄せられてきた．このような要望に応えるために，そのコンセプトを継承する新シリーズ「計算力学レクチャーコース」を企画した．

新シリーズの第一弾として，トポロジー最適化，可視化入門，フェーズフィールド法入門，線形方程式の反復解法の4つのテーマについて各分野の第一線の研究者に執筆を依頼し，このたび順次刊行される運びとなった．この新シリーズが,前シリーズ同様に計算力学に携わる学生・実務者・研究者にとって有用な書となるとともに，これを契機に，日本発の計算力学手法や CAE ソフトが数多く世界に送り出されるようになることを願ってやまない．

2012 年 12 月

一般社団法人日本計算工学会会長　樫　山　和　男
(中央大学理工学部教授)

序　　文

最初に本書を執筆した動機を簡単にご紹介する．本書の主人公は，この分野の先駆者の一人，Peter Sonneveld 博士である．定年をまもなく迎えようとしていた 2006 年のある日，Sonneveld 博士は一通のある E メールを受け取った．そこには，“What happened to the IDR method?” と書かれていた．博士たちは，1979 年にドイツのパーダボルン大学で開催された会議で IDR 法とよばれる反復法を提案していた．しかし，当時はあまり注目されなかった．IDR 法発表後，いつの間にか 25 年以上の歳月が過ぎていた．この E メールをきっかけに，博士は IDR 法について再び挑戦しようと思い立った．ただ，2006–2007 年は，所属する学部が新館に引っ越すことが決まっていた．CGS 法を思い付いた懐かしい部屋ともおさらばである．

今回，彼には強力な助っ人，van Gijzen 博士が身近にいた．そのおかげで，2007 年 3 月 12 日，デルフト工科大学のグループセミナーで，IDR(s) 法とよぶ新しい反復法を発表できた．その後，多くの問題において，従来からある Bi-CG 法系の反復法に優るとも劣らない性能をもつことが報告され，一大センセーションを巻き起こした．そして，2008 年，Sonneveld 博士の一連の業績，AGS 法，IDR 法，CGS 法，BiCGSTAB 法，そして IDR (s) 法を完結する時期が来た．3 月の第 9 回 IMACS の会議で IDR (s) 法の講演を行った．同年 9 月に京都大学 学術情報メディアセンターで開催された国際会議で講演した．そのときの博士の招待講演の最初のスライドには

> AGS-IDR-CGS-BiCGSTAB-IDR(s):
> The circle closed
> A case of serendipity

と書かれていた．この講演題目に博士の万感の思いが詰まっている．

そして，最後に，Hello again, IDR (ようこそ! お帰りなさい! IDR 法) と締めくくった．名講演であった．

現在，IDR (s) 法は，従来のハイブリッド Bi-CG 法より高速かつ頑強な収束性をもつことが報告され，注目を浴びている．IDR (s) 法は，従来の Krylov 空間法のように，Krylov 部分空間を構築するのではなく，帰納的次元縮小 (IDR) 原理によって構築される空間 (新しい空間は前の空間に包含されるように構築される) において残差列とともに近似解をつくる方法といえる．

その後，日本でも，東京大学在籍時より取り組んでいた青山学院大学 杉原正顯教授のグループや岐阜聖徳学園大学 阿部邦美教授のグループによって精力的に研究がなされ，IDR (s) 法の拡張や発展形など，多くの成果が上がっている．そこで，本書では，両先生に IDR (s) 法の基礎とその発展について，執筆いただいた．また，電磁界分野で種々の IDR (s) 法を積極的に取り入れておられる福岡工業大学 中嶋徳正准教授 (前九州大学) にも執筆いただき，応用面での評価を記述していただいた．なお，参考文献の表記順序は各執筆者の裁量に委ねた．

本書の出版に関して，東北大学大学院 寺田賢二郎教授，中央大学理工学部 樫山和男教授，ユトレヒト大学 Gerard Sleijpen 教授，マンチェスター大学 Fumie (史江) Costen 専任講師，東京大学 旧杉原研究室 谷尾真明氏，塚田 健氏，深堀康紀氏，小橋昌明氏，東京大学 相島健助 助教，東京理科大学 石渡恵美子教授，相原研輔氏，同志社大学 藤原耕二教授，高橋康人准教授，Sakayeya プロジェクト 久野孝子氏，九州大学 藤野研究室 柿原正伸，井上明彦，吉田正浩，藤原 牧，塩出 亮，Moe Thuthu，染原一仁，尾上勇介，関本 幹，村上啓一，安江 卓各氏にたいへんお世話になった．心より感謝申し上げる．最後に，丸善出版株式会社の渡邊康治氏に終始たいへんお世話になった．深く御礼申し上げる．

2013 年 8 月

著者を代表して

藤 野 清 次

学習のガイド

大規模線形方程式系の数値解法が現在の科学技術の基盤を成すことはよく知られている．そこで，線形方程式系の概要を下図にまとめてみる．この図からもわかるように，精度のよい解をできるだけ短い計算時間で求めることは意義深い．

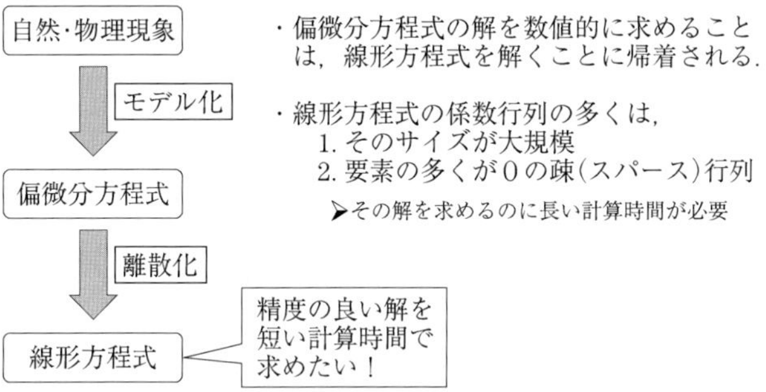

一般に，線形方程式系の解法には，直接法と反復法がある．直接法と反復法の特徴を箇条書きでまとめると下記のようになる．

- 直接法
  (1) LU 分解 $A = LU \to (2), (3)$
  (2) 前進代入
  (3) 後退代入
  – 有限回の一定手順で解が得られるが演算の量が多い．
  – 分解後は密度行列となり，大規模疎行列の求解に不向き．
- 反復法 $\boldsymbol{x}_0 \to \boldsymbol{x}_1 \to \cdots \to \boldsymbol{x}_k$
  – 行列の疎性を利用でき，大規模疎行列の求解に向く．

– 残差 $\boldsymbol{r}_k := \boldsymbol{b} - A\boldsymbol{x}_k$ が要求閾値より小さくなるまで反復.
– Krylov 部分空間法の利用が現代の潮流である.
– 新しい Krylov 部分空間法が次々と誕生している.

おのおのの解法には一長一短あるが，メモリ上の制約から大規模線形方程式系の解法は，反復法に限られる．直接法で扱える行列サイズはせいぜい 100 万次元だが，反復法であれば最近のコンピュータでは 100 億次元でも適用可能になってきた．また，反復法の中でも Krylov 部分空間法の利用が現代の潮流になっている．

最新の Krylov 部分空間法を紹介するに際し，本書は次の 6 章から構成される

- **第 1 章　ハイブリッド双共役勾配法と帰納的次元縮小法**　Krylov 部分空間法の先行研究をサーベイ (調査研究) し，最先端の研究成果であるハイブリッド双共役勾配法と帰納的次元縮小法について紹介する．
- **第 2 章　GBi-CGSTAB (s, L) 法**　Petrov–Galerkin 方式の Krylov 部分空間法である GBi-CGATAB (s, L) 法の導出と算法を紹介する．現在，最も頑強 (robust) な解法ともいわれている．
- **第 3 章　前処理 1**　対称行列用の前処理，特に R (Robust) IC 分解前処理について紹介する．また，最近見直されてきた Eisenstat 型 S (Symmetric) SOR 前処理や，並列計算用の代数マルチブロック順序つけ法も取り上げる．
- **第 4 章　Bi-CGSafe 法系統の反復法と前処理**　Bi-CG 法系統の反復法も，その実装の容易さ，理論のわかりやすさ，利便性のよさなどの理由から，さまざまな分野で役立っている．そこで，最近の話題である Bi-CGSafe 法，Bi-CGStar 法，そしてこの分野の先駆者の一人である Rutishauser のアイデアの再評価による Bi-CGStar-plus 法などを紹介する．これは並列計算向きの解法といえる．
- **第 5 章　事例研究**　Krylov 部分空間法の実際の適用事例を紹介する．あらゆる分野の行列に有効といえる万能な反復法はないので，反復法の適用の向き・不向きを検討されたい．
- **第 6 章　複素密行列問題**　複素密行列行列が現れる電磁波散乱問題の話題を取り上げる．また，高速多重極アルゴリズムの概要を紹介する．そして，実際の数値例をもとに反復法のよしあしを議論する．

目　　次

1　ハイブリッド双共役勾配法と帰納的次元縮小法

$n \times n$ の係数行列 A と n 次元ベクトルの右辺項 $\boldsymbol{b}$ と解 $\boldsymbol{x}$ をもつ線形方程式

$$A\boldsymbol{x} = \boldsymbol{b}$$

を数値的に解く Krylov 空間法を扱う．Krylov 空間法は，導出のプロセスの違いによっていくつかに分類される．

非対称行列に対する Krylov 空間法は,「残差の双直交化」(残差がある n 次の Krylov 部分空間と直交する) と「残差の最小化」(Krylov 空間上で残差ノルムを最小にする) から導出される 2 つの解法群に大別される．前者は **Petrov–Galerkin 方式**[20]，後者は**最小残差** (Minimum Residual) **方式**[20] ともよばれる.「残差の双直交化」条件から導かれる解法の代表が**双共役勾配** [Bi-CG (Bi-Conjugate Gradient)] **法**[13]である．さらに，Bi-CG 法の収束性の向上と行列の共役転置を用いるのを避けるため，Bi-CG 法の残差の自乗で表される**自乗共役勾配** [CGS (Conjugate Gradient Squared)] **法**[46]，Bi-CG 法に 1 次の安定化多項式[39]を組み込んだ**安定化双共役勾配** [Bi-CGSTAB (Bi-Conjugate Gradient STABilized)] **法**[53, 54]，Bi-CG 法に 1 次と 2 次の安定化多項式を反復ごとに交互に組み込んだ **BiCGStab2 法**[22]，Bi-CG 法に 2 次の安定化多項式を組み込んだ**一般化積型双共役勾配** [GPBi-CG (Generalized Product-type method based on Bi-CG)] **法**[62] や **BiCG×MR2 法**[8, 23, 24]，Bi-CG 法に l 次の安定化多項式を組み込んだ **BiCGstab** (l) **法**[38, 42]などが開発された．これらの解法は総称して**ハイブリッド Bi-CG 法**，または**積型解法**とよばれている．Bi-CG 法に安定化多項式を取り入れる研究のほか，Bi-CG 法に残差最小化の考え方を加味して残差の振動を抑えた **Bi-CO 法**[35]，**擬似最小残差** [QMR (Quasi-Minimal Residual)，準最小残差] **法**[17]などの研究が行われた．これら Bi-CO 法，QMR 法は係数行列の共役転置を用いた演算を必要とするため，その後に共役転置を用いた演算を必要としない **TFQMR** (Transpose-free QMR) **法**[16]などが開発された．また,「残差の最小化」条件から導かれる解法として **Orthodir 法**[60]，**一般化最小残差** [GMRES (Generalized Minimal RESidual)] **法**[34]，**一般化共役残差** [GCR (Generalized Conjugate Residual)] **法**[12]などが提案された．これらの解法は反復計算が進むに従って計算量やメモリ量が増すため，それらを軽減化するリスタート版の GMRES(m) 法，GCR(m) 法や切断版の Orthodir(m) 法，**Orthomin**(m) **法**[57]，**DQGMRES 法**[33]などの研究が行われた．Orthodir 法は，**一般化共役勾配** [GCG (Generalized Conjugate Gradient)] **法**[7, 9, 59]などの研究が行われた時期に案出されたものである．GCG 法の研究は，対称正定値行列用の解法である**共役勾配** [CG (Conjugate Gradient)] **法**[28]を一般行列へ拡張することを目標として 1970 年代に進められた．Orthodir 法のアルゴリズムで計算された残差ノルムと真の残差ノルムとの差は Orthomin 法から生じる差よりも小さいことが知られている[52]．

ハイブリッド Bi-CG 法や GMRES 法などは収束性に優れており，現在，多くの応用分野で用いられ，その有効性が実証されている．本章では，非対称行列を係数にもつ線形方程式を解くために有効ないくつかのハイブリッド Bi-CG 法を説明する．さらに，従来のハイブリッド Bi-CG 法の収束性を改善するための技法を紹介する．

技法の第 1 は，残差や近似解を求める漸化式の一部変更で実現する．漸化式は，従来とは異なる Bi-CG 法[39]を用いて導き出される．技法の第 2 は，ハイブリッド Bi-CG 法の安定化多項式の係数や Bi-Lanczos 多項式[49]の係数の計算方法の工夫改良で実現する．ここでは，ハイブリッド**双共役残差** [(Bi-CR (Bi-Conjugate Residual)] **法**[2, 6, 44, 45]とバニラ戦略[5, 40]を扱う．

初期近似解を $\boldsymbol{x}_0$，対応する初期残差 $\boldsymbol{r}_0$ を $\boldsymbol{r}_0 \equiv \boldsymbol{b} - A\boldsymbol{x}_0$ と定義する．このとき，初期残差 $\boldsymbol{r}_0$ と係数行列 A によって生成される k 次の **Krylov 部分空間**は，次のように定義される．

$$\mathcal{K}_k(A, \boldsymbol{r}_0) \equiv \mathrm{span}\{\boldsymbol{r}_0, A\boldsymbol{r}_0, \cdots, A^{k-1}\boldsymbol{r}_0\}$$

Krylov 部分空間 $\mathcal{K}_k(A, \boldsymbol{r}_0)$ に属するベクトル $\boldsymbol{z}$ と初期値 $\boldsymbol{x}_0$ によって近似解

$\boldsymbol{x}$ を $\boldsymbol{x} = \boldsymbol{x}_0 + \boldsymbol{z}$ と生成するのが **Krylov 空間法**である．ただし，ベクトル $\boldsymbol{z}$ は，前述の「残差の双直交化」や「残差の最小化」などの条件で定められる．

1.1 Bi-CG 法とハイブリッド Bi-CG 法

本節では，Bi-CG 法とハイブリッド Bi-CG 法 (積型解法) を紹介する．

1.1.1 Bi-CG 法

Bi-CG 法のアルゴリズムとそこで生成されるベクトル列の性質について述べる．

Bi-CG 法によって生成される残差ベクトル列を $\boldsymbol{r}_0^{\mathrm{bcg}}, \boldsymbol{r}_1^{\mathrm{bcg}}, \cdots, \boldsymbol{r}_k^{\mathrm{bcg}}$，シャドウ (shadow) 残差ベクトル列を $\tilde{\boldsymbol{r}}_0, \tilde{\boldsymbol{r}}_1, \cdots, \tilde{\boldsymbol{r}}_k$ とする．これらのベクトル列は **Bi-Lanczos 原理**[49]によって生成される Krylov 部分空間の基底である (Bi-Lanczos 原理は文献 [33,50] などにも記載されている)．そのため，残差ベクトル $\boldsymbol{r}_k^{\mathrm{bcg}}$ は

$$\boldsymbol{r}_k^{\mathrm{bcg}} \equiv R_k(A)\boldsymbol{r}_0$$

と表せ，残差多項式 $R_k(A)$ は Bi-CG 法の 2 つのパラメータ α_k, β_k から定められ，**Bi-Lanczos 多項式**[49]とよばれる次の 3 項漸化式を満足する．

$$\begin{aligned} &R_0(\lambda) = 1,\ R_1(\lambda) = 1 - \alpha_0\lambda, \\ &R_{k+1}(\lambda) = \left(1 - \alpha_k\frac{\beta_{k-1}}{\alpha_{k-1}} - \alpha_k\lambda\right)R_k(\lambda) + \alpha_k\frac{\beta_{k-1}}{\alpha_{k-1}}R_{k-1}(\lambda) \\ &\qquad (k = 1, 2, \cdots) \end{aligned} \tag{1.1}$$

また，シャドウ残差ベクトル列も Bi-Lanczos 多項式を用いて $\tilde{\boldsymbol{r}}_k \equiv R_k(A^*)\tilde{\boldsymbol{r}}_0$ と表せる．ただし，A^* は行列 A の共役転置を意味し，$\tilde{\boldsymbol{r}}_0$ は Bi-CG 法の初期値として任意に与えられる n 次元ベクトルである．さらに，3 項漸化式 (1.1) は k 次の補助多項式

$$\hat{G}_k(\lambda) \equiv (R_k(\lambda) - R_{k+1}(\lambda))/(\alpha_k\lambda) \qquad (k = 0, 1, \cdots)$$

を用いることで，交代漸化式

$$\begin{aligned} \hat{G}_k(\lambda) &= R_k(\lambda) - \beta_{k-1}\hat{G}_{k-1}(\lambda) \\ R_{k+1}(\lambda) &= R_k(\lambda) - \alpha_k\lambda\hat{G}_k(\lambda) \end{aligned} \tag{1.2}$$

に書き換えられる．

ここで，補助ベクトル $\boldsymbol{u}_k^{\mathrm{bcg}} \equiv \hat{G}_k(A)\boldsymbol{r}_0$ を導入すれば，Bi-CG 法の残差ベクトル $\boldsymbol{r}_k^{\mathrm{bcg}}$ は，補助ベクトル $\boldsymbol{u}_k^{\mathrm{bcg}}$ を使って交代漸化式

$$\boldsymbol{r}_{k+1}^{\mathrm{bcg}} = \boldsymbol{r}_k^{\mathrm{bcg}} - \alpha_k A \boldsymbol{u}_k^{\mathrm{bcg}} \tag{1.3}$$

$$\boldsymbol{u}_{k+1}^{\mathrm{bcg}} = \boldsymbol{r}_{k+1}^{\mathrm{bcg}} - \beta_k \boldsymbol{u}_k^{\mathrm{bcg}} \tag{1.4}$$

によって生成される．

Bi-Lanczos 原理[49]によって生成された残差ベクトル列 $\boldsymbol{r}_i^{\mathrm{bcg}}$ とシャドウ残差ベクトル列 $\tilde{\boldsymbol{r}}_j$ は，$i \neq j$ のときに直交するので，多項式係数 α_k, β_k は，次の直交性を満たすように決められる．

$$\boldsymbol{r}_{k+1}^{\mathrm{bcg}}, A\boldsymbol{u}_{k+1}^{\mathrm{bcg}} \perp \tilde{\boldsymbol{r}}_k \tag{1.5}$$

したがって，係数 α_k, β_k の計算式は

$$\alpha_k = (\boldsymbol{r}_k^{\mathrm{bcg}}, \tilde{\boldsymbol{r}}_k)/(A\boldsymbol{u}_k^{\mathrm{bcg}}, \tilde{\boldsymbol{u}}_k), \qquad \beta_k = -(\boldsymbol{r}_{k+1}^{\mathrm{bcg}}, \tilde{\boldsymbol{r}}_{k+1})/(\boldsymbol{r}_k^{\mathrm{bcg}}, \tilde{\boldsymbol{r}}_k)$$

と陽に書ける．ただし，$\tilde{\boldsymbol{u}}_k \equiv \hat{G}_k(A^*)\tilde{\boldsymbol{r}}_0$ と表すことができ，ベクトル $\tilde{\boldsymbol{r}}_k$ は補助ベクトル $\tilde{\boldsymbol{u}}_k$, A^* とともに式 (1.3), (1.4) と同様の交代漸化式で生成される．また，ベクトル $\boldsymbol{r}_k^{\mathrm{bcg}}$, $\boldsymbol{u}_k^{\mathrm{bcg}}$, $\tilde{\boldsymbol{r}}_k$, $\tilde{\boldsymbol{u}}_k$ は次のような性質を満たす．

$$\begin{aligned} (\boldsymbol{r}_i^{\mathrm{bcg}}, \tilde{\boldsymbol{r}}_j) &= 0 \qquad (i \neq j) \\ (A\boldsymbol{u}_i^{\mathrm{bcg}}, \tilde{\boldsymbol{u}}_j) &= 0 \qquad (i \neq j) \end{aligned} \tag{1.6}$$

アルゴリズム 1.1　Bi-CG 法のアルゴリズム

Select an $\boldsymbol{x}$ and an $\tilde{\boldsymbol{r}}_0$, e.g., $\boldsymbol{x} = \boldsymbol{0}$ and $\tilde{\boldsymbol{r}}_0$ is set to random vector.
Compute $\boldsymbol{r} = \boldsymbol{b} - A\boldsymbol{x}$, $\boldsymbol{u} = \boldsymbol{r}$, $\tilde{\boldsymbol{r}} = \tilde{\boldsymbol{u}} = \tilde{\boldsymbol{r}}_0$, $\sigma = \tilde{\boldsymbol{r}}^*\boldsymbol{r}$, $\beta = 0$
while $\|\boldsymbol{r}\|_2/\|\boldsymbol{b}\|_2 >$ tol **do**
　$\boldsymbol{u} = \boldsymbol{r} - \beta\boldsymbol{u}$,　$\tilde{\boldsymbol{u}} = \tilde{\boldsymbol{r}} - \beta\tilde{\boldsymbol{u}}$
　$\boldsymbol{c} = A\boldsymbol{u}$,　$\tilde{\boldsymbol{c}} = A^*\tilde{\boldsymbol{u}}$
　$\alpha = \sigma/(\tilde{\boldsymbol{u}}^*\boldsymbol{c})$
　$\boldsymbol{x} = \boldsymbol{x} + \alpha\boldsymbol{u}$
　$\boldsymbol{r} = \boldsymbol{r} - \alpha\boldsymbol{c}$,　$\tilde{\boldsymbol{r}} = \tilde{\boldsymbol{r}} - \alpha\tilde{\boldsymbol{c}}$
　$\sigma' = \tilde{\boldsymbol{r}}^*\boldsymbol{r}$
　$\beta = -\sigma'/\sigma$,　$\sigma = \sigma'$
end while

残差に関する定義 $\boldsymbol{r}_k^{\mathrm{bcg}} \equiv \boldsymbol{b} - A\boldsymbol{x}_k^{\mathrm{bcg}}$ を式 (1.3) に用いると，近似解の漸化式 $\boldsymbol{x}_{k+1}^{\mathrm{bcg}} = \boldsymbol{x}_k^{\mathrm{bcg}} + \alpha_k \boldsymbol{u}_k^{\mathrm{bcg}}$ が得られる．以上から，**Bi-CG 法**のアルゴリズムはアルゴリズム 1.1 のように記述される．ここで，$\tilde{\boldsymbol{r}}^*$, $\tilde{\boldsymbol{u}}^*$ は各ベクトルの共役転置を意味する．

1.1.2 ハイブリッド Bi-CG 法

本項では，非対称行列を係数にもつ線形方程式を解くために有効なハイブリッド Bi-CG 法を紹介する．数多くのハイブリッド Bi-CG 法のうち，CGS 法，Bi-CGSTAB 法，GPBi-CG 法を扱う．CGS 法については，従来の CGS 法に加えて一般化自乗共役勾配 [GCGS (Generalized CGS) 法[15] と CGS 法の変形版[3] を，Bi-CGSTAB 法については，従来の Bi-CGSTAB 法とその変形版[3] を紹介する．GPBi-CG 法については，従来の GPBi-CG 法，BiCG×MR2 法[23, 24] とその変形版[3, 5, 30] を紹介する．従来の方法と変形版との違いは後述する．

ハイブリッド Bi-CG 法は，**Sonneveld 部分空間**[43] で近似解を構成する解法の総称である．Sonneveld 部分空間は以下のように定義される．

$$S_{P_k}(A, \tilde{\boldsymbol{r}}_0) \equiv \left\{ P_k(A)\boldsymbol{v} \mid \boldsymbol{v} \perp \mathcal{K}_k(A^*, \tilde{\boldsymbol{r}}_0) \right\}$$

ハイブリッド Bi-CG 法の残差 $\boldsymbol{r}_k$ は，Bi-CG 法によって生成された残差ベクトル $\boldsymbol{r}_k^{\mathrm{bcg}}$ と収束を滑らかにする安定化多項式 $P_k(A)$ との積によって表せる．

$$\boldsymbol{r}_k \equiv P_k(A)\boldsymbol{r}_k^{\mathrm{bcg}} = P_k(A)R_k(A)\boldsymbol{r}_0 \tag{1.7}$$

ここで，**安定化多項式**$P_k(A)$ は，次の 3 項漸化式を満足する[22, 29, 62]．

$$P_0(\lambda) = 1, \quad P_1(\lambda) = (1 - \zeta_0\lambda)P_0(\lambda)$$
$$P_{k+1}(\lambda) = (1 + \eta_k - \zeta_k\lambda)P_k(\lambda) - \eta_k P_{k-1}(\lambda) \qquad (k = 1, 2, \cdots) \tag{1.8}$$

安定化多項式 $P_k(A)$ の違いによって解法が異なる．すなわち，安定化多項式 $P_k(A)$ の係数を $\zeta_k \equiv \alpha_k$，$\eta_k \equiv -\beta_{k-1}(\alpha_k/\alpha_{k-1})$ とおけば，式 (1.8) は式 (1.1) と一致し，式 (1.7) は CGS 法の残差を表す．また，安定化多項式 $P_k(A)$ の係数を $\eta_k = 0$ とし，ζ_k を残差ノルムを最小化するように決めれば，式 (1.7) は Bi-CGSTAB 法

の残差を表す．さらに，係数 ζ_k，η_k を残差ノルムの最小化で決めれば，GPBi-CG 法，BiCG×MR2 法になる．

次に，ハイブリッド Bi-CG 法の係数 α_k，β_k の計算法について説明する．ここで取り上げる CGS 法，Bi-CGSTAB 法，GPBi-CG 法，BiCG×MR2 法の係数 α_k，β_k は，Bi-CG 法の係数 α_k，β_k と数学的に等価である．

まず，次のような内積 ρ_k を考える．

$$\begin{aligned}\rho_k &\equiv (P_k(A)R_k(A)\boldsymbol{r}_0, \tilde{\boldsymbol{r}}_0) = (R_k(A)\boldsymbol{r}_0, P_k(A^*)\tilde{\boldsymbol{r}}_0) \qquad (1.9)\\ &= \left(R_k(A)\boldsymbol{r}_0, (-1)^k \prod_{i=0}^{k-1} \zeta_i (A^*)^k \tilde{\boldsymbol{r}}_0 + \boldsymbol{q}_1\right)\end{aligned}$$

ただし，$\boldsymbol{q}_1 \in \mathcal{K}_{k-1}(A^*, \tilde{\boldsymbol{r}}_0)$ で，$\mathcal{K}_{k-1}(A^*, \tilde{\boldsymbol{r}}_0)$ は $k-1$ 次の Krylov 部分空間を表す．ここで，Bi-CG 法のアルゴリズム中の生成ベクトル列は式 (1.6) を満たす．すなわち，$R_k(A)\boldsymbol{r}_0$ が $(A^*)^i\tilde{\boldsymbol{r}}_0 \quad (i < k)$ と直交する．さらに，$R_k(A^*) = (-1)^k \prod_{i=0}^{k-1} \alpha_i (A^*)^k \tilde{\boldsymbol{r}}_0 + \boldsymbol{q}_2$ と表せる．ただし，$\boldsymbol{q}_2 \in \mathcal{K}_{k-1}(A^*, \tilde{\boldsymbol{r}}_0)$．したがって，

$$\begin{aligned}\rho_k &= \left(R_k(A)\boldsymbol{r}_0, \frac{(-1)^k \prod_{i=0}^{k-1} \zeta_i}{(-1)^k \prod_{i=0}^{k-1} \alpha_i} R_k(A^*)\tilde{\boldsymbol{r}}_0 \right)\\ &= \frac{\prod_{i=0}^{k-1} \zeta_i}{\prod_{i=0}^{k-1} \alpha_i} (R_k(A)\boldsymbol{r}_0, R_k(A^*)\tilde{\boldsymbol{r}}_0) \qquad (1.10)\end{aligned}$$

となるので，Bi-CG 法の係数 β_k は，ρ_k を用いて次のように計算できる．

$$\beta_k = -\frac{(\boldsymbol{r}_{k+1}^{\mathrm{bcg}}, \tilde{\boldsymbol{r}}_{k+1})}{(\boldsymbol{r}_k^{\mathrm{bcg}}, \tilde{\boldsymbol{r}}_k)} = -\frac{(R_{k+1}(A)\boldsymbol{r}_0, R_{k+1}(A^*)\tilde{\boldsymbol{r}}_0)}{(R_k(A)\boldsymbol{r}_0, R_k(A^*)\tilde{\boldsymbol{r}}_0)} = -\frac{\alpha_k}{\zeta_k}\frac{\rho_{k+1}}{\rho_k} \qquad (1.11)$$

したがって，ハイブリッド Bi-CG 法の係数 β_k は，式 (1.9), (1.11) を用いて

$$\begin{aligned}\beta_k &= -\frac{\alpha_k}{\zeta_k}\frac{(P_{k+1}(A)R_{k+1}(A)\boldsymbol{r}_0, \tilde{\boldsymbol{r}}_0)}{(P_k(A)R_k(A)\boldsymbol{r}_0, \tilde{\boldsymbol{r}}_0)}\\ &= -\frac{\alpha_k}{\zeta_k}\frac{(P_{k+1}(A)\boldsymbol{r}_{k+1}^{\mathrm{bcg}}, \tilde{\boldsymbol{r}}_0)}{(P_k(A)\boldsymbol{r}_k^{\mathrm{bcg}}, \tilde{\boldsymbol{r}}_0)} \qquad (1.12)\end{aligned}$$

と表される．ただし，CGS 法の安定化多項式の係数は $\zeta_k = \alpha_k$ である．

次に，Bi-CG 法の係数 α_k は，次のように計算される．

$$\alpha_k = (\boldsymbol{r}_k^{\rm bcg}, \tilde{\boldsymbol{r}}_k)/(A\boldsymbol{u}_k^{\rm bcg}, \tilde{\boldsymbol{u}}_k)$$

そこで，文献 [33,46] 中のハイブリッド Bi-CG 法の係数 α_k を導く方法にならえば，α_k は $\tilde{\boldsymbol{r}}_k = R_k(A^*)\tilde{\boldsymbol{r}}_0$，$\tilde{\boldsymbol{u}}_k = \hat{G}_k(A^*)\tilde{\boldsymbol{r}}_0$ を用いて次のように書ける．

$$\alpha_k = \frac{(\boldsymbol{r}_k^{\rm bcg}, R_k(A^*)\tilde{\boldsymbol{r}}_0)}{(A\boldsymbol{u}_k^{\rm bcg}, \hat{G}_k(A^*)\tilde{\boldsymbol{r}}_0)} = \frac{(R_k(A)\boldsymbol{r}_k^{\rm bcg}, \tilde{\boldsymbol{r}}_0)}{(A\hat{G}_k(A)\boldsymbol{u}_k^{\rm bcg}, \tilde{\boldsymbol{r}}_0)} \tag{1.13}$$

または

$$\begin{aligned}\alpha_k &= \frac{(\boldsymbol{r}_k^{\rm bcg}, R_k(A^*)\tilde{\boldsymbol{r}}_0)}{(A\boldsymbol{u}_k^{\rm bcg}, R_k(A^*)\tilde{\boldsymbol{r}}_0)} = \frac{(\boldsymbol{r}_k^{\rm bcg}, P_k(A^*)\tilde{\boldsymbol{r}}_0)}{(A\boldsymbol{u}_k^{\rm bcg}, P_k(A^*)\tilde{\boldsymbol{r}}_0)} \\ &= \frac{(P_k(A)\boldsymbol{r}_k^{\rm bcg}, \tilde{\boldsymbol{r}}_0)}{(AP_k(A)\boldsymbol{u}_k^{\rm bcg}, \tilde{\boldsymbol{r}}_0)}\end{aligned} \tag{1.14}$$

式 (1.13) は CGS 法，式 (1.14) は Bi-CGSTAB 法，GPBi-CG 法で使用される．

上記で述べた係数 α_k, β_k の計算方法は，Bi-CG 法とハイブリッド Bi-CG 法の係数が数学的に等価であることから導かれた．このとき，$A\boldsymbol{u}_{k+1}^{\rm bcg} \perp \tilde{\boldsymbol{r}}_k$ という直交条件を陽に用いていない．また，反復 1 回あたりの内積演算が 2 回となるよう工夫がなされている．

次に，文献 [39] の中で帰納的次元縮小 [IDR (Induced Dimension Reduction)] 法[48, 58] と Bi-CGSTAB 法との関係性を述べるために使用された **IDR 法に近い形式の Bi-CG 法**を用いてハイブリッド Bi-CG 法を導く．まず，式 (1.3)–(1.5) を次のような式に書き換える．

$$\begin{aligned}\boldsymbol{r}_{k+1}^{\rm bcg} &= \boldsymbol{r}_k^{\rm bcg} - \alpha_k A\boldsymbol{u}_k^{\rm bcg} \ \perp \ \tilde{\boldsymbol{r}}_k \\ A\boldsymbol{u}_{k+1}^{\rm bcg} &= A\boldsymbol{r}_{k+1}^{\rm bcg} - \beta_k A\boldsymbol{u}_k^{\rm bcg} \ \perp \ \tilde{\boldsymbol{r}}_k \\ \boldsymbol{u}_{k+1}^{\rm bcg} &= \boldsymbol{r}_{k+1}^{\rm bcg} - \beta_k \boldsymbol{u}_k^{\rm bcg}\end{aligned} \tag{1.15}$$

ただし，ベクトル $\boldsymbol{r}$，$\boldsymbol{c}$，$\tilde{\boldsymbol{r}}$ とスカラー β に対して，直交条件 $\boldsymbol{r} - \beta\boldsymbol{c} \perp \tilde{\boldsymbol{r}}$ はベクトル $\boldsymbol{r} - \beta\boldsymbol{c}$ と $\tilde{\boldsymbol{r}}$ が直交するように $\beta = (\boldsymbol{r}, \tilde{\boldsymbol{r}})/(\boldsymbol{c}, \tilde{\boldsymbol{r}})$ と計算することを意味する．ここで，$\tilde{\boldsymbol{r}}_k$ を $P_k(0) = 1$ を満すある k 次の多項式 $P_k(\lambda)$ を用いて，$\tilde{\boldsymbol{r}}_k = \bar{P}_k(A^*)\tilde{\boldsymbol{r}}_0$

と表すと，式 (1.15) は次のように書き換えられる．

$$P_k \boldsymbol{r}_{k+1}^{\mathrm{bcg}} = P_k \boldsymbol{r}_k^{\mathrm{bcg}} - \alpha_k A P_k \boldsymbol{u}_k^{\mathrm{bcg}} \perp \tilde{\boldsymbol{r}}_0 \tag{1.16}$$

$$A P_k \boldsymbol{u}_{k+1}^{\mathrm{bcg}} = A P_k \boldsymbol{r}_{k+1}^{\mathrm{bcg}} - \beta_k A P_k \boldsymbol{u}_k^{\mathrm{bcg}} \perp \tilde{\boldsymbol{r}}_0 \tag{1.17}$$

$$P_k \boldsymbol{u}_{k+1}^{\mathrm{bcg}} = P_k \boldsymbol{r}_{k+1}^{\mathrm{bcg}} - \beta_k P_k \boldsymbol{u}_k^{\mathrm{bcg}} \tag{1.18}$$

ただし，多項式 $P_k(A), G_k(A)$ などを，簡単のため，P_k, G_k とおのおの表す．係数 α_k, β_k は，ベクトル $P_k \boldsymbol{r}_{k+1}^{\mathrm{bcg}}, A P_k \boldsymbol{u}_{k+1}^{\mathrm{bcg}}$ がおのおの $\tilde{\boldsymbol{r}}_0$ に直交するように決める．したがって，係数 α_k, β_k は次のような計算式で求められる．

$$\alpha_k = (P_k \boldsymbol{r}_k^{\mathrm{bcg}}, \tilde{\boldsymbol{r}}_0)/\sigma, \quad \beta_k = (A P_k \boldsymbol{r}_{k+1}^{\mathrm{bcg}}, \tilde{\boldsymbol{r}}_0)/\sigma \tag{1.19}$$

ここで，$\sigma = (A P_k \boldsymbol{u}_k^{\mathrm{bcg}}, \tilde{\boldsymbol{r}}_0)$ である．ハイブリッド Bi-CG 法を導くために使用される従来の Bi-CG 法と異なる点は，β_k の計算方法 (式 (1.12) を使用しない) と，ベクトル $A P_k \boldsymbol{u}_{k+1}^{\mathrm{bcg}}$ がベクトルのスカラー倍とベクトルとの和 (以下，**AXPY** とよぶ) の演算によって求められることである．式 (1.19) を用いて係数 α_k, β_k を求めるとき，反復 1 回あたりの内積演算は 3 回になる．

1.1.3　CGS　法

本項では，Sonneveld (図 1.1) によって提案された CGS 法，Sleijpen らによって提案された GCGS 法[15]，さらに，CGS 法変形版 1，変形版 2[3] を説明する．

GCGS 法は，式 (1.8) で

図 1.1　CGS 法を考案した部屋の前で P. Sonneveld 博士 (2012 年 4 月撮影)

$$\zeta_k \equiv \alpha_k, \qquad \eta_k \equiv -\beta_{k-1}\frac{\alpha_k}{\alpha_{k-1}}$$

と置き換えた式と Bi-CG 法の漸化式 (1.3), (1.4) を組み合わせて導かれる[*1]．さらに，CGS 法変形版 1，変形版 2 は，GCGS 法と同様の発想で，式 (1.8) で

$$\zeta_k \equiv \alpha_k, \qquad \eta_k \equiv -\beta_{k-1}\frac{\alpha_k}{\alpha_{k-1}}$$

と置き換えた式と漸化式 (1.3), (1.4), (1.16)–(1.18) を組み合わせて導かれる．

まず，従来の CGS 法について説明する．関係式

$$\zeta_k \equiv \alpha_k, \qquad \eta_k \equiv -\beta_{k-1}\frac{\alpha_k}{\alpha_{k-1}}$$

を用いて式 (1.8) を次のような交代漸化式に書き換える．

$$G_k(\lambda) = P_k(\lambda) - \beta_{k-1}G_{k-1}(\lambda) \tag{1.20}$$

$$P_{k+1}(\lambda) = P_k(\lambda) - \alpha_k \lambda G_k(\lambda) \tag{1.21}$$

CGS 法では，多項式 $P_k(\lambda)$, $G_k(\lambda)$ は多項式 $R_k(\lambda)$, $\hat{G}_k(\lambda)$ と同様，Bi-CG 法で定義されたベクトル $\boldsymbol{r}_k^{\mathrm{bcg}}$, $\boldsymbol{u}_k^{\mathrm{bcg}}$ を表す多項式とみなすことができる．いま，CGS 法の $k+1$ 回目の残差 $\boldsymbol{r}_{k+1} \equiv P_{k+1}\boldsymbol{r}_{k+1}^{\mathrm{bcg}}$ を

$$P_{k+1}\boldsymbol{r}_{k+1}^{\mathrm{bcg}} = (P_k - \alpha_k A G_k)(\boldsymbol{r}_k^{\mathrm{bcg}} - \alpha_k A \boldsymbol{u}_k^{\mathrm{bcg}}) \tag{1.22}$$

$$\begin{aligned} &= P_k\boldsymbol{r}_k^{\mathrm{bcg}} - \alpha_k A(P_k\boldsymbol{r}_k^{\mathrm{bcg}} - \beta_{k-1}P_k\boldsymbol{u}_{k-1}^{\mathrm{bcg}} \\ &\quad + P_k\boldsymbol{r}_k^{\mathrm{bcg}} - \beta_{k-1}P_k\boldsymbol{u}_{k-1}^{\mathrm{bcg}} - \alpha_k A G_k \boldsymbol{u}_k^{\mathrm{bcg}}) \end{aligned} \tag{1.23}$$

によって更新する．ただし，式 (1.22) から式 (1.23) に変形するとき，$G_k\boldsymbol{r}_k^{\mathrm{bcg}} = P_k\boldsymbol{u}_k^{\mathrm{bcg}}$ という関係と式 (1.4) を用いた．また，$A(P_k\boldsymbol{r}_k^{\mathrm{bcg}} - \beta_{k-1}P_k\boldsymbol{u}_{k-1}^{\mathrm{bcg}} + P_k\boldsymbol{r}_k^{\mathrm{bcg}} - \beta_{k-1}P_k\boldsymbol{u}_{k-1}^{\mathrm{bcg}} - \alpha_k A G_k \boldsymbol{u}_k^{\mathrm{bcg}})$ は陽に行列 A を掛けて求める．

さらに，残差を更新するため $P_{k+1}\boldsymbol{u}_k^{\mathrm{bcg}}$, $G_{k+1}\boldsymbol{u}_{k+1}^{\mathrm{bcg}}$ に関する次の漸化式が必要になる．

$$\begin{aligned} P_{k+1}\boldsymbol{u}_k^{\mathrm{bcg}} &= (P_k - \alpha_k A G_k)\boldsymbol{u}_k^{\mathrm{bcg}} \\ &= P_k\boldsymbol{r}_k^{\mathrm{bcg}} - \beta_{k-1}P_k\boldsymbol{u}_{k-1}^{\mathrm{bcg}} - \alpha_k A G_k \boldsymbol{u}_k^{\mathrm{bcg}} \end{aligned} \tag{1.24}$$

*1 GCGS 法は，連立非線形方程式に Newton 法を適用した際に現れる Jacobi 行列を解くために有効であることが知られる[15]．

$$\begin{aligned} G_{k+1}\boldsymbol{u}_{k+1}^{\mathrm{bcg}} &= (P_{k+1}-\beta_k G_k)(\boldsymbol{r}_{k+1}^{\mathrm{bcg}}-\beta_k \boldsymbol{u}_k^{\mathrm{bcg}}) \\ &= P_{k+1}\boldsymbol{r}_{k+1}^{\mathrm{bcg}}-\beta_k(2P_{k+1}\boldsymbol{u}_k^{\mathrm{bcg}}-\beta_k G_k \boldsymbol{u}_k^{\mathrm{bcg}}) \end{aligned} \tag{1.25}$$

ただし，式 (1.24) を得るために式 (1.4), (1.21) を用いた．また，式 (1.25) を得るために，式 (1.4), (1.20), $G_k\boldsymbol{r}_{k+1}^{\mathrm{bcg}} = P_{k+1}\boldsymbol{u}_k^{\mathrm{bcg}}$ を用いた．ここで，$AG_k\boldsymbol{u}_k^{\mathrm{bcg}}$ は陽に行列 A を掛けて求める．

次に，補助ベクトル $u'_k \equiv P_{k+1}\boldsymbol{u}_k^{\mathrm{bcg}}$, $\delta\boldsymbol{u}_k \equiv G_k\boldsymbol{u}_k^{\mathrm{bcg}}$ を導入する．そして $\boldsymbol{u}_k \equiv P_k\boldsymbol{u}_k^{\mathrm{bcg}} = P_k\boldsymbol{r}_k^{\mathrm{bcg}} - \beta_{k-1}P_k\boldsymbol{u}_{k-1}^{\mathrm{bcg}} = \boldsymbol{r}_k - \beta_{k-1}\boldsymbol{u}'_{k-1}$，および $\boldsymbol{c}_k \equiv \boldsymbol{u}_k + \boldsymbol{u}'_k$ を用いると，式 (1.23)–(1.25) は次のように表すことができる．

$$\boldsymbol{r}_{k+1} = \boldsymbol{r}_k - \alpha_k A\boldsymbol{c}_k \tag{1.26}$$

$$\boldsymbol{u}'_k = \boldsymbol{u}_k - \alpha_k A\delta\boldsymbol{u}_k \tag{1.27}$$

$$\begin{aligned} \delta\boldsymbol{u}_{k+1} &= \boldsymbol{r}_{k+1} - \beta_k\boldsymbol{u}'_k - \beta_k(\boldsymbol{u}'_k - \beta_k\delta\boldsymbol{u}_k) \\ &= \boldsymbol{u}_{k+1} - \beta_k(\boldsymbol{u}'_k - \beta_k\delta\boldsymbol{u}_k) \end{aligned} \tag{1.28}$$

また，残差に関する定義 $\boldsymbol{r}_k = \boldsymbol{b} - A\boldsymbol{x}_k$ を用いると，式 (1.26) より近似解を得るための漸化式 $\boldsymbol{x}_{k+1} = \boldsymbol{x}_k + \alpha_k\boldsymbol{c}_k$ が得られる．以上，近似解に関する漸化式，および式 (1.26)–(1.28)，$\boldsymbol{u}_{k+1} = \boldsymbol{r}_{k+1} - \beta_k\boldsymbol{u}'_k$，$\boldsymbol{c}_k = \boldsymbol{u}_k + \boldsymbol{u}'_k$ をまとめると CGS 法の漸化式が得られる．

式 (1.12) において $P_k\boldsymbol{r}_k^{\mathrm{bcg}} = \boldsymbol{r}_k$ とおけば，CGS 法の係数 β_k の計算式が得られる．また，式 (1.13) において $R_k\boldsymbol{r}_k^{\mathrm{bcg}} = \boldsymbol{r}_k$, $(A\hat{G}_k(A)\boldsymbol{u}_k^{\mathrm{bcg}}, \tilde{\boldsymbol{r}}_0) = (AG_k(A)\boldsymbol{u}_k^{\mathrm{bcg}}, \tilde{\boldsymbol{r}}_0) = (A\delta\boldsymbol{u}_k, \tilde{\boldsymbol{r}}_0)$ と書け，係数 α_k の計算式が得られる．

以上から，**CGS 法**のアルゴリズムはアルゴリズム 1.2 のように記述される．

次に，GCGS 法を説明する．まず，式 (1.20), (1.21) の係数を $\alpha_k = \tilde{\alpha}_k$, $\beta_{k-1} = \tilde{\beta}_{k-1}$ とする．GCGS 法の $k+1$ 回目の残差 $\boldsymbol{r}_{k+1} \equiv P_{k+1}\boldsymbol{r}_{k+1}^{\mathrm{bcg}}$ を更新する漸化式をつくるため，式 (1.21) に $\boldsymbol{r}_{k+1}^{\mathrm{bcg}}$ を掛け，次に式 (1.3) を利用する．

$$\begin{aligned} P_{k+1}\boldsymbol{r}_{k+1}^{\mathrm{bcg}} &= P_k\boldsymbol{r}_{k+1}^{\mathrm{bcg}} - \tilde{\alpha}_k AG_k\boldsymbol{r}_{k+1}^{\mathrm{bcg}} \\ &= P_k\boldsymbol{r}_k^{\mathrm{bcg}} - A(\alpha_k P_k\boldsymbol{u}_k^{\mathrm{bcg}} + \tilde{\alpha}_k G_k\boldsymbol{r}_{k+1}^{\mathrm{bcg}}) \end{aligned} \tag{1.29}$$

ここで，$A(\alpha_k P_k\boldsymbol{u}_k^{\mathrm{bcg}} + \tilde{\alpha}_k G_k\boldsymbol{r}_{k+1}^{\mathrm{bcg}})$ は陽に行列 A を掛けて求める．式 (1.29) を更新するため，式 (1.4) に P_k, G_k を掛ける．また，式 (1.20) に $\boldsymbol{r}_k^{\mathrm{bcg}}$, $\boldsymbol{u}_{k-1}^{\mathrm{bcg}}$ を掛

アルゴリズム 1.2 CGS 法

Select an $\boldsymbol{x}$ and an $\tilde{\boldsymbol{r}}_0$, e.g., $\boldsymbol{x} = \boldsymbol{0}$ and $\tilde{\boldsymbol{r}}_0$ is set to random vector.
$\boldsymbol{r} = \boldsymbol{b} - A\boldsymbol{x},\ \ \boldsymbol{u}' = \delta\boldsymbol{u} = \boldsymbol{0},\ \ \beta = 0,\ \ \sigma = \tilde{\boldsymbol{r}}_0^*\boldsymbol{r}$
while $\|\boldsymbol{r}\|_2/\|\boldsymbol{b}\|_2 >$ tol **do**
  $\boldsymbol{u} = \boldsymbol{r} - \beta\boldsymbol{u}'$
  $\delta\boldsymbol{u} = \boldsymbol{u} - \beta(\boldsymbol{u}' - \beta\delta\boldsymbol{u})$
  $\boldsymbol{c} = A\delta\boldsymbol{u}$
  $\alpha = \sigma/(\tilde{\boldsymbol{r}}_0^*\boldsymbol{c})$
  $\boldsymbol{u}' = \boldsymbol{u} - \alpha\boldsymbol{c}$
  $\boldsymbol{c} = \boldsymbol{u} + \boldsymbol{u}'$
  $\boldsymbol{s} = A\boldsymbol{c}$
  $\boldsymbol{r} = \boldsymbol{r} - \alpha\boldsymbol{s},\quad \boldsymbol{x} = \boldsymbol{x} + \alpha\boldsymbol{c}$
  $\sigma' = \tilde{\boldsymbol{r}}_0^*\boldsymbol{r}$
  $\beta = -\sigma'/\sigma,\quad \sigma = \sigma'$
end while

ける．ここで，式 (1.20) では，$\beta_{k-1} \neq \tilde{\beta}_{k-1}$ に注意する．

$$P_k\boldsymbol{u}_k^{\mathrm{bcg}} = P_k\boldsymbol{r}_k^{\mathrm{bcg}} - \beta_{k-1}P_k\boldsymbol{u}_{k-1}^{\mathrm{bcg}} \tag{1.30}$$

$$G_k\boldsymbol{u}_k^{\mathrm{bcg}} = G_k\boldsymbol{r}_k^{\mathrm{bcg}} - \beta_{k-1}G_k\boldsymbol{u}_{k-1}^{\mathrm{bcg}} \tag{1.31}$$

$$G_k\boldsymbol{r}_k^{\mathrm{bcg}} = P_k\boldsymbol{r}_k^{\mathrm{bcg}} - \tilde{\beta}_{k-1}G_{k-1}\boldsymbol{r}_k^{\mathrm{bcg}} \tag{1.32}$$

$$G_k\boldsymbol{u}_{k-1}^{\mathrm{bcg}} = P_k\boldsymbol{u}_{k-1}^{\mathrm{bcg}} - \tilde{\beta}_{k-1}G_{k-1}\boldsymbol{u}_{k-1}^{\mathrm{bcg}} \tag{1.33}$$

さらに，$G_k\boldsymbol{r}_{k+1}^{\mathrm{bcg}}$, $P_{k+1}\boldsymbol{u}_k^{\mathrm{bcg}}$ を更新する必要がある．そこで，式 (1.3) に G_k を，式 (1.21) に $\boldsymbol{u}_k^{\mathrm{bcg}}$ をおのおの掛ける．式 (1.21) では，$\alpha_k \neq \tilde{\alpha}_k$ に注意する．

$$G_k\boldsymbol{r}_{k+1}^{\mathrm{bcg}} = G_k\boldsymbol{r}_k^{\mathrm{bcg}} - \alpha_k AG_k\boldsymbol{u}_k^{\mathrm{bcg}} \tag{1.34}$$

$$P_{k+1}\boldsymbol{u}_k^{\mathrm{bcg}} = P_k\boldsymbol{u}_k^{\mathrm{bcg}} - \tilde{\alpha}_k AG_k\boldsymbol{u}_k^{\mathrm{bcg}} \tag{1.35}$$

ここで，$AG_k\boldsymbol{u}_k^{\mathrm{bcg}}$ は陽に行列 A を掛けて求める．

5 つの補助ベクトル $\delta\boldsymbol{r}_k \equiv G_k\boldsymbol{r}_k^{\mathrm{bcg}}$, $\delta\boldsymbol{r}'_k \equiv G_k\boldsymbol{r}_{k+1}^{\mathrm{bcg}}$, $\boldsymbol{u}_k \equiv P_k\boldsymbol{u}_k^{\mathrm{bcg}}$, $\boldsymbol{u}'_k \equiv P_{k+1}\boldsymbol{u}_k^{\mathrm{bcg}}$, $\delta\boldsymbol{u}_k \equiv G_k\boldsymbol{u}_k^{\mathrm{bcg}}$ を導入し，式 (1.31), (1.33) を組み合わせて $G_k\boldsymbol{u}_{k-1}^{\mathrm{bcg}}$ を消去すると，残差を更新する漸化式が次のように得られる．

$$\boldsymbol{r}_{k+1} = \boldsymbol{r}_k - A(\alpha_k\boldsymbol{u}_k + \tilde{\alpha}_k\delta\boldsymbol{r}'_k), \quad \boldsymbol{u}_k = \boldsymbol{r}_k - \beta_{k-1}\boldsymbol{u}'_{k-1}$$

$$\delta\boldsymbol{u}_k = \delta\boldsymbol{r}_k - \beta_{k-1}(\boldsymbol{u}'_{k-1} - \tilde{\beta}_{k-1}\delta\boldsymbol{u}_{k-1}), \quad \delta\boldsymbol{r}_k = \boldsymbol{r}_k - \tilde{\beta}_{k-1}\delta\boldsymbol{r}'_{k-1}$$

$$\delta \boldsymbol{r}'_k = \delta \boldsymbol{r}_k - \alpha_k A \delta \boldsymbol{u}_k, \quad \boldsymbol{u}'_k = \boldsymbol{u}_k - \tilde{\alpha}_k A \delta \boldsymbol{u}_k$$

さらに，残差に関する定義 $\boldsymbol{r}_k \equiv \boldsymbol{b} - A\boldsymbol{x}_k$ を用いれば，式 (1.29) から近似解を更新する漸化式 $\boldsymbol{x}_{k+1} = \boldsymbol{x}_k + \alpha_k \boldsymbol{u}_k + \tilde{\alpha}_k \delta \boldsymbol{r}'_k$ が得られる．

次に，式 (1.14) より，係数 α_k は

$$\alpha_k = (P_k \boldsymbol{r}_k^{\mathrm{bcg}}, \tilde{\boldsymbol{r}}_0)/(AP_k \boldsymbol{u}_k^{\mathrm{bcg}}, \tilde{\boldsymbol{r}}_0)$$

によって計算できる．しかし，$AP_k \boldsymbol{u}_k^{\mathrm{bcg}}$ を求めるためには新たな行列–ベクトル積の計算が必要になる．そこで，

$$(A(P_k - G_k)\boldsymbol{u}_k^{\mathrm{bcg}}, \tilde{\boldsymbol{r}}_0) = (A\boldsymbol{u}_k^{\mathrm{bcg}}, (P_k(A^*) - G_k(A^*))\tilde{\boldsymbol{r}}_0) = 0$$

が成り立つ ($P_k - G_k$ は k 次より小さい) こと，すなわち，関係式

$$(AP_k \boldsymbol{u}_k^{\mathrm{bcg}}, \tilde{\boldsymbol{r}}_0) = (AG_k \boldsymbol{u}_k^{\mathrm{bcg}}, \tilde{\boldsymbol{r}}_0)$$

を利用すると，係数 α_k は

$$\alpha_k = \frac{(P_k \boldsymbol{r}_k^{\mathrm{bcg}}, \tilde{\boldsymbol{r}}_0)}{(AG_k \boldsymbol{u}_k^{\mathrm{bcg}}, \tilde{\boldsymbol{r}}_0)} = \frac{(\boldsymbol{r}_k, \tilde{\boldsymbol{r}}_0)}{(A\delta \boldsymbol{u}_k, \tilde{\boldsymbol{r}}_0)} \tag{1.36}$$

と表せる．$AG_k \boldsymbol{u}_k^{\mathrm{bcg}}$ は，すでに式 (1.34), (1.35) において計算済みなので，行列–ベクトル積の回数は増加しない．次に，多項式係数 α_k は $\alpha_k \neq \tilde{\alpha}_k$ であることに注意すれば，式 (1.12) より，GCGS 法の係数 β_k は，次のように計算できる．

$$\beta_k = -\frac{\alpha_k}{\tilde{\alpha}_k} \frac{(P_{k+1} \boldsymbol{r}_{k+1}^{\mathrm{bcg}}, \tilde{\boldsymbol{r}}_0)}{(P_k \boldsymbol{r}_k^{\mathrm{bcg}}, \tilde{\boldsymbol{r}}_0)} = -\frac{\alpha_k}{\tilde{\alpha}_k} \frac{(\boldsymbol{r}_{k+1}, \tilde{\boldsymbol{r}}_0)}{(\boldsymbol{r}_k, \tilde{\boldsymbol{r}}_0)} \tag{1.37}$$

以上から，**GCGS 法**のアルゴリズムはアルゴリズム 1.3 のように記述される．

CGS2 法[15]のとき，係数 $\tilde{\alpha}_k$, $\tilde{\beta}_k$ は

$$\tilde{\alpha}_k = (\boldsymbol{r}_k, \tilde{\boldsymbol{s}}_0)/(A\delta \boldsymbol{u}_k, \tilde{\boldsymbol{s}}_0), \quad \tilde{\beta}_k = -(\alpha_k/\tilde{\alpha}_k)(\boldsymbol{r}_{k+1}, \tilde{\boldsymbol{s}}_0)/(\boldsymbol{r}_k, \tilde{\boldsymbol{s}}_0)$$

と計算する．ただし，初期シャドウ残差 $\tilde{\boldsymbol{s}}_0$ は $\tilde{\boldsymbol{r}}_0$ とは異なるベクトルを用意する．また，**shifted CGS 法**[15]のとき，係数 $\tilde{\alpha}_k$, $\tilde{\beta}_k$ は，直前の反復回の係数 α_{k-1}, β_{k-1} の値を用いる (詳細は文献 [15] 参照).

アルゴリズム 1.3 GCGS 法

Select an $\boldsymbol{x}$ and an $\tilde{\boldsymbol{r}}_0$, e.g., $\boldsymbol{x} = \boldsymbol{0}$ and $\tilde{\boldsymbol{r}}_0$ is set to random vector.
Compute $\boldsymbol{r} = \boldsymbol{b} - A\boldsymbol{x}$, $\boldsymbol{u}' = \delta\boldsymbol{r}' = \delta\boldsymbol{u} = \boldsymbol{0}$, $\beta = \tilde{\beta} = 0$, $\sigma = \tilde{\boldsymbol{r}}_0^* \boldsymbol{r}$
while $\|\boldsymbol{r}\|_2 / \|\boldsymbol{b}\|_2 >$ tol **do**
  $\boldsymbol{u} = \boldsymbol{r} - \beta\boldsymbol{u}'$
  $\delta\boldsymbol{r} = \boldsymbol{r} - \tilde{\beta}\delta\boldsymbol{r}'$
  $\delta\boldsymbol{u} = \delta\boldsymbol{r} - \beta(\boldsymbol{u}' - \tilde{\beta}\delta\boldsymbol{u})$
  $\boldsymbol{c} = A\delta\boldsymbol{u}$
  $\alpha = \sigma / (\tilde{\boldsymbol{r}}_0^* \boldsymbol{c})$, choose $\tilde{\alpha}$
  $\delta\boldsymbol{r}' = \delta\boldsymbol{r} - \alpha\boldsymbol{c}$
  $\boldsymbol{u}' = \boldsymbol{u} - \tilde{\alpha}\boldsymbol{c}$
  $\boldsymbol{c} = \alpha\boldsymbol{u} + \tilde{\alpha}\delta\boldsymbol{r}'$
  $\boldsymbol{s} = A\boldsymbol{c}$
  $\boldsymbol{r} = \boldsymbol{r} - \boldsymbol{s}$, $\boldsymbol{x} = \boldsymbol{x} + \boldsymbol{c}$
  $\sigma' = \tilde{\boldsymbol{r}}_0^* \boldsymbol{r}$
  $\beta = -(\alpha/\tilde{\alpha})(\sigma'/\sigma)$, $\sigma = \sigma'$, choose $\tilde{\beta}$
end while

次に，CGS 法変形版 1，変形版 2 を紹介する．まず，式 (1.16)–(1.18) を使用する．係数 α_k, β_k は式 (1.19) によって計算する．CGS 法変形版の $k+1$ 回目の残差 $\boldsymbol{r}_{k+1} \equiv P_{k+1}\boldsymbol{r}_{k+1}^{\mathrm{bcg}}$ を

$$P_{k+1}\boldsymbol{r}_{k+1}^{\mathrm{bcg}} = P_k\boldsymbol{r}_{k+1}^{\mathrm{bcg}} - \alpha_k AG_k\boldsymbol{r}_{k+1}^{\mathrm{bcg}} \tag{1.38}$$

によって更新する．式 (1.3), (1.4) に AG_{k-1} を掛け，さらに，式 (1.20) に $A\boldsymbol{r}_{k+1}^{\mathrm{bcg}}$, $A\boldsymbol{u}_{k+1}^{\mathrm{bcg}}$ をおのおの掛ければ次のような漸化式が得られる．

$$AP_k\boldsymbol{r}_{k+1}^{\mathrm{bcg}}, \quad AG_k\boldsymbol{r}_{k+1}^{\mathrm{bcg}} = AP_k\boldsymbol{r}_{k+1}^{\mathrm{bcg}} - \beta_{k-1}AG_{k-1}\boldsymbol{r}_{k+1}^{\mathrm{bcg}} \tag{1.39}$$

$$AG_{k-1}\boldsymbol{r}_{k+1}^{\mathrm{bcg}} = AG_{k-1}\boldsymbol{r}_k^{\mathrm{bcg}} - \alpha_k A(AG_{k-1}\boldsymbol{u}_k^{\mathrm{bcg}}) \tag{1.40}$$

$$AG_k\boldsymbol{u}_{k+1}^{\mathrm{bcg}} = AP_k\boldsymbol{u}_{k+1}^{\mathrm{bcg}} - \beta_{k-1}AG_{k-1}\boldsymbol{u}_{k+1}^{\mathrm{bcg}} \tag{1.41}$$

$$AG_{k-1}\boldsymbol{u}_{k+1}^{\mathrm{bcg}} = AG_{k-1}\boldsymbol{r}_{k+1}^{\mathrm{bcg}} - \beta_k AG_{k-1}\boldsymbol{u}_k^{\mathrm{bcg}} \tag{1.42}$$

$AP_k\boldsymbol{r}_{k+1}^{\mathrm{bcg}}$ は陽に行列 A を掛けて求める．一方，$AG_k\boldsymbol{r}_{k+1}^{\mathrm{bcg}}$, $AG_{k-1}\boldsymbol{r}_{k+1}^{\mathrm{bcg}}$, $AG_k\boldsymbol{u}_{k+1}^{\mathrm{bcg}}$, $AG_{k-1}\boldsymbol{u}_{k+1}^{\mathrm{bcg}}$ は陽に行列 A を掛けることなく，AXPY の演算によって求める．さらに，式 (1.16)–(1.18) で使用されるベクトル $P_k\boldsymbol{u}_k^{\mathrm{bcg}}$, $AP_k\boldsymbol{u}_k^{\mathrm{bcg}}$ を更新する漸化式が必要になる．

$$
\begin{aligned}
P_{k+1}\boldsymbol{u}_{k+1}^{\mathrm{bcg}} &= P_k\boldsymbol{u}_{k+1}^{\mathrm{bcg}} - \alpha_k AG_k\boldsymbol{u}_{k+1}^{\mathrm{bcg}} \\
A(AG_k\boldsymbol{u}_{k+1}^{\mathrm{bcg}}), \quad AP_{k+1}\boldsymbol{u}_{k+1}^{\mathrm{bcg}} &= AP_k\boldsymbol{u}_{k+1}^{\mathrm{bcg}} - \alpha_k A(AG_k\boldsymbol{u}_{k+1}^{\mathrm{bcg}})
\end{aligned}
\tag{1.43}
$$

ただし，$A(AG_k\boldsymbol{u}_{k+1}^{\mathrm{bcg}})$ は陽に行列 A を $AG_k\boldsymbol{u}_{k+1}^{\mathrm{bcg}}$ に掛けて求め，$AP_k\boldsymbol{u}_{k+1}^{\mathrm{bcg}}$, $AP_{k+1}\boldsymbol{u}_{k+1}^{\mathrm{bcg}}$ は AXPY の演算によって求める．一方，式 (1.41), (1.42) のかわりに，次のような漸化式を用いても更新できる．

$$
\begin{aligned}
AG_k\boldsymbol{u}_{k+1}^{\mathrm{bcg}} &= AG_k\boldsymbol{r}_{k+1}^{\mathrm{bcg}} - \beta_k AG_k\boldsymbol{u}_k^{\mathrm{bcg}} \\
AG_k\boldsymbol{u}_k^{\mathrm{bcg}} &= AP_k\boldsymbol{u}_k^{\mathrm{bcg}} - \beta_{k-1} AG_{k-1}\boldsymbol{u}_k^{\mathrm{bcg}}
\end{aligned}
\tag{1.44}
$$

式 (1.16)–(1.18), (1.38)–(1.43) を使う場合を変形版 1 とよび，式 (1.41), (1.42) のかわりに式 (1.44) を使う場合を変形版 2 とよぶ．

ここで，10 個の補助ベクトル

$$
\begin{aligned}
&\boldsymbol{r}_k \equiv P_k\boldsymbol{r}_k^{\mathrm{bcg}}, \quad \boldsymbol{r}_k' \equiv P_k\boldsymbol{r}_{k+1}^{\mathrm{bcg}}, \quad \delta\boldsymbol{r}_k \equiv AG_k\boldsymbol{r}_{k+1}^{\mathrm{bcg}}, \\
&\delta\boldsymbol{r}_k' \equiv AG_{k-1}\boldsymbol{r}_{k+1}^{\mathrm{bcg}}, \quad \boldsymbol{u}_k \equiv P_k\boldsymbol{u}_k^{\mathrm{bcg}}, \quad \boldsymbol{u}' \equiv P_k\boldsymbol{u}_{k+1}^{\mathrm{bcg}}, \\
&\delta\boldsymbol{u}_k \equiv AG_k\boldsymbol{u}_{k+1}^{\mathrm{bcg}}, \quad \delta\boldsymbol{u}_k' \equiv AG_{k-1}\boldsymbol{u}_{k+1}^{\mathrm{bcg}}/AG_k\boldsymbol{u}_k^{\mathrm{bcg}}, \\
&\boldsymbol{c}_k \equiv AP_k\boldsymbol{u}_k^{\mathrm{bcg}}, \quad \boldsymbol{c}_k' \equiv AP_k\boldsymbol{u}_{k+1}^{\mathrm{bcg}}
\end{aligned}
$$

を導入すると，変形版 1 の残差を更新する漸化式は次のように書ける．

$$
\begin{aligned}
&\boldsymbol{r}_k' = \boldsymbol{r}_k - \alpha_k\boldsymbol{c}_k, \quad \boldsymbol{c}_k' = A\boldsymbol{r}_k' - \beta_k\boldsymbol{c}_k, \quad \boldsymbol{u}_k' = \boldsymbol{r}_k' - \beta_k\boldsymbol{u}_k, \\
&\boldsymbol{r}_{k+1} = \boldsymbol{r}_k' - \alpha_k\delta\boldsymbol{r}_k, \quad \delta\boldsymbol{r}_k = A\boldsymbol{r}_k' - \beta_{k-1}\delta\boldsymbol{r}_k', \\
&\delta\boldsymbol{r}_k' = \delta\boldsymbol{r}_{k-1} - \alpha_k A\delta\boldsymbol{u}_{k-1}, \quad \delta\boldsymbol{u}_k = \boldsymbol{c}_k' - \beta_{k-1}\delta\boldsymbol{u}_k', \\
&\delta\boldsymbol{u}_k' = \delta\boldsymbol{r}_k' - \beta_k\delta\boldsymbol{u}_{k-1}, \quad \boldsymbol{u}_{k+1} = \boldsymbol{u}_k' - \alpha_k\delta\boldsymbol{u}_k, \quad \boldsymbol{c}_{k+1} = \boldsymbol{c}_k' - \alpha_k A\delta\boldsymbol{u}_k
\end{aligned}
$$

次に，4 つの関係式 $\boldsymbol{r}_k \equiv \boldsymbol{b} - A\boldsymbol{x}_k$, $\boldsymbol{r}_k' \equiv \boldsymbol{b} - A\boldsymbol{x}_k'$, $\delta\boldsymbol{r}_k \equiv -A\delta\boldsymbol{x}_k$, $\delta\boldsymbol{r}_k' \equiv -A\delta\boldsymbol{x}_k'$ を用いると，式 (1.16), 式 (1.38)–(1.40) から，次のように近似解更新の漸化式が得られる．

$$
\begin{aligned}
&\boldsymbol{x}_k' = \boldsymbol{x}_k + \alpha_k\boldsymbol{u}_k, \quad \boldsymbol{x}_{k+1} = \boldsymbol{x}_k' - \alpha_k\delta\boldsymbol{x}_k, \\
&\delta\boldsymbol{x}_k = -\boldsymbol{r}_k' - \beta_{k-1}\delta\boldsymbol{x}_k', \quad \delta\boldsymbol{x}_k' = \delta\boldsymbol{x}_{k-1} + \alpha_k\delta\boldsymbol{u}_{k-1}
\end{aligned}
$$

アルゴリズム **1.4**　CGS 法変形版 1

Select an $\boldsymbol{x}$ and an $\tilde{\boldsymbol{r}}_0$, e.g., $\boldsymbol{x} = \boldsymbol{0}$ and $\tilde{\boldsymbol{r}}_0$ is set to random vector.
Compute $\boldsymbol{r} = \boldsymbol{b} - A\boldsymbol{x},\ \boldsymbol{u} = \boldsymbol{r},\ \boldsymbol{c} = A\boldsymbol{r},\ \delta\boldsymbol{r} = \delta\boldsymbol{x} = \delta\boldsymbol{u} = \boldsymbol{0},\ \alpha = \beta = 0$
while $\|\boldsymbol{r}\|_2/\|\boldsymbol{b}\|_2 >$ tol **do**
　$\boldsymbol{s} = A\delta\boldsymbol{u}$
　$\boldsymbol{c} = \boldsymbol{c} - \alpha\boldsymbol{s},\ \boldsymbol{u} = \boldsymbol{u} - \alpha\delta\boldsymbol{u}$
　$\sigma = \tilde{\boldsymbol{r}}_0^*\boldsymbol{c},\ \alpha = \tilde{\boldsymbol{r}}_0^*\boldsymbol{r}/\sigma$
　$\boldsymbol{r} = \boldsymbol{r} - \alpha\boldsymbol{c},\ \boldsymbol{x} = \boldsymbol{x} + \alpha\boldsymbol{u}$
　$\delta\boldsymbol{r} = \delta\boldsymbol{r} - \alpha\boldsymbol{s},\ \delta\boldsymbol{x} = \delta\boldsymbol{x} + \alpha\delta\boldsymbol{u}$
　$\boldsymbol{s} = A\boldsymbol{r}$
　$\beta' = \beta,\ \beta = \tilde{\boldsymbol{r}}_0^*\boldsymbol{s}/\sigma$
　$\boldsymbol{c} = \boldsymbol{s} - \beta\boldsymbol{c},\ \boldsymbol{u} = \boldsymbol{r} - \beta\boldsymbol{u}$
　$\delta\boldsymbol{u} = \delta\boldsymbol{r} - \beta\delta\boldsymbol{u}$
　$\delta\boldsymbol{r} = \boldsymbol{s} - \beta'\delta\boldsymbol{r},\ \delta\boldsymbol{x} = -\boldsymbol{r} - \beta'\delta\boldsymbol{x}$
　$\boldsymbol{r} = \boldsymbol{r} - \alpha\delta\boldsymbol{r},\ \boldsymbol{x} = \boldsymbol{x} - \alpha\delta\boldsymbol{x}$
　$\delta\boldsymbol{u} = \boldsymbol{c} - \beta'\delta\boldsymbol{u}$
end while

CGS 法変形版 1 のアルゴリズムはアルゴリズム 1.4 のように記述される．変形版 2 のアルゴリズムは，変形版 1 とほぼ同様であるので割愛する．

式 $\boldsymbol{r}_{k+1} = \boldsymbol{r}'_k - \alpha_k A\boldsymbol{r}'_k + \alpha_k\beta_{k-1}\delta\boldsymbol{r}'_k$ と直交性 $\boldsymbol{r}'_k, \delta\boldsymbol{r}'_k \perp \tilde{\boldsymbol{r}}_0$ を用いれば，関係式 $\tilde{\boldsymbol{r}}_0^*\boldsymbol{r}_{k+1} = -\alpha_k\tilde{\boldsymbol{r}}_0^*(A\boldsymbol{r}'_k)$ が成り立ち，式 (1.19) における係数 β_k の計算は従来の式 (1.12) と同じになる．

1.1.4 Bi-CGSTAB 法

本項では，van der Vorst によって提案された Bi-CGSTAB 法，および Bi-CGSTAB 法の変形版 1，変形版 2 について説明する．後者の 2 つの変形版は後述の IDR 法に近い形式の Bi-CG 法を用いて導出され，従来の Bi-CGSTAB 法が停滞したとき効果を発揮する場合がある．Bi-CGSTAB 法の原点は，van der Vorst と Sonneveld によって提案された **CGSTAB 法**[54]である．CGSTAB 法は，Bi-CGSTAB 法と同一であるが，文献 [54] では IDR 法の別の実装法とした．

まず，式 (1.16)–(1.18) を使用する．係数 α_k, β_k は式 (1.19) によって計算する．Bi-CGSTAB 法の安定化多項式は $\eta_k = 0$ とした式 (1.8) で，1 次の安定化多項式を用いて，Bi-CGSTAB 法の $k+1$ 回目の残差 $\boldsymbol{r}_{k+1} \equiv P_{k+1}\boldsymbol{r}_{k+1}^{\mathrm{bcg}}$ は

$$AP_k\boldsymbol{r}_{k+1}^{\mathrm{bcg}}, \quad P_{k+1}\boldsymbol{r}_{k+1}^{\mathrm{bcg}} = P_k\boldsymbol{r}_{k+1}^{\mathrm{bcg}} - \zeta_k AP_k\boldsymbol{r}_{k+1}^{\mathrm{bcg}} \tag{1.45}$$

と更新される．ただし，上式の左辺の最初の項の $AP_k\boldsymbol{r}_{k+1}^{\mathrm{bcg}}$ は，本章では陽に行列 A を掛けて求めることを意味する記法とする．次に，ベクトル $P_{k+1}\boldsymbol{u}_{k+1}^{\mathrm{bcg}}$ を必要とするが，2 通りの更新法が考えられる．

第 1 の更新法は，$\eta_k = 0$ とした式 (1.8) と $\boldsymbol{u}_{k+1}^{\mathrm{bcg}}$ を掛けて得られる次のような漸化式である．

$$P_{k+1}\boldsymbol{u}_{k+1}^{\mathrm{bcg}} = P_k\boldsymbol{u}_{k+1}^{\mathrm{bcg}} - \zeta_k AP_k\boldsymbol{u}_{k+1}^{\mathrm{bcg}} \tag{1.46}$$

ただし，ベクトル $AP_k\boldsymbol{u}_{k+1}^{\mathrm{bcg}}$ は式 (1.17) を用いて AXPY の演算によって求める．式 (1.16), (1.17) で現れる $AP_k\boldsymbol{u}_k^{\mathrm{bcg}}$ は陽に行列 A を掛けて求める．

第 2 の更新法は，次のような漸化式で $P_{k+1}\boldsymbol{u}_{k+1}^{\mathrm{bcg}}$ を更新する．

$$\begin{aligned} P_{k+1}\boldsymbol{u}_{k+1}^{\mathrm{bcg}} &= P_{k+1}\boldsymbol{r}_{k+1}^{\mathrm{bcg}} - \beta_k P_{k+1}\boldsymbol{u}_k^{\mathrm{bcg}} \\ &= P_{k+1}\boldsymbol{r}_{k+1}^{\mathrm{bcg}} - \beta_k(P_k\boldsymbol{u}_k^{\mathrm{bcg}} - \zeta_k AP_k\boldsymbol{u}_k^{\mathrm{bcg}}) \end{aligned} \tag{1.47}$$

式 (1.47) を使用する場合，式 (1.17), (1.18) は不要となる．また，式 (1.16), (1.47) で現れるベクトル $AP_k\boldsymbol{u}_k^{\mathrm{bcg}}$ は陽に行列 A を掛けて求める．

係数 ζ_k は残差ノルム $\|\boldsymbol{r}_{k+1}\|_2$ を最小化するように決める．すなわち，$\boldsymbol{s}_k = AP_k\boldsymbol{r}_{k+1}^{\mathrm{bcg}}$ を用いて陽に $\zeta_k = \boldsymbol{s}_k^*(P_k\boldsymbol{r}_{k+1}^{\mathrm{bcg}})/\boldsymbol{s}_k^*\boldsymbol{s}_k$ と書ける．

式 (1.16)–(1.18), (1.45), (1.46) を使用する場合を変形版 1 とよぶ．一方，式 (1.16), (1.45), (1.47) を使用する場合を変形版 2 とよぶ．後者は従来の Bi-CGSTAB 法のときと同様である．従来の Bi-CGSTAB 法の係数 α_k, β_k の計算式は，式 (1.12), (1.14) であり，変形版の係数 α_k, β_k の計算式は式 (1.19) である．すなわち，従来の Bi-CGSTAB 法と変形版 2 との違いは係数 β_k の計算法にある．

ここで，5 個の補助ベクトル

$$\boldsymbol{r}_k \equiv P_k\boldsymbol{r}_k^{\mathrm{bcg}}, \quad \boldsymbol{u}_k \equiv P_k\boldsymbol{u}_k^{\mathrm{bcg}}, \quad \boldsymbol{r}'_k \equiv P_k\boldsymbol{r}_{k+1}^{\mathrm{bcg}},$$
$$\boldsymbol{u}'_k \equiv P_k\boldsymbol{u}_{k+1}^{\mathrm{bcg}}, \quad \boldsymbol{c}'_k \equiv AP_k\boldsymbol{u}_{k+1}^{\mathrm{bcg}}$$

を導入すると，残差を更新する漸化式は次のように書ける．

$$\boldsymbol{r}'_k = \boldsymbol{r}_k - \alpha_k A\boldsymbol{u}_k, \quad \boldsymbol{c}'_k = A\boldsymbol{r}'_k - \beta_k A\boldsymbol{u}_k, \quad \boldsymbol{u}'_k = \boldsymbol{r}'_k - \beta_k\boldsymbol{u}_k,$$
$$\boldsymbol{r}_{k+1} = \boldsymbol{r}'_k - \zeta_k A\boldsymbol{r}'_k, \quad \boldsymbol{u}_{k+1} = \boldsymbol{u}'_k - \zeta_k\boldsymbol{c}'_k$$

アルゴリズム **1.5** Bi-CGSTAB 法変形版 1

Select an $\boldsymbol{x}$ and an $\tilde{\boldsymbol{r}}_0$, e.g., $\boldsymbol{x} = \boldsymbol{0}$ and $\tilde{\boldsymbol{r}}_0$ is set to random vector.
Compute $\boldsymbol{r} = \boldsymbol{b} - A\boldsymbol{x},\ \boldsymbol{u} = \boldsymbol{r}$
while $\|\boldsymbol{r}\|_2/\|\boldsymbol{b}\|_2 > \mathrm{tol}$ **do**
  $\boldsymbol{c} = A\boldsymbol{u},\ \sigma = \tilde{\boldsymbol{r}}_0^*\boldsymbol{c},\ \alpha = \tilde{\boldsymbol{r}}_0^*\boldsymbol{r}/\sigma$
  $\boldsymbol{r} = \boldsymbol{r} - \alpha\boldsymbol{c},\ \boldsymbol{x} = \boldsymbol{x} + \alpha\boldsymbol{u}$
  $\boldsymbol{s} = A\boldsymbol{r}$
  $\beta = \tilde{\boldsymbol{r}}_0^*\boldsymbol{s}/\sigma$
  $\boldsymbol{c} = \boldsymbol{s} - \beta\boldsymbol{c},\ \boldsymbol{u} = \boldsymbol{r} - \beta\boldsymbol{u}$
  $\zeta = \boldsymbol{s}^*\boldsymbol{r}/\boldsymbol{s}^*\boldsymbol{s}$
  $\boldsymbol{r} = \boldsymbol{r} - \zeta\boldsymbol{s},\ \boldsymbol{x} = \boldsymbol{x} + \zeta\boldsymbol{r}$
  $\boldsymbol{u} = \boldsymbol{u} - \zeta\boldsymbol{c}$
end while

さらに，関係式 $\boldsymbol{r}_k \equiv \boldsymbol{b} - A\boldsymbol{x}_k,\ \boldsymbol{r}'_k \equiv \boldsymbol{b} - A\boldsymbol{x}'_k$ を用いて，式 (1.16), (1.45) から，近似解を更新する漸化式は次のように書ける．

$$\boldsymbol{x}'_k = \boldsymbol{x}_k + \alpha_k\boldsymbol{u}_k, \qquad \boldsymbol{x}_{k+1} = \boldsymbol{x}'_k + \zeta_k\boldsymbol{r}'_k$$

Bi-CGSTAB 法変形版 1 はアルゴリズム 1.5 のように記述できる．また，**Bi-CGSTAB 法変形版 2** がアルゴリズム 1.6 のように記述できる．変形版 2 の残差，近似解を更新する漸化式，と係数 α_k, ζ_k の計算式は従来の **Bi-CGSTAB 法**と同じである．

残差の更新式 $\boldsymbol{r}_{k+1} = \boldsymbol{r}'_k - \zeta_k A\boldsymbol{r}'_k$ と直交性 $\boldsymbol{r}'_k \perp \tilde{\boldsymbol{r}}_0$ を用いれば，関係式

アルゴリズム **1.6** Bi-CGSTAB 法変形版 2

Select an $\boldsymbol{x}$ and an $\tilde{\boldsymbol{r}}_0$, e.g., $\boldsymbol{x} = \boldsymbol{0}$ and $\tilde{\boldsymbol{r}}_0$ is set to random vector.
Compute $\boldsymbol{r} = \boldsymbol{b} - A\boldsymbol{x},\ \boldsymbol{u} = \boldsymbol{r}$
while while $\|\boldsymbol{r}\|_2/\|\boldsymbol{b}\|_2 > \mathrm{tol}$ **do**
  $\boldsymbol{c} = A\boldsymbol{u},\ \sigma = \tilde{\boldsymbol{r}}_0^*\boldsymbol{c},\ \alpha = \tilde{\boldsymbol{r}}_0^*\boldsymbol{r}/\sigma$
  $\boldsymbol{r} = \boldsymbol{r} - \alpha\boldsymbol{c},\ \boldsymbol{x} = \boldsymbol{x} + \alpha\boldsymbol{u}$
  $\boldsymbol{s} = A\boldsymbol{r}$
  $\zeta = \boldsymbol{s}^*\boldsymbol{r}/\boldsymbol{s}^*\boldsymbol{s}$
  $\boldsymbol{r} = \boldsymbol{r} - \zeta\boldsymbol{s},\ \boldsymbol{x} = \boldsymbol{x} + \zeta\boldsymbol{r}$
  $\beta = \tilde{\boldsymbol{r}}_0^*\boldsymbol{s}/\sigma$
  $\boldsymbol{u} = \boldsymbol{r} - \beta\boldsymbol{u} + \beta\zeta\boldsymbol{c}$
end while

$\tilde{\boldsymbol{r}}_0^* \boldsymbol{r}_{k+1} = -\zeta_k \tilde{\boldsymbol{r}}_0^* (A\boldsymbol{r}'_k)$ が得られ，式 (1.19) における係数 β_k の計算式は，従来の式 (1.12) と一致し，変形版 2 は従来の Bi-CGSTAB 法と同じになる．後述の 1.5.1 項で示すように，変形版は従来の Bi-CGSTAB 法の残差ノルムが停滞するようなとき効果を発揮する場合がある．

1.1.5 GPBi-CG/BiCG×MR2 法

本項では，GPBi-CG 法[62]，Gutknecht による BiCG×MR2 法[23, 24]，さらに，それらの変形版 1–4[3, 5]について説明する．GPBi-CG 法は，安定化多項式 (1.8) を式 (1.49), (1.50) と書き換えて導出する．一方，BiCG×MR2 法は，3 項漸化式 (1.8) を用いて導出する．変形版 1–2 は 3 項漸化式 (1.8)，変形版 3–4 は交代漸化式 (1.62), (1.63) を用いて導出する．ここで，GPBi-CG 法で使用された交代漸化式 (1.49), (1.50) と変形版 3–4 で使用された交代漸化式 (1.62), (1.63) とは，本質的に異なることに注意されたい[3, 5]．これまでの解析で，漸化式によって得られる残差ノルムと真の残差ノルムとの差は，交代漸化式を用いるときの方が 3 項漸化式のときよりも小さいことが知られている[21, 26]．

従来の GPBi-CG 法では，その残差は，3 項漸化式 (1.8) で更新するのではなく，k 次の補助多項式

$$\bar{G}_k(\lambda) \equiv (P_k(\lambda) - P_{k+1}(\lambda))/\lambda, \qquad (k = 0, 1, \cdots) \tag{1.48}$$

を導入し，3 項漸化式 (1.8) を書き換えた次の**交代漸化式**で更新した．

$$\bar{G}_{-1}(\lambda) \equiv 0, \quad P_0(\lambda) = 1$$

$$\bar{G}_k(\lambda) = \zeta_k P_k(\lambda) + \eta_k \bar{G}_{k-1}(\lambda) \tag{1.49}$$

$$P_{k+1}(\lambda) = P_k(\lambda) - \lambda \bar{G}_k(\lambda) \qquad (k = 0, 1, 2, \cdots) \tag{1.50}$$

GPBi-CG 法の $k+1$ 回目の残差 $\boldsymbol{r}_{k+1} \equiv P_{k+1}\boldsymbol{r}_{k+1}^{\mathrm{bcg}}$ は，式 (1.50) に $\boldsymbol{r}_{k+1}^{\mathrm{bcg}}$ を掛け，さらに式 (1.49) を組み合わせて得られた

$$AP_k\boldsymbol{r}_{k+1}^{\mathrm{bcg}}, \quad P_{k+1}\boldsymbol{r}_{k+1}^{\mathrm{bcg}} = P_k\boldsymbol{r}_{k+1}^{\mathrm{bcg}} - A\bar{G}_k\boldsymbol{r}_{k+1}^{\mathrm{bcg}}$$

$$= P_k\boldsymbol{r}_{k+1}^{\mathrm{bcg}} - \eta_k A\bar{G}_{k-1}\boldsymbol{r}_{k+1}^{\mathrm{bcg}} - \zeta_k AP_k\boldsymbol{r}_{k+1}^{\mathrm{bcg}} \tag{1.51}$$

で更新する．ベクトル $AP_k\boldsymbol{r}_{k+1}^{\rm bcg}$ は陽に行列 A を掛けて求める．一方，ベクトル $A\bar{G}_{k-1}\boldsymbol{r}_{k+1}^{\rm bcg}$ は AXPY の演算で求める．さらに，残差を更新するために，式 (1.49), (1.50) と式 (1.3), (1.4) を組み合わせ，$P_k\boldsymbol{r}_{k+1}^{\rm bcg}$, $A\bar{G}_{k-1}\boldsymbol{r}_{k+1}^{\rm bcg}$, $A\bar{G}_k\boldsymbol{u}_k^{\rm bcg}$, $P_{k+1}\boldsymbol{u}_{k+1}^{\rm bcg}$, $AP_k\boldsymbol{u}_{k+1}^{\rm bcg}$ に関する次の漸化式を導く．

$$AP_k\boldsymbol{u}_k^{\rm bcg},\ P_k\boldsymbol{r}_{k+1}^{\rm bcg} = P_k\boldsymbol{r}_k^{\rm bcg} - \alpha_k AP_k\boldsymbol{u}_k^{\rm bcg}$$
$$A\bar{G}_{k-1}\boldsymbol{r}_{k+1}^{\rm bcg} = P_{k-1}\boldsymbol{r}_k^{\rm bcg} - P_k\boldsymbol{r}_k^{\rm bcg} - \alpha_k AP_{k-1}\boldsymbol{u}_k^{\rm bcg} + \alpha_k AP_k\boldsymbol{u}_k^{\rm bcg}$$
$$A\bar{G}_k\boldsymbol{u}_k^{\rm bcg} = \zeta_k AP_k\boldsymbol{u}_k^{\rm bcg} + \eta_k(P_{k-1}\boldsymbol{r}_k^{\rm bcg} - P_k\boldsymbol{r}_k^{\rm bcg} - \beta_{k-1}A\bar{G}_{k-1}\boldsymbol{u}_{k-1}^{\rm bcg})$$
$$P_{k+1}\boldsymbol{u}_{k+1}^{\rm bcg} = P_{k+1}\boldsymbol{r}_{k+1}^{\rm bcg} - \beta_k P_k\boldsymbol{u}_k^{\rm bcg} + \beta_k A\bar{G}_k\boldsymbol{u}_k^{\rm bcg}$$
$$AP_k\boldsymbol{u}_{k+1}^{\rm bcg} = AP_k\boldsymbol{r}_{k+1}^{\rm bcg} - \beta_k AP_k\boldsymbol{u}_k^{\rm bcg}$$

ここで，ベクトル $AP_k\boldsymbol{u}_k^{\rm bcg}$ は陽に行列 A を掛けて求める．一方，ベクトル $A\bar{G}_k\boldsymbol{u}_k^{\rm bcg}$, $AP_k\boldsymbol{u}_{k+1}^{\rm bcg}$ は AXPY の演算で求める．

5 個の補助ベクトル $\boldsymbol{t}_k \equiv P_k\boldsymbol{r}_{k+1}^{\rm bcg}$, $\boldsymbol{y}_k \equiv A\bar{G}_{k-1}\boldsymbol{r}_{k+1}^{\rm bcg}$, $\boldsymbol{u}_k \equiv P_k\boldsymbol{u}_k^{\rm bcg}$, $\boldsymbol{w}_k \equiv AP_k\boldsymbol{u}_{k+1}^{\rm bcg}$, $\boldsymbol{v}_k \equiv A\bar{G}_k\boldsymbol{u}_k^{\rm bcg}$ を導入すると，次の残差更新の漸化式が得られる．

$$\begin{aligned} \boldsymbol{r}_{k+1} &= \boldsymbol{t}_k - \eta_k\boldsymbol{y}_k - \zeta_k A\boldsymbol{t}_k, \quad \boldsymbol{t}_k = \boldsymbol{r}_k - \alpha_k A\boldsymbol{u}_k, \\ \boldsymbol{y}_k &= \boldsymbol{t}_{k-1} - \boldsymbol{r}_k - \alpha_k\boldsymbol{w}_{k-1} + \alpha_k A\boldsymbol{u}_k, \\ \boldsymbol{v}_k &= \zeta_k A\boldsymbol{u}_k + \eta_k(\boldsymbol{t}_{k-1} - \boldsymbol{r}_k - \beta_{k-1}\boldsymbol{v}_{k-1}), \\ \boldsymbol{u}_{k+1} &= \boldsymbol{r}_{k+1} - \beta_k(\boldsymbol{u}_k - \boldsymbol{v}_k), \quad \boldsymbol{w}_k = A\boldsymbol{t}_k - \beta_k A\boldsymbol{u}_k \end{aligned} \tag{1.52}$$

次に，近似解更新の漸化式を導く．残差は式 (1.3) と式 (1.50) を組み合わせた

$$P_{k+1}\boldsymbol{r}_{k+1}^{\rm bcg} = P_k\boldsymbol{r}_k^{\rm bcg} - \alpha_k AP_k\boldsymbol{u}_k^{\rm bcg} - A\bar{G}_k\boldsymbol{r}_{k+1}^{\rm bcg} \tag{1.53}$$

でも書き表せる．そこで，補助ベクトル $\boldsymbol{z}_k \equiv \bar{G}_k\boldsymbol{r}_{k+1}^{\rm bcg}$ を用いて，式 (1.53) を

$$\boldsymbol{r}_{k+1} = \boldsymbol{r}_k - \alpha_k A\boldsymbol{u}_k - A\boldsymbol{z}_k$$

と表す．さらに，残差に関する定義 $\boldsymbol{r}_k \equiv \boldsymbol{b} - A\boldsymbol{x}_k$ を用いて，次の近似解に関する関係式に書き換える．

$$\boldsymbol{x}_{k+1} = \boldsymbol{x}_k + \alpha_k\boldsymbol{u}_k + \boldsymbol{z}_k \tag{1.54}$$

式 (1.54) は，ベクトル $\boldsymbol{z}_k$ を更新する漸化式が必要なので，式 (1.3), (1.49) から，

$$\begin{aligned}\bar{G}_k \boldsymbol{r}_{k+1}^{\mathrm{bcg}} &= \zeta_k P_k(\boldsymbol{r}_k^{\mathrm{bcg}} - \alpha_k A\boldsymbol{u}_k^{\mathrm{bcg}}) + \eta_k \bar{G}_{k-1}(\boldsymbol{r}_k^{\mathrm{bcg}} - \alpha_k A\boldsymbol{u}_k^{\mathrm{bcg}}) \\ &= \zeta_k P_k \boldsymbol{r}_k^{\mathrm{bcg}} + \eta_k \bar{G}_{k-1}\boldsymbol{r}_k^{\mathrm{bcg}} - \alpha_k A\boldsymbol{u}_k^{\mathrm{bcg}}(\zeta_k P_k + \eta_k \bar{G}_{k-1}) \\ &= \zeta_k P_k \boldsymbol{r}_k^{\mathrm{bcg}} + \eta_k \bar{G}_{k-1}\boldsymbol{r}_k^{\mathrm{bcg}} - \alpha_k A\bar{G}_k \boldsymbol{u}_k^{\mathrm{bcg}}\end{aligned}$$

という漸化式を導く．この漸化式から，ベクトル $\boldsymbol{z}_k$ を更新する漸化式

$$\boldsymbol{z}_k = \zeta_k \boldsymbol{r}_k + \eta_k \boldsymbol{z}_{k-1} - \alpha_k \boldsymbol{v}_k \tag{1.55}$$

が得られる．以上から，式 (1.52), (1.54), (1.55) が，GPBi-CG 法の残差と近似解を更新する漸化式になる．

係数 α_k, β_k は，式 (1.12), (1.14) によって計算される．また，多項式係数 ζ_k, η_k は，GPBi-CG 法の残差ノルム $\|\boldsymbol{r}_{k+1}\|_2 = \|\boldsymbol{t}_k - \eta_k \boldsymbol{y}_k - \zeta_k A\boldsymbol{t}_k\|_2$ を最小化するように決められる．すなわち，係数 ζ_k, η_k は $(\zeta_k, \eta_k)^{\mathsf{T}} = (Q_k^* Q_k)^{-1} Q_k^* \boldsymbol{t}_k$ と表される．ただし，$Q_k \equiv [A\boldsymbol{t}_k, \boldsymbol{y}_k]$，$\mathsf{T}$ は転置を表す．一般に，係数 ζ_k, η_k の計算法はアルゴリズム 1.7 のように記述される．ここで，$\boldsymbol{t}_k$, $A\boldsymbol{t}_k$, $\boldsymbol{y}_k$ は $\boldsymbol{r}$, $\boldsymbol{s}$, $\delta\boldsymbol{r}$ と置き換えた．以上から，**GPBi-CG 法**はアルゴリズム 1.8 のように記述される[18, 62]．

次に，従来の GPBi-CG 法とは異なり，残差が 3 項漸化式 (1.8) によって更新される BiCG×MR2 法と変形版 1–2 について説明する．

まず，式 (1.16)–(1.18) を使用する．BiCG×MR2 法の係数 α_k，β_k は，式 (1.12), (1.14) で計算する．一方，変形版 1–2 の係数 α_k，β_k は，式 (1.19) で計算する．$k+1$ 回目の残差 $\boldsymbol{r}_{k+1} \equiv P_{k+1}\boldsymbol{r}_{k+1}^{\mathrm{bcg}}$ は，式 (1.8) にベクトル $\boldsymbol{r}_{k+1}^{\mathrm{bcg}}$ を掛けた

$$AP_k \boldsymbol{r}_{k+1}^{\mathrm{bcg}}, P_{k+1}\boldsymbol{r}_{k+1}^{\mathrm{bcg}} = (1+\eta_k)P_k \boldsymbol{r}_{k+1}^{\mathrm{bcg}} - \zeta_k AP_k \boldsymbol{r}_{k+1}^{\mathrm{bcg}} - \eta_k P_{k-1}\boldsymbol{r}_{k+1}^{\mathrm{bcg}} \tag{1.56}$$

アルゴリズム 1.7　GPBi-CG 法の係数 ζ_k, η_k の計算法

1: *Function* $[\zeta, \eta] = \texttt{PolCoef}(\boldsymbol{r}, \boldsymbol{s}, \delta\boldsymbol{r})$
2: $\quad \mu_1 = \delta\boldsymbol{r}^*\delta\boldsymbol{r},\ \nu = \delta\boldsymbol{r}^*\boldsymbol{s},\ \mu_2 = \boldsymbol{s}^*\boldsymbol{s},\ \omega_1 = \delta\boldsymbol{r}^*\boldsymbol{r},\ \omega_2 = \boldsymbol{s}^*\boldsymbol{r}$
3: $\quad \delta = \mu_1\mu_2 - |\nu|^2,\ \zeta = (\mu_1\omega_2 - \bar{\nu}\omega_1)/\delta,\ \eta = (\mu_2\omega_1 - \nu\omega_2)/\delta$　(**if** $k = 0$, **then** $\zeta = \omega_2/\mu_2,\ \eta = 0$)

アルゴリズム **1.8** GPBi-CG 法

Select an $\boldsymbol{x}$ and an $\tilde{\boldsymbol{r}}_0$, e.g., $\boldsymbol{x} = \boldsymbol{0}$ and $\tilde{\boldsymbol{r}}_0$ is set to random vector.
Compute $\boldsymbol{r} = \boldsymbol{b} - A\boldsymbol{x},\ \boldsymbol{r}' = -\boldsymbol{r},\ \boldsymbol{u} = \boldsymbol{v} = \boldsymbol{z} = \boldsymbol{w} = \boldsymbol{0},\ \beta = 0,\ \sigma = \tilde{\boldsymbol{r}}_0^* \boldsymbol{r}$
while $\|\boldsymbol{r}\|_2 / \|\boldsymbol{b}\|_2 >$ tol **do**
  $\boldsymbol{u} = \boldsymbol{r} - \beta(\boldsymbol{u} - \boldsymbol{v})$
  $\boldsymbol{c} = A\boldsymbol{u},\ \alpha = \sigma / (\tilde{\boldsymbol{r}}_0^* \boldsymbol{c})$
  $\boldsymbol{y} = \boldsymbol{r}' - \alpha \boldsymbol{w} + \alpha \boldsymbol{c},\ \boldsymbol{t} = \boldsymbol{r} - \alpha \boldsymbol{c}$
  $\boldsymbol{s} = A\boldsymbol{t}$
  $[\zeta, \eta] = \texttt{PolCoef}(\boldsymbol{t}, \boldsymbol{s}, \boldsymbol{y})$ (アルゴリズム 1.7)
  $\boldsymbol{v} = \zeta \boldsymbol{c} + \eta(\boldsymbol{r}' - \beta \boldsymbol{v}),\ \boldsymbol{z} = \zeta \boldsymbol{r} + \eta \boldsymbol{z} - \alpha \boldsymbol{v}$
  $\boldsymbol{x} = \boldsymbol{x} + \alpha \boldsymbol{u} + \boldsymbol{z},\ \boldsymbol{r} = \boldsymbol{t} - \eta \boldsymbol{y} - \zeta \boldsymbol{s}$
  $\boldsymbol{r}' = \boldsymbol{t} - \boldsymbol{r}$
  $\sigma' = \tilde{\boldsymbol{r}}_0^* \boldsymbol{r},\ \beta = -(\alpha/\zeta)(\sigma'/\sigma),\ \sigma = \sigma'$
  $\boldsymbol{w} = \boldsymbol{s} - \beta \boldsymbol{c}$
end while

によって更新する．ただし，$AP_k \boldsymbol{r}_{k+1}^{\rm bcg}$ は陽に行列 A を掛けて求める．

次に，ベクトル $P_{k-1} \boldsymbol{r}_{k+1}^{\rm bcg}$ は式 (1.3) に P_{k-1} を掛けた

$$P_{k-1} \boldsymbol{r}_{k+1}^{\rm bcg} = P_{k-1} \boldsymbol{r}_k^{\rm bcg} - \alpha_k A P_{k-1} \boldsymbol{u}_k^{\rm bcg} \tag{1.57}$$

で更新する．なお，ベクトル $AP_k \boldsymbol{u}_{k+1}^{\rm bcg}$ は式 (1.17) を用いて AXPY の演算によって得られる．次に，ベクトル $P_{k+1} \boldsymbol{u}_{k+1}^{\rm bcg}$ の更新には 2 つの手順がある．

第 1 の手順は，式 (1.8) に $\boldsymbol{u}_{k+1}^{\rm bcg}$ を掛けて得られる．このとき，式 (1.4) に P_{k-1} を掛けて得られる $P_{k-1} \boldsymbol{u}_{k+1}^{\rm bcg}$ を更新する式が必要となる．

$$P_{k-1} \boldsymbol{u}_{k+1}^{\rm bcg} = P_{k-1} \boldsymbol{r}_{k+1}^{\rm bcg} - \beta_k P_{k-1} \boldsymbol{u}_k^{\rm bcg} \tag{1.58}$$

$$P_{k+1} \boldsymbol{u}_{k+1}^{\rm bcg} = (1 + \eta_k - \zeta_k A) P_k \boldsymbol{u}_{k+1}^{\rm bcg} - \eta_k P_{k-1} \boldsymbol{u}_{k+1}^{\rm bcg} \tag{1.59}$$

第 2 の手順は，式 (1.4) に P_{k+1} を掛けて $P_{k+1} \boldsymbol{u}_{k+1}^{\rm bcg}$ を更新する．このとき，式 (1.8) に $\boldsymbol{u}_k^{\rm bcg}$ を掛けて得られる $P_{k+1} \boldsymbol{u}_k^{\rm bcg}$ の漸化式が必要となる．

$$P_{k+1} \boldsymbol{u}_k^{\rm bcg} = (1 + \eta_k - \zeta_k A) P_k \boldsymbol{u}_k^{\rm bcg} - \eta_k P_{k-1} \boldsymbol{u}_k^{\rm bcg} \tag{1.60}$$

$$P_{k+1} \boldsymbol{u}_{k+1}^{\rm bcg} = P_{k+1} \boldsymbol{r}_{k+1}^{\rm bcg} - \beta_k P_{k+1} \boldsymbol{u}_k^{\rm bcg} \tag{1.61}$$

式 (1.16), (1.17), (1.60) における $AP_k \boldsymbol{u}_k^{\rm bcg}$ は陽に行列 A を掛けて求める．

ここで，7 個の補助ベクトル

$$\boldsymbol{r}_k \equiv P_k \boldsymbol{r}_k^{\mathrm{bcg}},\ \boldsymbol{u}_k \equiv P_k \boldsymbol{u}_k^{\mathrm{bcg}},\ \boldsymbol{r}'_k \equiv P_k \boldsymbol{r}_{k+1}^{\mathrm{bcg}},$$
$$\boldsymbol{u}'_k \equiv P_k \boldsymbol{u}_{k+1}^{\mathrm{bcg}},\ \boldsymbol{c}'_k \equiv AP_k \boldsymbol{u}_{k+1}^{\mathrm{bcg}},$$
$$\boldsymbol{r}''_k \equiv P_{k-1} \boldsymbol{r}_{k+1}^{\mathrm{bcg}},\ \boldsymbol{w}_k \equiv P_{k-1} \boldsymbol{u}_{k+1}^{\mathrm{bcg}} / P_{k+1} \boldsymbol{u}_k^{\mathrm{bcg}}$$

を導入すると，残差更新の漸化式は次のように書ける．

$$\boldsymbol{r}'_k = \boldsymbol{r}_k - \alpha_k A\boldsymbol{u}_k, \quad \boldsymbol{c}'_k = A\boldsymbol{r}'_k - \beta_k A\boldsymbol{u}_k, \quad \boldsymbol{u}'_k = \boldsymbol{r}'_k - \beta_k \boldsymbol{u}_k,$$
$$\boldsymbol{r}_{k+1} = (1+\eta_k)\boldsymbol{r}'_k - \zeta_k A\boldsymbol{r}'_k - \eta_k \boldsymbol{r}''_k, \quad \boldsymbol{r}''_k = \boldsymbol{r}'_{k-1} - \alpha_k \boldsymbol{c}'_{k-1},$$
$$\boldsymbol{w}_k = \boldsymbol{r}''_k - \beta_k \boldsymbol{u}'_{k-1}, \quad \boldsymbol{u}_{k+1} = (1+\eta_k)\boldsymbol{u}'_k - \zeta_k \boldsymbol{c}'_k - \eta_k \boldsymbol{w}_k$$

上記の $\boldsymbol{w}_k$, $\boldsymbol{u}_{k+1}$ を更新する漸化式のかわりに，式 (1.60), (1.61) から得られる

$$\boldsymbol{w}_k = (1+\eta_k)\boldsymbol{u}_k - \zeta_k A\boldsymbol{u}_k - \eta_k \boldsymbol{u}'_{k-1}, \quad \boldsymbol{u}_{k+1} = \boldsymbol{r}_{k+1} - \beta_k \boldsymbol{w}_k$$

を使用できる．式 (1.16)–(1.18) と式 (1.56)–(1.59) を用いると，BiCG×MR2 法および変形版 1 の漸化式になる．一方，式 (1.58), (1.59) のかわりに式 (1.60), (1.61) を用いると，変形版 2 の漸化式になる．

アルゴリズム 1.9　GPBi-GC/BiCG×MR2 法変形版 1

Select an $\boldsymbol{x}$ and an $\tilde{\boldsymbol{r}}_0$, e.g., $\boldsymbol{x} = \boldsymbol{0}$ and $\tilde{\boldsymbol{r}}_0$ is set to random vector.
Compute $\boldsymbol{r} = \boldsymbol{b} - A\boldsymbol{x},\ \boldsymbol{u} = \boldsymbol{r},\ \boldsymbol{r}' = \boldsymbol{x}' = \boldsymbol{u}' = \boldsymbol{c}' = \boldsymbol{0}$
while $\|\boldsymbol{r}\|_2 / \|\boldsymbol{b}\|_2 >$ tol **do**
　$\boldsymbol{c} = A\boldsymbol{u},\ \sigma = \tilde{\boldsymbol{r}}_0^* \boldsymbol{c},\ \alpha = \tilde{\boldsymbol{r}}_0^* \boldsymbol{r} / \sigma$
　$\boldsymbol{r}' = \boldsymbol{r}' - \alpha \boldsymbol{c}',\ \boldsymbol{x}' = \boldsymbol{x}' + \alpha \boldsymbol{u}'$
　$\boldsymbol{r} = \boldsymbol{r} - \alpha \boldsymbol{c},\ \boldsymbol{x} = \boldsymbol{x} + \alpha \boldsymbol{u}$
　$\boldsymbol{s} = A\boldsymbol{r},\ \beta = \tilde{\boldsymbol{r}}_0^* \boldsymbol{s} / \sigma$
　$\boldsymbol{c}' = \boldsymbol{s} - \beta \boldsymbol{c}$
　$\boldsymbol{w} = \boldsymbol{r}' - \beta \boldsymbol{u}'$
　$\delta \boldsymbol{r} = \boldsymbol{r}' - \boldsymbol{r}$
　$[\zeta, \eta] = \texttt{PolCoef}(\boldsymbol{r}, \boldsymbol{s}, \delta \boldsymbol{r})$　(アルゴリズム 1.7)
　$\boldsymbol{r}' = \boldsymbol{r} - \zeta \boldsymbol{s} - \eta \delta \boldsymbol{r},\ \boldsymbol{x}' = (1+\eta)\boldsymbol{x} + \zeta \boldsymbol{r} - \eta \boldsymbol{x}'$
　$\texttt{swap}(\boldsymbol{r}, \boldsymbol{r}'),\ \texttt{swap}(\boldsymbol{x}, \boldsymbol{x}')$
　$\boldsymbol{u}' = \boldsymbol{r}' - \beta \boldsymbol{u}$
　$\boldsymbol{u} = (1+\eta)\boldsymbol{u}' - \zeta \boldsymbol{c}' - \eta \boldsymbol{w}$
end while

次に，残差 $\boldsymbol{r}_k \equiv \boldsymbol{b} - A\boldsymbol{x}_k$ と同様，ベクトル $\boldsymbol{r}'_k$, $\boldsymbol{r}''_k$ を残差とみなし，$\boldsymbol{r}'_k \equiv \boldsymbol{b} - A\boldsymbol{x}'_k$, $\boldsymbol{r}''_k \equiv \boldsymbol{b} - A\boldsymbol{x}''_k$ と定義すれば，式 (1.16), (1.56), (1.57) から近似解に関する次の漸化式が得られる．

$$
\begin{aligned}
\boldsymbol{x}'_k &= \boldsymbol{x}_k + \alpha_k \boldsymbol{u}_k \\
\boldsymbol{x}_{k+1} &= (1+\eta_k)\boldsymbol{x}'_k + \zeta_k \boldsymbol{r}'_k - \eta_k \boldsymbol{x}''_k \\
\boldsymbol{x}''_k &= \boldsymbol{x}'_{k-1} + \alpha_k \boldsymbol{u}'_{k-1}
\end{aligned}
$$

係数 ζ_k, η_k は，残差ノルム $\|\boldsymbol{r}_{k+1}\|_2 = \|\boldsymbol{r}'_k - \zeta_k A\boldsymbol{r}'_k - \eta_k(\boldsymbol{r}''_k - \boldsymbol{r}'_k)\|_2$ の最小化から，$(\zeta_k, \eta_k)^\mathsf{T} = (Q_k^* Q_k)^{-1} Q_k^* \boldsymbol{r}'_k$ と計算される．ただし，$Q_k \equiv [A\boldsymbol{r}'_k, \delta\boldsymbol{r}_k]$, $\delta\boldsymbol{r}_k \equiv \boldsymbol{r}''_k - \boldsymbol{r}'_k$ である．

以上から，**GPBi-CG/BiCG×MR2 法変形版 1** はアルゴリズム 1.9 のように記述される．変形版 1 で係数 β_k の計算式を式 (1.12) に置き換えたのが **BiCG×MR2** 法である．アルゴリズム中の swap$(\boldsymbol{r}, \boldsymbol{r}')$ は，2 つのベクトル $\boldsymbol{r}$, $\boldsymbol{r}'$ の入れ替えを意味する．また，**GPBi-CG/BiCG×MR2 法変形版 2** はアルゴリズム 1.10 のように記述される．

アルゴリズム **1.10**　GPBi-GC/BiCG×MR2 法変形版 2

Select an $\boldsymbol{x}$ and an $\tilde{\boldsymbol{r}}_0$, e.g., $\boldsymbol{x} = \boldsymbol{0}$ and $\tilde{\boldsymbol{r}}_0$ is set to random vector.
Compute $\boldsymbol{r} = \boldsymbol{b} - A\boldsymbol{x}$, $\boldsymbol{u} = \boldsymbol{r}$, $\boldsymbol{r}' = \boldsymbol{x}' = \boldsymbol{u}' = \boldsymbol{c}' = \boldsymbol{0}$
while $\|\boldsymbol{r}\|_2/\|\boldsymbol{b}\|_2 >$ tol **do**
　　$\boldsymbol{c} = A\boldsymbol{u}$, $\sigma = \tilde{\boldsymbol{r}}_0^* \boldsymbol{c}$, $\alpha = \tilde{\boldsymbol{r}}_0^* \boldsymbol{r}/\sigma$
　　$\boldsymbol{r}' = \boldsymbol{r}' - \alpha\boldsymbol{c}'$, $\boldsymbol{x}' = \boldsymbol{x}' + \alpha\boldsymbol{u}'$
　　$\boldsymbol{r} = \boldsymbol{r} - \alpha\boldsymbol{c}$, $\boldsymbol{x} = \boldsymbol{x} + \alpha\boldsymbol{u}$
　　$\boldsymbol{s} = A\boldsymbol{r}$, $\beta = \tilde{\boldsymbol{r}}_0^* \boldsymbol{s}/\sigma$
　　$\boldsymbol{c}' = \boldsymbol{s} - \beta\boldsymbol{c}$
　　$\delta\boldsymbol{r} = \boldsymbol{r}' - \boldsymbol{r}$
　　$[\zeta, \eta] = \texttt{PolCoef}(\boldsymbol{r}, \boldsymbol{s}, \delta\boldsymbol{r})$　(アルゴリズム 1.7)
　　$\boldsymbol{r}' = \boldsymbol{r} - \zeta\boldsymbol{s} - \eta\delta\boldsymbol{r}$, $\boldsymbol{x}' = (1+\eta)\boldsymbol{x} + \zeta\boldsymbol{r} - \eta\boldsymbol{x}'$
　　swap$(\boldsymbol{r}, \boldsymbol{r}')$, swap$(\boldsymbol{x}, \boldsymbol{x}')$
　　$\boldsymbol{w} = (1+\eta)\boldsymbol{u} - \zeta\boldsymbol{c} - \eta\boldsymbol{u}'$
　　$\boldsymbol{u}' = \boldsymbol{r}' - \beta\boldsymbol{u}$
　　$\boldsymbol{u} = \boldsymbol{r} - \beta\boldsymbol{w}$
end while

他方，BiCG×MR2 法の偶数回目の反復回で，$\eta_k = 0$ とし 1 次の安定化多項式を用いるのが **BiCGStab2 法**[22]である．

次に，Rutishauser[31]が提案した**交代漸化式**を用いて変形版 3–4 を導出する．k 次の補助多項式

$$\tilde{G}_k(\lambda) \equiv P_k(\lambda) - P_{k+1}(\lambda) \qquad (k = 0, 1, \cdots)$$

を導入し，式 (1.8) を次のような交代漸化式に書き換える．

$$\tilde{G}_{k+1}(\lambda) = \zeta_k \lambda P_k(\lambda) + \eta_k \tilde{G}_k(\lambda) \tag{1.62}$$

$$P_{k+1}(\lambda) = P_k(\lambda) - \tilde{G}_{k+1}(\lambda) \tag{1.63}$$

まず，式 (1.16)–(1.18) を用いる．多項式係数 α_k, β_k は変形版 1–2 と同様，式 (1.19) によって計算する．$k+1$ 回目の残差 $\boldsymbol{r}_{k+1} \equiv P_{k+1}\boldsymbol{r}_{k+1}^{\mathrm{bcg}}$ は式 (1.63) を用いて得られる漸化式

$$P_{k+1}\boldsymbol{r}_{k+1}^{\mathrm{bcg}} = P_k\boldsymbol{r}_{k+1}^{\mathrm{bcg}} - \tilde{G}_{k+1}\boldsymbol{r}_{k+1}^{\mathrm{bcg}} \tag{1.64}$$

で更新する．このとき，ベクトル $\tilde{G}_{k+1}\boldsymbol{r}_{k+1}^{\mathrm{bcg}}$ とベクトル $\tilde{G}_k\boldsymbol{r}_{k+1}^{\mathrm{bcg}}$ を更新する漸化式がおのおの必要になる．そこで，式 (1.3) に $\tilde{G}_k$ を掛け，式 (1.62) に $\boldsymbol{r}_{k+1}^{\mathrm{bcg}}$ を掛けて次の漸化式を導く．

$$\tilde{G}_k\boldsymbol{r}_{k+1}^{\mathrm{bcg}} = \tilde{G}_k\boldsymbol{r}_k^{\mathrm{bcg}} - \alpha_k A\tilde{G}_k\boldsymbol{u}_k^{\mathrm{bcg}} \tag{1.65}$$

$$AP_k\boldsymbol{r}_{k+1}^{\mathrm{bcg}}, \quad \tilde{G}_{k+1}\boldsymbol{r}_{k+1}^{\mathrm{bcg}} = \zeta_k AP_k\boldsymbol{r}_{k+1}^{\mathrm{bcg}} + \eta_k\tilde{G}_k\boldsymbol{r}_{k+1}^{\mathrm{bcg}} \tag{1.66}$$

なお，$AP_k\boldsymbol{r}_{k+1}^{\mathrm{bcg}}$ は陽に行列 A を掛けて求める．次に，ベクトル $\tilde{G}_k\boldsymbol{u}_k^{\mathrm{bcg}}$ を必要とするが，2 通りの更新法が考えられる．

第 1 の更新法では，残差を更新するために，$\tilde{G}_k\boldsymbol{u}_{k+1}^{\mathrm{bcg}}$, $\tilde{G}_{k+1}\boldsymbol{u}_{k+1}^{\mathrm{bcg}}$, $AP_{k+1}\boldsymbol{u}_{k+1}^{\mathrm{bcg}}$, $P_{k+1}\boldsymbol{u}_{k+1}^{\mathrm{bcg}}$ に関する次のような漸化式が必要となる．

$$\tilde{G}_k\boldsymbol{u}_{k+1}^{\mathrm{bcg}} = \tilde{G}_k\boldsymbol{r}_{k+1}^{\mathrm{bcg}} - \beta_k\tilde{G}_k\boldsymbol{u}_k^{\mathrm{bcg}} \tag{1.67}$$

$$\tilde{G}_{k+1}\boldsymbol{u}_{k+1}^{\mathrm{bcg}} = \zeta_k AP_k\boldsymbol{u}_{k+1}^{\mathrm{bcg}} + \eta_k\tilde{G}_k\boldsymbol{u}_{k+1}^{\mathrm{bcg}} \tag{1.68}$$

$$A\tilde{G}_{k+1}\boldsymbol{u}_{k+1}^{\mathrm{bcg}}, \quad AP_{k+1}\boldsymbol{u}_{k+1}^{\mathrm{bcg}} = AP_k\boldsymbol{u}_{k+1}^{\mathrm{bcg}} - A\tilde{G}_{k+1}\boldsymbol{u}_{k+1}^{\mathrm{bcg}}, \tag{1.69}$$

$$P_{k+1}\boldsymbol{u}_{k+1}^{\mathrm{bcg}} = P_k\boldsymbol{u}_{k+1}^{\mathrm{bcg}} - \tilde{G}_{k+1}\boldsymbol{u}_{k+1}^{\mathrm{bcg}} \tag{1.70}$$

ただし，ベクトル $AP_k\boldsymbol{u}_{k+1}^{\rm bcg}$, $AP_{k+1}\boldsymbol{u}_{k+1}^{\rm bcg}$ はおのおの式 (1.17), (1.69) を用いて AXPY の演算で得られる．一方，$A\tilde{G}_{k+1}\boldsymbol{u}_{k+1}^{\rm bcg}$ は陽に行列 A を掛けて求める．

第 2 の更新法では，式 (1.67), (1.68) のかわり式 (1.62) に $\boldsymbol{u}_k^{\rm bcg}$ を掛け，式 (1.4) に $\tilde{G}_{k+1}$ を掛けて得られる次の漸化式を用いる．

$$\tilde{G}_{k+1}\boldsymbol{u}_k^{\rm bcg} = \zeta_k AP_k\boldsymbol{u}_k^{\rm bcg} + \eta_k\tilde{G}_k\boldsymbol{u}_k^{\rm bcg} \tag{1.71}$$

$$\tilde{G}_{k+1}\boldsymbol{u}_{k+1}^{\rm bcg} = \tilde{G}_{k+1}\boldsymbol{r}_{k+1}^{\rm bcg} - \beta_k\tilde{G}_{k+1}\boldsymbol{u}_k^{\rm bcg} \tag{1.72}$$

ここで，10 個の補助ベクトル

$$\begin{aligned}
&\boldsymbol{r}_k \equiv P_k\boldsymbol{r}_k^{\rm bcg},\ \boldsymbol{r}'_k \equiv P_k\boldsymbol{r}_{k+1}^{\rm bcg},\ \delta\boldsymbol{r}_k \equiv \tilde{G}_{k+1}\boldsymbol{r}_{k+1}^{\rm bcg},\ \delta\boldsymbol{r}'_k \equiv \tilde{G}_k\boldsymbol{r}_{k+1}^{\rm bcg},\\
&\boldsymbol{u}_k \equiv P_k\boldsymbol{u}_k^{\rm bcg},\ \boldsymbol{u}'_k \equiv P_k\boldsymbol{u}_{k+1}^{\rm bcg},\ \delta\boldsymbol{u}_k \equiv \tilde{G}_{k+1}\boldsymbol{u}_{k+1}^{\rm bcg},\\
&\delta\boldsymbol{u}'_k \equiv \tilde{G}_k\boldsymbol{u}_{k+1}^{\rm bcg}/\tilde{G}_{k+1}\boldsymbol{u}_k^{\rm bcg},\ \boldsymbol{c}_k \equiv AP_k\boldsymbol{u}_k^{\rm bcg},\ \boldsymbol{c}'_k \equiv AP_k\boldsymbol{u}_{k+1}^{\rm bcg}
\end{aligned}$$

を導入すると，残差更新の漸化式は次のように書ける．

$$\begin{aligned}
&\boldsymbol{r}'_k = \boldsymbol{r}_k - \alpha_k\boldsymbol{c}_k,\quad \boldsymbol{c}'_k = A\boldsymbol{r}'_k - \beta_k\boldsymbol{c}_k,\quad \boldsymbol{u}'_k = \boldsymbol{r}'_k - \beta_k\boldsymbol{u}_k,\\
&\boldsymbol{r}_{k+1} = \boldsymbol{r}'_k - \delta\boldsymbol{r}_k,\quad \delta\boldsymbol{r}'_k = \delta\boldsymbol{r}_{k-1} - \alpha_k A\delta\boldsymbol{u}_{k-1},\\
&\delta\boldsymbol{r}_k = \zeta_k A\boldsymbol{r}'_k + \eta_k\delta\boldsymbol{r}'_k,\quad \delta\boldsymbol{u}'_k = \delta\boldsymbol{r}'_k - \beta_k\delta\boldsymbol{u}_{k-1},\quad \delta\boldsymbol{u}_k = \zeta_k\boldsymbol{c}'_k + \eta_k\delta\boldsymbol{u}'_k,\\
&\boldsymbol{c}_{k+1} = \boldsymbol{c}'_k - A\delta\boldsymbol{u}_k,\quad \boldsymbol{u}_{k+1} = \boldsymbol{u}'_k - \delta\boldsymbol{u}_k
\end{aligned}$$

上記の $\delta\boldsymbol{u}'_k$, $\delta\boldsymbol{u}_k$ を更新する漸化式のかわりに，式 (1.71), (1.72) から得られる

$$\delta\boldsymbol{u}'_k = \zeta_k\boldsymbol{c}_k + \eta_k\delta\boldsymbol{u}_{k-1},\qquad \delta\boldsymbol{u}_k = \delta\boldsymbol{r}_k - \beta_k\delta\boldsymbol{u}'_k$$

も使用できる．式 (1.16)–(1.18) および式 (1.64)–(1.70) を用いるのが GPBi-CG/BiCG×MR2 法変形版 3 である．一方，式 (1.67), (1.68) のかわりに式 (1.71), (1.72) を用いるのが変形版 4 である．

次に，残差 $\boldsymbol{r}_k \equiv \boldsymbol{b} - A\boldsymbol{x}_k$ と同様，ベクトル $\boldsymbol{r}'_k$, $\delta\boldsymbol{r}_k$, $\delta\boldsymbol{r}'_k$ を残差とみなして，$\boldsymbol{r}'_k \equiv \boldsymbol{b} - A\boldsymbol{x}'_k$, $\delta\boldsymbol{r}_k \equiv -A\delta\boldsymbol{x}_k$, $\delta\boldsymbol{r}'_k \equiv -A\delta\boldsymbol{x}'_k$ と定義すれば，式 (1.16), (1.64)–(1.66) から近似解に関する次の漸化式が得られる．

$$\begin{aligned}
&\boldsymbol{x}'_k = \boldsymbol{x}_k + \alpha_k\boldsymbol{u}_k,\quad \boldsymbol{x}_{k+1} = \boldsymbol{x}'_k - \delta\boldsymbol{x}_k,\\
&\delta\boldsymbol{x}'_k = \delta\boldsymbol{x}_{k-1} + \alpha_k\delta\boldsymbol{u}_{k-1},\quad \delta\boldsymbol{x}_k = -\zeta_k\boldsymbol{r}'_k + \eta_k\delta\boldsymbol{x}'_k
\end{aligned}$$

アルゴリズム **1.11**　GPBi-GC/BiCG×MR2 法変形版 3

Select an $\boldsymbol{x}$ and an $\tilde{\boldsymbol{r}}_0$, e.g., $\boldsymbol{x} = \boldsymbol{0}$ and $\tilde{\boldsymbol{r}}_0$ is set to random vector.
Compute $\boldsymbol{r} = \boldsymbol{b} - A\boldsymbol{x},\ \boldsymbol{u} = \boldsymbol{r},\ \boldsymbol{c} = A\boldsymbol{r},\ \delta\boldsymbol{r} = \delta\boldsymbol{c} = \delta\boldsymbol{x} = \delta\boldsymbol{u} = \boldsymbol{0}$
while $\|\boldsymbol{r}\|_2/\|\boldsymbol{b}\|_2 >$ tol **do**
　$\sigma = \tilde{\boldsymbol{r}}_0^*\boldsymbol{c},\ \alpha = \tilde{\boldsymbol{r}}_0^*\boldsymbol{r}/\sigma$
　$\boldsymbol{r} = \boldsymbol{r} - \alpha\boldsymbol{c},\ \boldsymbol{x} = \boldsymbol{x} + \alpha\boldsymbol{u}$
　$\delta\boldsymbol{r} = \delta\boldsymbol{r} - \alpha\delta\boldsymbol{c},\ \delta\boldsymbol{x} = \delta\boldsymbol{x} + \alpha\delta\boldsymbol{u}$
　$\boldsymbol{s} = A\boldsymbol{r},\ [\zeta, \eta] = \mathtt{PolCoef}(\boldsymbol{r},\ \boldsymbol{s}, \delta\boldsymbol{r})$　(アルゴリズム 1.7)
　$\beta = \tilde{\boldsymbol{r}}_0^*\boldsymbol{s}/\sigma$
　$\boldsymbol{c} = \boldsymbol{s} - \beta\boldsymbol{c},\ \boldsymbol{u} = \boldsymbol{r} - \beta\boldsymbol{u},\ \delta\boldsymbol{u} = \delta\boldsymbol{r} - \beta\delta\boldsymbol{u}$
　$\delta\boldsymbol{u} = \zeta\boldsymbol{c} + \eta\delta\boldsymbol{u},\ \delta\boldsymbol{r} = \zeta\boldsymbol{s} + \eta\delta\boldsymbol{r},\ \delta\boldsymbol{x} = -\zeta\boldsymbol{r} + \eta\delta\boldsymbol{x}$
　$\boldsymbol{r} = \boldsymbol{r} - \delta\boldsymbol{r},\ \boldsymbol{x} = \boldsymbol{x} - \delta\boldsymbol{x}$
　$\delta\boldsymbol{c} = A\delta\boldsymbol{u},\ \boldsymbol{c} = \boldsymbol{c} - \delta\boldsymbol{c},\ \boldsymbol{u} = \boldsymbol{u} - \delta\boldsymbol{u}$
end while

係数 ζ_k, η_k は，残差ノルム $\|\boldsymbol{r}_{k+1}\|_2 = \|\boldsymbol{r}'_k - \zeta_k A\boldsymbol{r}'_k - \eta_k\delta\boldsymbol{r}'_k\|_2$ の最小化から決められる．すなわち，係数 ζ_k, η_k は $(\zeta_k, \eta_k)^{\mathsf{T}} = (Q_k^* Q_k)^{-1} Q_k^* \boldsymbol{r}'_k$ と計算される．ただし，$Q_k \equiv [A\boldsymbol{r}'_k, \delta\boldsymbol{r}'_k]$ である．

以上から，**GPBi-CG/BiCG×MR2 法変形版 3** と **GPBi-CG/BiCG×MR2 法変形版 4** はそれぞれアルゴリズム 1.11, 1.12 のように記述される．

後述の 1.5.1 項からわかるように，変形版は従来の GPBi-CG 法の残差ノルム

アルゴリズム **1.12**　GPBi-GC/BiCG×MR2 法変形版 4

Select an $\boldsymbol{x}$ and an $\tilde{\boldsymbol{r}}_0$, e.g., $\boldsymbol{x} = \boldsymbol{0}$ and $\tilde{\boldsymbol{r}}_0$ is set to random vector.
Compute $\boldsymbol{r} = \boldsymbol{b} - A\boldsymbol{x},\ \boldsymbol{u} = \boldsymbol{r},\ \boldsymbol{c} = A\boldsymbol{r},\ \delta\boldsymbol{r} = \delta\boldsymbol{c} = \delta\boldsymbol{x} = \delta\boldsymbol{u} = \boldsymbol{0}$
while $\|\boldsymbol{r}\|_2/\|\boldsymbol{b}\|_2 >$ tol **do**
　$\sigma = \tilde{\boldsymbol{r}}_0^*\boldsymbol{c},\ \alpha = \tilde{\boldsymbol{r}}_0^*\boldsymbol{r}/\sigma$
　$\boldsymbol{r} = \boldsymbol{r} - \alpha\boldsymbol{c},\ \boldsymbol{x} = \boldsymbol{x} + \alpha\boldsymbol{u}$
　$\delta\boldsymbol{r} = \delta\boldsymbol{r} - \alpha\delta\boldsymbol{c},\ \delta\boldsymbol{x} = \delta\boldsymbol{x} + \alpha\delta\boldsymbol{u}$
　$\boldsymbol{s} = A\boldsymbol{r},\ [\zeta, \eta] = \mathtt{PolCoef}(\boldsymbol{r}, \boldsymbol{s}, \delta\boldsymbol{r})$　(アルゴリズム 1.7)
　$\delta\boldsymbol{r} = \zeta\boldsymbol{s} + \eta\delta\boldsymbol{r},\ \delta\boldsymbol{x} = -\zeta\boldsymbol{r} + \eta\delta\boldsymbol{x}$
　$\beta = \tilde{\boldsymbol{r}}_0^*\boldsymbol{s}/\sigma$
　$\delta\boldsymbol{u} = \delta\boldsymbol{r} - (\beta\eta)\delta\boldsymbol{u} - (\beta\zeta)\boldsymbol{c}$
　$\boldsymbol{c} = \boldsymbol{s} - \beta\boldsymbol{c},\ \boldsymbol{u} = \boldsymbol{r} - \beta\boldsymbol{u}$
　$\delta\boldsymbol{c} = A\delta\boldsymbol{u},\ \boldsymbol{c} = \boldsymbol{c} - \delta\boldsymbol{c},\ \boldsymbol{u} = \boldsymbol{u} - \delta\boldsymbol{u}$
　$\boldsymbol{r} = \boldsymbol{r} - \delta\boldsymbol{r},\ \boldsymbol{x} = \boldsymbol{x} - \delta\boldsymbol{x}$
end while

が停滞するケースでその効用を発揮することがある．従来の GPBi-CG 法が停滞するような経験をもつ場合には，変形版を試されることをお勧めする．

これらのほかに，Gutknecht らによって，GPBi-CG/BiCG×MR2 法の変形アルゴリズム BiCG×MR2_2×2 法が提案されている[30]．

1.2 ハイブリッド Bi-CR 法

ハイブリッド Bi-CG 法の残差は，Bi-CG 法の残差と，その残差の収束性を滑らかにする安定化多項式との積で表される．一方，Bi-CG 法の部分を Bi-CR 法[44]の残差に置き換え，安定化多項式との積で表した解法がハイブリッド Bi-CR 法[2,6,45] である．Bi-CR 法は，対称正定値行列用の共役残差 [**CR** Conjugate Residua)] 法[12]を非対称行列用に拡張した解法である．Bi-CG 法の残差は振動しながら収束するが，CR 法や Bi-CR 法の残差は滑らかに減少する．また，Bi-CR 法の残差は，Bi-CG 法と同程度もしくは少ない回数で収束するという報告がある[44]．

そこで，ハイブリッド Bi-CG 法の残差を構成する Bi-CG 法を，Bi-CR 法に置き換えることは自然な発想である．ハイブリッド Bi-CR 法の残差や近似解を更新する漸化式は，従来のハイブリッド Bi-CG 法と同じで，残差多項式の係数 α_k, β_k の計算法だけが異なる．したがって，実装は容易である．

ハイブリッド Bi-CR 法の係数 α_k, β_k の計算法を説明する．まず，Bi-CR 法の概略を述べる．A^*A の重みつき Bi-Lanczos 原理[24,29,33] からアルゴリズム 1.13 の **Bi-CR 法**が導出できる．すなわち，Bi-CR 法の残差や近似解を更新する漸化式は，Bi-CG 法の漸化式と同じである[44]．

Bi-CR 法の残差ベクトル $\boldsymbol{r}_k^{\mathrm{bcr}}$ は，Bi-CG 法と同様，式 (1.1) を満たす k 次の多項式 $R_k(\lambda)$ を用いて $\boldsymbol{r}_k^{\mathrm{bcr}} = R_k(A)\boldsymbol{r}_0$ と表せる．また，ベクトル $\boldsymbol{u}_k^{\mathrm{bcr}}$ も多項式 $\hat{G}_k(\lambda)$ を用いて $\boldsymbol{u}_k^{\mathrm{bcr}} = \hat{G}_k(A)\boldsymbol{r}_0$ と書ける．ここで，多項式 $R_k(A)$ と $\hat{G}_k(A)$ は交代漸化式 (1.2) を満たす．同様に，Bi-CR 法で現れるベクトル $\tilde{\boldsymbol{r}}_k^{\mathrm{bcr}}$，$\tilde{\boldsymbol{u}}_k^{\mathrm{bcr}}$ は次のように表せる．

$$\tilde{\boldsymbol{r}}_k^{\mathrm{bcr}} = R_k(A^*)\tilde{\boldsymbol{r}}_0, \qquad \tilde{\boldsymbol{u}}_k^{\mathrm{bcr}} = \hat{G}_k(A^*)\tilde{\boldsymbol{r}}_0 \tag{1.73}$$

アルゴリズム **1.13**　Bi-CR 法

Select an $\boldsymbol{x}$ and an $\tilde{\boldsymbol{r}}_0$, e.g., $\boldsymbol{x} = \boldsymbol{0}$ and $\tilde{\boldsymbol{r}}_0$ is set to random vector.
Compute $\boldsymbol{r} = \boldsymbol{b} - A\boldsymbol{x}$
$\boldsymbol{u} = \boldsymbol{r},\ \boldsymbol{c} = \boldsymbol{s} = A\boldsymbol{r},\ \tilde{\boldsymbol{r}} = \tilde{\boldsymbol{u}} = \tilde{\boldsymbol{r}}_0,\ \sigma = \tilde{\boldsymbol{r}}^*\boldsymbol{s},\ \beta = 0$
while $\|\boldsymbol{r}\|_2/\|\boldsymbol{b}\|_2 >$ tol **do**
　$\boldsymbol{u} = \boldsymbol{r} - \beta\boldsymbol{u},\ \tilde{\boldsymbol{u}} = \tilde{\boldsymbol{r}} - \beta\tilde{\boldsymbol{u}}$
　$\boldsymbol{c} = \boldsymbol{s} - \beta\boldsymbol{c},\ \tilde{\boldsymbol{c}} = A^*\tilde{\boldsymbol{u}}$
　$\alpha = \sigma/(\tilde{\boldsymbol{c}}^*\boldsymbol{c})$
　$\boldsymbol{x} = \boldsymbol{x} + \alpha\boldsymbol{u}$
　$\boldsymbol{r} = \boldsymbol{r} - \alpha\boldsymbol{c},\ \tilde{\boldsymbol{r}} = \tilde{\boldsymbol{r}} - \alpha\tilde{\boldsymbol{c}}$
　$\boldsymbol{s} = A\boldsymbol{r},\quad \sigma' = \tilde{\boldsymbol{r}}^*\boldsymbol{s}$
　$\beta = -\sigma'/\sigma,\quad \sigma = \sigma'$
end while

ベクトル $\boldsymbol{u}_k^{\mathrm{bcr}}$, $\tilde{\boldsymbol{u}}_k^{\mathrm{bcr}}$ は A^*A 重み付き Bi-Lanczos 原理によって生成される基底であるから，次の性質を満たす.

$$(A\boldsymbol{u}_i^{\mathrm{bcr}}, A^*\tilde{\boldsymbol{u}}_j^{\mathrm{bcr}}) = 0 \qquad (i \neq j) \tag{1.74}$$

また，数学的帰納法と式 (1.74) を用いて次の直交性が示せる.

$$(\boldsymbol{r}_k^{\mathrm{bcg}}, A^*\tilde{\boldsymbol{u}}_i^{\mathrm{bcr}}) = 0 \qquad (i < k) \tag{1.75}$$

さらに，文献 [2,6] で示されているように，性質 (1.74)，(1.75) を用いれば，次のベクトル列の直交性が示せる.

$$(\boldsymbol{r}_k^{\mathrm{bcr}}, A^*\tilde{\boldsymbol{r}}_i^{\mathrm{bcr}}) = 0 \qquad (i < k) \tag{1.76}$$

そして，式 (1.74) – (1.76) を用いて，Bi-CR 法の残差多項式の係数 α_k，β_k が決められる．その α_k，β_k の計算式は次のように表される.

$$\alpha_k = \frac{(A\boldsymbol{r}_k^{\mathrm{bcr}}, \tilde{\boldsymbol{r}}_k^{\mathrm{bcr}})}{(A\boldsymbol{u}_k^{\mathrm{bcr}}, A^*\tilde{\boldsymbol{u}}_k^{\mathrm{bcr}})}, \qquad \beta_k = -\frac{(A\boldsymbol{r}_{k+1}^{\mathrm{bcr}}, \tilde{\boldsymbol{r}}_{k+1}^{\mathrm{bcr}})}{(A\boldsymbol{r}_k^{\mathrm{bcr}}, \tilde{\boldsymbol{r}}_k^{\mathrm{bcr}})}$$

次に，ハイブリッド Bi-CR 法の係数 α_k, β_k の計算法を説明する．まず，ハイブリッド Bi-CR 法の残差 $\boldsymbol{r}_k^{\mathrm{hybcr}}$ は Bi-CR 法の残差 $\boldsymbol{r}_k^{\mathrm{bcr}}$ と安定化多項式 $P_k(A)$ との積で表す．すなわち,

$$\boldsymbol{r}_k^{\mathrm{hybcr}} \equiv P_k(A)\boldsymbol{r}_k^{\mathrm{bcr}} \tag{1.77}$$

と書ける．同様に，Bi-CR 法のベクトル $\boldsymbol{u}_k^{\mathrm{bcr}}$ と安定化多項式との積を

$$\boldsymbol{u}_k^{\mathrm{hybcr}} \equiv P_k(A)\boldsymbol{u}_k^{\mathrm{bcr}} \tag{1.78}$$

とおく．そして，式 (1.10) と同様，次のような内積 ρ'_k を考える．

$$\rho'_k \equiv (AP_k(A)R_k(A)\boldsymbol{r}_0, \tilde{\boldsymbol{r}}_0) = \frac{\prod_{i=0}^{k-1}\zeta_i}{\prod_{i=0}^{k-1}\alpha_i}(AR_k(A)\boldsymbol{r}_0, R_k(A^*)\tilde{\boldsymbol{r}}_0)$$

このとき，式 (1.11) と同様，Bi-CR 法の係数 β_k は ρ'_k を用いて次のように計算できる．

$$\beta_k = -\frac{(A\boldsymbol{r}_{k+1}^{\mathrm{bcr}}, \tilde{\boldsymbol{r}}_{k+1}^{\mathrm{bcr}})}{(A\boldsymbol{r}_k^{\mathrm{bcr}}, \tilde{\boldsymbol{r}}_k^{\mathrm{bcr}})} = -\frac{(AR_{k+1}(A)\boldsymbol{r}_0, R_{k+1}(A^*)\tilde{\boldsymbol{r}}_0)}{(AR_k(A)\boldsymbol{r}_0, R_k(A^*)\tilde{\boldsymbol{r}}_0)} = -\frac{\alpha_k}{\zeta_k}\frac{\rho'_{k+1}}{\rho'_k}$$

したがって，ハイブリッド Bi-CR 法の係数 β_k は，ハイブリッド Bi-CR 法の残差ベクトル $\boldsymbol{r}_k^{\mathrm{hybcr}}$ を用いて，次のように書ける．

$$\beta_k = -\frac{\alpha_k}{\zeta_k}\frac{(AP_{k+1}(A)R_{k+1}(A)\boldsymbol{r}_0, \tilde{\boldsymbol{r}}_0)}{(AP_k(A)R_k(A)\boldsymbol{r}_0, \tilde{\boldsymbol{r}}_0)} = -\frac{\alpha_k}{\zeta_k}\frac{(A\boldsymbol{r}_{k+1}^{\mathrm{hybcr}}, \tilde{\boldsymbol{r}}_0)}{(A\boldsymbol{r}_k^{\mathrm{hybcr}}, \tilde{\boldsymbol{r}}_0)} \tag{1.79}$$

そして，式 (1.79) を用いてアルゴリズムを更新すると，反復 1 回あたりの行列–ベクトル積の回数が増える．そこで，計算量の増加を抑えるため，実際には係数 β_k を次のように計算する．

$$\beta_k = -(\alpha_k/\zeta_k)(\boldsymbol{r}_{k+1}^{\mathrm{hybcr}}, A^*\tilde{\boldsymbol{r}}_0)/(\boldsymbol{r}_k^{\mathrm{hybcr}}, A^*\tilde{\boldsymbol{r}}_0) \tag{1.80}$$

ただし，CGS 法の場合，安定化多項式の係数は $\zeta_k = \alpha_k$ であるから，β_k は次のように計算する．

$$\beta_k = -(\boldsymbol{r}_{k+1}^{\mathrm{hybcr}}, A^*\tilde{\boldsymbol{r}}_0)/(\boldsymbol{r}_k^{\mathrm{hybcr}}, A^*\tilde{\boldsymbol{r}}_0) \tag{1.81}$$

次に，Bi-CR 法の係数 α_k は

$$\alpha_k = (A\boldsymbol{r}_k^{\mathrm{bcr}}, \tilde{\boldsymbol{r}}_k^{\mathrm{bcr}})/(A\boldsymbol{u}_k^{\mathrm{bcr}}, A^*\tilde{\boldsymbol{u}}_k^{\mathrm{bcr}})$$

と計算されるので，ハイブリッド Bi-CR 法のパラメータ α_k は式 (1.73), (1.77), (1.78) を用いて次のように書き換えられる．

$$\begin{aligned}\alpha_k &= \frac{(A\boldsymbol{r}_k^{\mathrm{bcr}}, R_k(A^*)\tilde{\boldsymbol{r}}_0)}{(A\boldsymbol{u}_k^{\mathrm{bcr}}, A^*\hat{G}_k(A^*)\tilde{\boldsymbol{r}}_0)} = \frac{(A\boldsymbol{r}_k^{\mathrm{bcr}}, R_k(A^*)\tilde{\boldsymbol{r}}_0)}{(A\boldsymbol{u}_k^{\mathrm{bcr}}, A^*R_k(A^*)\tilde{\boldsymbol{r}}_0)} \\ &= \frac{(A\boldsymbol{r}_k^{\mathrm{bcr}}, P_k(A^*)\tilde{\boldsymbol{r}}_0)}{(A\boldsymbol{u}_k^{\mathrm{bcr}}, A^*P_k(A^*)\tilde{\boldsymbol{r}}_0)} = \frac{(AP_k(A)\boldsymbol{r}_k^{\mathrm{bcr}}, \tilde{\boldsymbol{r}}_0)}{(AP_k(A)\boldsymbol{u}_k^{\mathrm{bcr}}, A^*\tilde{\boldsymbol{r}}_0)} \\ &= \frac{(A\boldsymbol{r}_k^{\mathrm{hybcr}}, \tilde{\boldsymbol{r}}_0)}{(A\boldsymbol{u}_k^{\mathrm{hybcr}}, A^*\tilde{\boldsymbol{r}}_0)}\end{aligned}$$

そして，反復 1 回あたりの行列–ベクトル積の回数を増やさないため，実際には，係数 α_k を次のように計算する．

$$\alpha_k = (\boldsymbol{r}_k^{\mathrm{hybcr}}, A^*\tilde{\boldsymbol{r}}_0)/(A\boldsymbol{u}_k^{\mathrm{hybcr}}, A^*\tilde{\boldsymbol{r}}_0) \tag{1.82}$$

ただし，Bi-CR 法にもとづく CGS 法の場合，係数 α_k は次のような変形を行う．

$$\alpha_k = \frac{(A\boldsymbol{r}_k^{\mathrm{bcr}}, R_k(A^*)\tilde{\boldsymbol{r}}_0)}{(A\boldsymbol{u}_k^{\mathrm{bcr}}, A^*\hat{G}_k(A^*)\tilde{\boldsymbol{r}}_0)} = \frac{(R_k(A)\boldsymbol{r}_k^{\mathrm{bcr}}, A^*\tilde{\boldsymbol{r}}_0)}{(A\hat{G}_k(A)\boldsymbol{u}_k^{\mathrm{bcr}}, A^*\tilde{\boldsymbol{r}}_0)}$$

従来の CGS 法において，$\delta\boldsymbol{u}_k = G_k(A)\boldsymbol{u}_k^{\mathrm{bcg}} = \hat{G}_k(A)\boldsymbol{u}_k^{\mathrm{bcg}}$ と同様に，$\delta\boldsymbol{u}_k^{\mathrm{hybcr}} \equiv \hat{G}_k(A)\boldsymbol{u}_k^{\mathrm{bcr}}$ とおけば，係数 α_k は次のように書ける．

$$\alpha_k = (\boldsymbol{r}_k^{\mathrm{hybcr}}, A^*\tilde{\boldsymbol{r}}_0)/(A\delta\boldsymbol{u}_k^{\mathrm{hybcr}}, A^*\tilde{\boldsymbol{r}}_0) \tag{1.83}$$

以上を整理すると，従来の CGS 法，Bi-CGSTAB 法，GPBi-CG 法における係数 α_k，β_k の計算法で，

- 式 (1.80), (1.82) を使用する (Bi-CGSTAB 法，GPBi-CG 法)
- 式 (1.81), (1.83) を使用する (CGS 法)

と，**CRS** (Conjugate Residual Squared) 法，**Bi-CRSTAB** (Bi-CR STABilized) 法，**GPBi-CR** (Generalized Product-type method based on Bi-CR) 法とよばれる 3 つの解法が生まれる[2, 6, 45]．

1.3 バニラ戦略

ハイブリッド Bi-CG 法の収束過程で停滞が長く続くとき，その原因の 1 つは Bi-CG 法の係数の精度の悪化にあることが知られている．仮に，係数 α_k，β_k の計算に現れるベクトル $\tilde{\boldsymbol{r}}_0$ とベクトル $\boldsymbol{r}_k$ との成す角度の余弦の値が計算限界以下になるとき，係数 α_k，β_k の精度は，もはや信用できなくなる．すなわち，係数 α_k，β_k の計算で現れる内積を精度よく求めることが収束性改善の 1 つの方策になる．

そこで，2 つのベクトル $\boldsymbol{x}, \boldsymbol{y}$ の内積計算の精度を測るために，2 つのベクトル $\boldsymbol{x}, \boldsymbol{y}$ の成す角度の余弦の値

$$\frac{|\boldsymbol{y}^*\boldsymbol{x}|}{\|\boldsymbol{y}\|\,\|\boldsymbol{x}\|}$$

に着目する[40]．そして，残差ノルムを小さくするのと同時に，2 つのベクトルの成す角度の余弦の値をできるだけ大きく (精度良く) するのが「バニラ戦略」である．バニラ戦略では，安定化多項式の係数の計算法が従来のものと異なる．すなわち，残差や近似解を更新する漸化式はほぼそのまま残し，安定化多項式の係数だけを後述の計算法に置き換えるだけで実装できるのが特長の 1 つである．ただし，バニラ戦略は万能な策ではないことに注意を要する．文献 [19] でバニラ戦略の有効性を調査している．

さて，ハイブリッド Bi-CG 法の係数 α_k, β_k における内積 $\tilde{\boldsymbol{r}}_0^*\boldsymbol{r}_k$ の計算に着目する．2 つのベクトル $\tilde{\boldsymbol{r}}_0, \boldsymbol{r}_k$ の成す角度の余弦の値は

$$\frac{|\tilde{\boldsymbol{r}}_0^*\boldsymbol{r}_k|}{\|\tilde{\boldsymbol{r}}_0\|\,\|\boldsymbol{r}_k\|} \tag{1.84}$$

である．この値ができるだけ大きくなるのと同時に，残差ノルム $\|\boldsymbol{r}_k\|$ を小さくすることを考える．残差ベクトル $\boldsymbol{r}_k = P_k\boldsymbol{r}_k^{\mathrm{bcg}}$ における Bi-CG 部分 $\boldsymbol{r}_k^{\mathrm{bcg}}$ は初期値を除いて収束過程では制御できないので，適切に選ぶことができるのは安定化多項式 P_k である．そこで，式 (1.84) の値ができるだけ大きくなるような多項式 P_k を考える．安定化多項式 P_k の主係数を θ_k とすると，$P_k(\lambda) - \theta_k\,\lambda^k$ の次数が k 次未満となるので，式 (1.84) の分子は $|\tilde{\boldsymbol{r}}_0^*\boldsymbol{r}_k| = \theta_k|\tilde{\boldsymbol{r}}_0^*A^k\boldsymbol{r}_0|$ となる．$|\tilde{\boldsymbol{r}}_0^*A^k\boldsymbol{r}_0|$

が P_k に無関係であることから，式 (1.85) の値が小さくなるように多項式 P_k を選べば，式 (1.84) の値が大きくなる．

$$\frac{1}{|\theta_k|}\|\boldsymbol{r}_k\| \tag{1.85}$$

すでに述べたように，安定化多項式 P_k を Lanczos 多項式 (Bi-CG 法の残差多項式と同じ) に置き換えれば CGS 法の残差になる．多項式 P_k を 1 次の GMRES 多項式や l 次の GMRES 多項式にすれば，Bi-CGSTAB 法や BiCGstab (l) 法になる．多項式 P_k を GMRES 法の多項式にすれば，残差ノルムの減少が期待できる反面，式 (1.84) の値が小さくなり，Bi-CG 法の係数 α_k, β_k の精度を悪化させる心配が生じる．また，より良い精度の Bi-CG 法の係数を得るためには，FOM (Full Orthogonalization method)[33] 多項式が最良であるが，残差ノルムを増幅させる危険性がある．また，計算量の観点からも現実的ではない．

これらの問題点を考慮し，残差ノルムを小さくするのと同時に，2 つのベクトルの成す角度の余弦の値をできるだけ大きくなるように安定化多項式の係数を決めることを考える．本節では，GPBi-CG 法，BiCGstab (l) 法の安定化多項式の係数の新たな決め方，すなわち，バニラ戦略*2について説明する．

1.3.1　GPBi-CG 法のためのバニラ戦略

本項では，GPBi-CG 法のためのバニラ戦略について説明する．

GPBi-CG 法の係数 ζ_k, η_k は局所的最小化から決められた．同様に，式 (1.85) を局所的に最小化することは残差の収束性によい影響を与えると期待できる．すなわち，係数 ζ_k, η_k は

$$\frac{1}{|\zeta_k|}\|\boldsymbol{r}'_k - \zeta_k A\boldsymbol{r}'_k - \eta_k \delta\boldsymbol{r}_k\| \tag{1.86}$$

をできるだけ小さくするように決めることで，内積計算から起こる丸め誤差の悪い影響を減らすことが期待される．式 (1.86) を最小化することは，次の直交性が

*2　「バニラ戦略」という名称は，マンチェスター大学の D. Silvester によって名付けられた．一般に，金融経済用語では，「バニラオプション」，「プレーンバニラ」は通常の基本的なオプション取り引きを指すことから，「この戦略を用いることは基本的な戦略である」という趣旨や，「微小な量のバニラエッセンスで匂いや味が劇的に向上する」ことから，「わずかな工夫で大きな効果をもたらす力がある」という趣旨でそうよばれたようである．

成り立つことと同値である.

$$\boldsymbol{r}_{k+1} = \boldsymbol{r}'_k - \zeta_k A\boldsymbol{r}'_k - \eta_k \delta\boldsymbol{r}_k \perp \boldsymbol{r}'_k, \delta\boldsymbol{r}_k \tag{1.87}$$

一方，従来通りの係数 ζ_k, η_k の決め方は，残差を局所的に最小化するので，次のように表される.

$$\boldsymbol{r}_{k+1} = \boldsymbol{r}'_k - \zeta_k A\boldsymbol{r}'_k - \eta_k \delta\boldsymbol{r}_k \perp A\boldsymbol{r}'_k, \delta\boldsymbol{r}_k \tag{1.88}$$

いま，2 つのベクトル $\tilde{\boldsymbol{r}}$, $\tilde{\boldsymbol{s}}$ を

$$\tilde{\boldsymbol{r}} \equiv \boldsymbol{r}'_k - \gamma_1\delta\boldsymbol{r}_k, \qquad \tilde{\boldsymbol{s}} \equiv A\boldsymbol{r}'_k - \gamma_2\delta\boldsymbol{r}_k$$

とおく．このとき，$\tilde{\boldsymbol{r}}$, $\tilde{\boldsymbol{s}}$ を用いて，残差は

$$\boldsymbol{r}_{k+1} \equiv \tilde{\boldsymbol{r}} - \zeta_k\tilde{\boldsymbol{s}} = \boldsymbol{r}'_k - \zeta_k A\boldsymbol{r}'_k - (\gamma_1 - \zeta_k\gamma_2)\delta\boldsymbol{r}_k$$

と表せる．そして，ζ_k，η_k，γ_1，γ_2 は関係式 $\eta_k = \gamma_1 - \zeta_k\gamma_2$ を満す．ここで，直交性 (1.87), (1.88) より，ベクトル $\delta\boldsymbol{r}_k$ が 2 つのベクトル $\tilde{\boldsymbol{r}} = \boldsymbol{r}'_k - \gamma_1\delta\boldsymbol{r}_k$, $\tilde{\boldsymbol{s}} = A\boldsymbol{r}'_k - \gamma_2\delta\boldsymbol{r}_k$ と直交する条件を課す．すなわち，

$$\gamma_1 = \frac{\delta\boldsymbol{r}_k{}^*\boldsymbol{r}'_k}{\delta\boldsymbol{r}_k{}^*\delta\boldsymbol{r}_k}, \qquad \gamma_2 = \frac{\delta\boldsymbol{r}_k{}^*A\boldsymbol{r}'_k}{\delta\boldsymbol{r}_k{}^*\delta\boldsymbol{r}_k}$$

が成り立つ．次に，式 (1.87), (1.88) は次の式とおのおの同値である.

$$\boldsymbol{r}_{k+1} = \tilde{\boldsymbol{r}} - \zeta_k\tilde{\boldsymbol{s}} \perp \tilde{\boldsymbol{r}} \tag{1.89}$$

$$\boldsymbol{r}_{k+1} = \tilde{\boldsymbol{r}} - \zeta_k\tilde{\boldsymbol{s}} \perp \tilde{\boldsymbol{s}} \tag{1.90}$$

式 (1.90) を解くと，$\zeta_k = c\,(\|\tilde{\boldsymbol{r}}\|/\|\tilde{\boldsymbol{s}}\|)$ となり，このとき通常の残差ノルム $\|\tilde{\boldsymbol{r}} - \zeta_k\tilde{\boldsymbol{s}}\|$, および式 (1.86) の残差ノルム $(1/|\zeta_k|)\,\|\tilde{\boldsymbol{r}} - \zeta_k\tilde{\boldsymbol{s}}\|$ の値はおのおの

$$\|\tilde{\boldsymbol{r}} - \zeta_k\tilde{\boldsymbol{s}}\| = s\,\|\tilde{\boldsymbol{r}}\|, \qquad \frac{1}{|\zeta_k|}\,\|\tilde{\boldsymbol{r}} - \zeta_k\tilde{\boldsymbol{s}}\| = t\,\|\tilde{\boldsymbol{s}}\|$$

となる．一方，式 (1.89) を解くと，$\zeta_k = (1/\bar{c})(\|\tilde{\boldsymbol{r}}\|/\|\tilde{\boldsymbol{s}}\|)$ となり，このとき

$$\|\tilde{\boldsymbol{r}} - \zeta_k\tilde{\boldsymbol{s}}\| = t\,\|\tilde{\boldsymbol{r}}\|, \qquad \frac{1}{|\zeta_k|}\|\tilde{\boldsymbol{r}} - \zeta_k\tilde{\boldsymbol{s}}\| = s\,\|\tilde{\boldsymbol{s}}\|$$

が成り立つ．ただし

$$c \equiv \frac{\tilde{\boldsymbol{s}}^* \tilde{\boldsymbol{r}}}{\|\tilde{\boldsymbol{s}}\|\,\|\tilde{\boldsymbol{r}}\|}, \qquad s \equiv \sqrt{1-|c|^2}, \quad t \equiv \frac{s}{|c|}$$

とする．

もし $|c|$ の値が 1 に近いとき，$t \approx s$ となり通常の残差ノルム $\|\tilde{\boldsymbol{r}} - \zeta_k \tilde{\boldsymbol{s}}\|$，および式 (1.85) から得られる残差ノルム $(1/|\zeta_k|)\,\|\tilde{\boldsymbol{r}} - \zeta_k \tilde{\boldsymbol{s}}\|$ の値に大きな差は生じない．もし $|c| > \frac{1}{2}\sqrt{2}$ のとき，$s < \frac{1}{2}\sqrt{2}$, $t < 1$ となり通常の残差ノルム $\|\tilde{\boldsymbol{r}} - \zeta_k \tilde{\boldsymbol{s}}\|$，および式 (1.85) から得られる残差ノルム $(1/|\zeta_k|)\,\|\tilde{\boldsymbol{r}} - \zeta_k \tilde{\boldsymbol{s}}\|$ の値は 1 より小さいので，残差ノルムが拡大されたり，内積計算の精度が悪化することもない．

次に，$|c|$ の値が小さいとき，t の値が大きくなり，ζ_k の値を $(1/\bar{c})(\|\tilde{\boldsymbol{r}}\|/\|\tilde{\boldsymbol{s}}\|)$ と設定すれば残差ノルムは拡大され，また，ζ_k の値を $c(\|\tilde{\boldsymbol{r}}\|/\|\tilde{\boldsymbol{s}}\|)$ と設定すれば，内積計算の精度が悪くなる．そこで，このような場合を回避するため，$|c| \le \Omega$ より小さい場合 (たとえば $\Omega = \frac{1}{2}\sqrt{2}$) は，$\zeta_k = (c/|c|)\Omega(\|\tilde{\boldsymbol{r}}\|/\|\tilde{\boldsymbol{s}}\|)$ と設定する．このとき，通常の残差ノルムは次のように変形できる．

$$\|\tilde{\boldsymbol{r}} - \zeta_k \tilde{\boldsymbol{s}}\| = \sqrt{s^2 + (\Omega - |c|)^2}\,\|\tilde{\boldsymbol{r}}\| \le \sqrt{1+\Omega^2}\,\|\tilde{\boldsymbol{r}}\|$$

すなわち，残差ノルムは拡大されるが，それほど大きくならない．また，式 (1.85) から得られる残差ノルムは

$$\frac{1}{|\zeta_k|}\|\tilde{\boldsymbol{r}} - \zeta_k \tilde{\boldsymbol{s}}\| \le \sqrt{1+\Omega^{-2}}\|\tilde{\boldsymbol{s}}\|$$

と表される．ゆえに，内積計算の精度も極端な悪化は避けられる．そこで，次のように ζ_k の値を決める．

アルゴリズム 1.14　GPBi-CG 法のためのバニラ戦略

Function $[\zeta, \eta] = \texttt{PolCoef}(\boldsymbol{r}, \boldsymbol{s}, \delta\boldsymbol{r})$
if $k = 0$ **then**
　$\gamma_1 = \gamma_2 = 0$
else
　$\mu = \delta\boldsymbol{r}^*\delta\boldsymbol{r},\ \nu = \delta\boldsymbol{r}^*\boldsymbol{s},\ \omega = \delta\boldsymbol{r}^*\boldsymbol{r}$
　$\gamma_1 = \frac{\omega}{\mu},\ \gamma_2 = \frac{\nu}{\mu},\ \boldsymbol{r} = \boldsymbol{r} - \gamma_1\delta\boldsymbol{r},\ \boldsymbol{s} = \boldsymbol{s} - \gamma_2\delta\boldsymbol{r}$
end if
$\rho = \dfrac{\boldsymbol{s}^*\boldsymbol{r}}{\|\boldsymbol{s}\|\,\|\boldsymbol{r}\|},\ \zeta = \dfrac{\rho}{|\rho|}\max(|\rho|, \Omega)\dfrac{\|\boldsymbol{r}\|}{\|\boldsymbol{s}\|},\ \eta = \gamma_1 - \zeta\gamma_2$

$$\zeta_k = \frac{c}{|c|} \max(|c|, \Omega) \frac{\|\tilde{\boldsymbol{r}}\|}{\|\tilde{\boldsymbol{s}}\|}$$

以上から，係数 ζ_k, η_k の計算法はアルゴリズム 1.14 のように記述できる．なお，内積 $\tilde{\boldsymbol{r}}_0^* \boldsymbol{r}_k$ の計算精度が良い場合には，係数 α_k, β_k における他の内積計算にも良い影響を与える[5].

1.3.2 BiCGstab (l) 法のためのバニラ戦略

本項では，BiCGstab (l) 法のためのバニラ戦略について説明する．

GPBi-CG 法に対するバニラ戦略と同様，式 (1.85) の値をできるだけ小さくして Bi-CG 法の係数における内積を精度良く計算することと，同時に残差を局所的に最小化することを考える．BiCGstab (l) 法の残差ベクトル $\boldsymbol{r}$ は l 次の多項式 p を用いて, $\boldsymbol{r} \equiv p(A)\hat{\boldsymbol{r}}$ と書ける．ただし，多項式 p は $p(0) = 1$ を満たし，主係数を γ とする．GPBi-CG 法に対するバニラ戦略と同様，式 (1.85) の値をできるだけ小さくすることは，$(1/|\gamma|)\,\|p(A)\hat{\boldsymbol{r}}\|$ を局所的最小化で実現する．

l 次の多項式 p が，GMRES 多項式のように，Krylov 部分空間 $\mathcal{K}_l(A, \hat{\boldsymbol{r}})$ 上での残差の最小条件から得られたときの残差 $\boldsymbol{r}$ を $\boldsymbol{r}^{\mathrm{MR}}$ する．また，l 次の多項式 p が FOM 多項式のように残差と Krylov 部分空間 $\mathcal{K}_l(A, \hat{\boldsymbol{r}})$ との直交条件から得られたときの残差 $\boldsymbol{r}$ を $\boldsymbol{r}^{\mathrm{OR}}$ とする．通常通りに残差を局所的に最小化すること，すなわち，$\min \|\boldsymbol{r}\|$ となる残差 $\boldsymbol{r}^{\mathrm{MR}}$ は次の条件を満たす．

$$\boldsymbol{r}^{\mathrm{MR}} \perp A\hat{\boldsymbol{r}}, A^2\hat{\boldsymbol{r}}, \cdots, A^l\hat{\boldsymbol{r}} \tag{1.91}$$

一方，式 (1.85) を最小化すること，すなわち，$\min \frac{1}{|\gamma|}\|p(A)\hat{\boldsymbol{r}}\|$ となる残差 $\boldsymbol{r}^{\mathrm{OR}}$ は次の条件を満たす．

$$\boldsymbol{r}^{\mathrm{OR}} \perp \hat{\boldsymbol{r}}, A\hat{\boldsymbol{r}}, \cdots, A^{l-1}\hat{\boldsymbol{r}} \tag{1.92}$$

ここで，ベクトル列 $\hat{\boldsymbol{r}}_1, \cdots, \hat{\boldsymbol{r}}_l$ とベクトル列 $\hat{\boldsymbol{r}}_1, A\hat{\boldsymbol{r}}_1, \cdots, A^{l-1}\hat{\boldsymbol{r}}_1$ とが同じ空間を張る場合，$\hat{\boldsymbol{r}}_1, \cdots, \hat{\boldsymbol{r}}_l$ を Krylov 部分空間 $\mathcal{K}_l(A, \hat{\boldsymbol{r}}_1)$ の基底とする．

いま，ベクトル列 $\hat{\boldsymbol{r}}_1, \cdots, \hat{\boldsymbol{r}}_{l-1}$ を $\mathcal{K}_{l-1}(A, A\hat{\boldsymbol{r}})$ の正規直交基底とし，2 つのベクトル $\hat{\boldsymbol{r}}$, $A^l\hat{\boldsymbol{r}}$ を Krylov 部分空間 $\mathcal{K}_{l-1}(A, A\hat{\boldsymbol{r}})$ と直交するように生成するとき，得られるベクトル $\tilde{\boldsymbol{r}}_0$, $\tilde{\boldsymbol{r}}_l$ は次のように表される．

$$\tilde{\boldsymbol{r}}_0 = \hat{\boldsymbol{r}} - \sum_{j=1}^{l-1} (\hat{\boldsymbol{r}}, \hat{\boldsymbol{r}}_j)\hat{\boldsymbol{r}}_j, \qquad \tilde{\boldsymbol{r}}_l = A^l \hat{\boldsymbol{r}} - \sum_{j=1}^{l-1} (A^l \hat{\boldsymbol{r}}, \hat{\boldsymbol{r}}_j)\hat{\boldsymbol{r}}_j$$

残差 $\boldsymbol{r}$ は l 次の多項式 p とその主係数 γ，ベクトル $\tilde{\boldsymbol{r}}_0, \tilde{\boldsymbol{r}}_l$ を用いて $\boldsymbol{r} \equiv \tilde{\boldsymbol{r}}_0 - \gamma \tilde{\boldsymbol{r}}_l = p(A)\hat{\boldsymbol{r}}$ と書ける．ベクトル $\tilde{\boldsymbol{r}}_0, \tilde{\boldsymbol{r}}_l$ は $A\hat{\boldsymbol{r}}, \cdots, A^{l-1}\hat{\boldsymbol{r}}$ に直交するので，残差 $\boldsymbol{r}$ も $A\hat{\boldsymbol{r}}, \cdots, A^{l-1}\hat{\boldsymbol{r}}$ に直交する．

次に，式 (1.91) から，残差 $\boldsymbol{r}$ をベクトル $A^l\hat{\boldsymbol{r}}$ と直交させることは，従来通りに残差を局所的に最小化することと同値である．そこで，ベクトル $A^l\hat{\boldsymbol{r}}$ のかわりに $\tilde{\boldsymbol{r}}_l$ と残差 $\boldsymbol{r}$ とが直交する条件を課す．

$$\boldsymbol{r} = \tilde{\boldsymbol{r}}_0 - \gamma \tilde{\boldsymbol{r}}_l \perp \tilde{\boldsymbol{r}}_l \tag{1.93}$$

また，式 (1.92) より残差 $\boldsymbol{r}$ をベクトル $\hat{\boldsymbol{r}}$ と直交させることは，内積計算から起こる丸め誤差の悪い影響を減らすために式 (1.85) を局所的に最小化することと同値である．そこで，ベクトル $\hat{\boldsymbol{r}}$ のかわりに $\tilde{\boldsymbol{r}}_0$ と残差 $\boldsymbol{r}$ とが直交する条件を課す．

$$\boldsymbol{r} = \tilde{\boldsymbol{r}}_0 - \gamma \tilde{\boldsymbol{r}}_l \perp \tilde{\boldsymbol{r}}_0 \tag{1.94}$$

式 (1.93) を解くと

$$\gamma = c \frac{\|\tilde{\boldsymbol{r}}_0\|}{\|\tilde{\boldsymbol{r}}_l\|}$$

となり，そのときの残差 $\boldsymbol{r}^{\mathrm{MR}}$ は

$$\boldsymbol{r}^{\mathrm{MR}} = \tilde{\boldsymbol{r}}_0 - c \frac{\|\tilde{\boldsymbol{r}}_0\|}{\|\tilde{\boldsymbol{r}}_l\|} \tilde{\boldsymbol{r}}_l$$

となる．ただし，$c \equiv \tilde{\boldsymbol{r}}_0^* \tilde{\boldsymbol{r}}_l / \|\tilde{\boldsymbol{r}}_l\| \, \|\tilde{\boldsymbol{r}}_0\|$ とする．また，式 (1.94) を解くと

$$\gamma = \frac{1}{\bar{c}} \frac{\|\tilde{\boldsymbol{r}}_0\|}{\|\tilde{\boldsymbol{r}}_l\|}$$

となり，残差 $\boldsymbol{r}^{\mathrm{OR}}$ は

$$\boldsymbol{r}^{\mathrm{OR}} = \tilde{\boldsymbol{r}}_0 - \frac{1}{\bar{c}} \frac{\|\tilde{\boldsymbol{r}}_0\|}{\|\tilde{\boldsymbol{r}}_l\|} \tilde{\boldsymbol{r}}_l$$

となる．そして，$\gamma = c(\|\tilde{\boldsymbol{r}}_0\| / \|\tilde{\boldsymbol{r}}_l\|)$ のとき $\|\boldsymbol{r}\| = s \, \|\tilde{\boldsymbol{r}}_0\|$, $(1/|\gamma|) \, \|\boldsymbol{r}\| = t \, \|\tilde{\boldsymbol{r}}_l\|$ となる．また，$\gamma = (1/\bar{c})(\|\tilde{\boldsymbol{r}}_0\| / \|\tilde{\boldsymbol{r}}_l\|)$ のとき，$\|\boldsymbol{r}\| = t \, \|\tilde{\boldsymbol{r}}_0\|$, $(1/|\gamma|) \, \|\boldsymbol{r}\| = s \, \|\tilde{\boldsymbol{r}}_l\|$ となる．ただし $s \equiv \sqrt{1 - |c|^2}$, $t \equiv (s/|c|)$ とする．

もし $|c|$ の値が 1 に近いとき，$t \approx s$ となり，残差ノルム $\|\boldsymbol{r}\|$ の値と $(1/|\gamma|)\,\|\boldsymbol{r}\|$ の値の間には大きな差を生じない．もし $|c| > \frac{1}{2}\sqrt{2}$ のとき，$s < \frac{1}{2}\sqrt{2}$, $t < 1$ となり残差ノルム $\|\boldsymbol{r}\|$ と $(1/|\gamma|)\,\|\boldsymbol{r}\|$ の値は 1 より小さくなる．したがって，残差ノルムが拡大されることも，内積計算の精度が悪化することもない．次に，$|c|$ の値が小さいとき，t の値が大きくなり，γ の値を $(1/\bar{c})(\|\tilde{\boldsymbol{r}}_0\|/\|\tilde{\boldsymbol{r}}_l\|)$ と設定すれば残差ノルムは拡大され，また γ の値を $c(\|\tilde{\boldsymbol{r}}_0\|/\|\tilde{\boldsymbol{r}}_l\|)$ と設定すれば内積計算の精度が悪くなる．そのようなケースを避けるため，$|c| \leq \Omega$ より小さい場合 (たとえば $\Omega = \frac{1}{2}\sqrt{2}$)，$\gamma = (c/|c|)\Omega\,\|\tilde{\boldsymbol{r}}_0\|/\|\tilde{\boldsymbol{r}}_l\|$ と設定する．このとき，1.3.1 項と同様，残差ノルムの大きな拡大や内積計算の精度の大きな悪化は回避できる．

以上から，係数 γ の値を

$$\gamma = \frac{c}{|c|}\max(|c|, \Omega)\frac{\|\tilde{\boldsymbol{r}}_0\|}{\|\tilde{\boldsymbol{r}}_l\|}$$

と決めることにする．このとき，残差は $\boldsymbol{r}_{k+l} = \tilde{\boldsymbol{r}}_0 - \gamma\tilde{\boldsymbol{r}}_l$ と表される．すなわち，ベクトル列 $\hat{\boldsymbol{r}}_0, \hat{\boldsymbol{r}}_1, \cdots, \hat{\boldsymbol{r}}_l$ を Krylov 部分空間 $\mathcal{K}_{l+1}(A, \hat{\boldsymbol{r}})$ の基底とし，$R \equiv [\hat{\boldsymbol{r}}_0, \cdots, \hat{\boldsymbol{r}}_l]$ とするとき，2 つのベクトル $\vec{\eta}_0, \vec{\eta}_l \in \mathbb{R}^{l+1}$ に対して $\tilde{\boldsymbol{r}}_0 = R\vec{\eta}_0$, $\tilde{\boldsymbol{r}}_l = R\vec{\eta}_l$ と書ける．また，$(l+1) \times (l+1)$ の行列 $V \equiv R^* R$, 内積 $\langle \vec{\eta}, \vec{\mu} \rangle \equiv \vec{\eta}^* V \vec{\mu}$,

アルゴリズム **1.15**　BiCGstab (l) 法のためのバニラ戦略

for $i = 0$ **to** l **do**
　for $j = 0$ **to** i **do**
　　$Z(i+1, j+1) = \overline{Z(j+1, i+1)} = (\boldsymbol{r}_j, \boldsymbol{r}_i)$
　end for
end for
$y_0 = (-1, (Z(2:l, 2:l)^{-1} Z(2:l, 1))^*, 0)^*$
$y_l = (0, (Z(2:l, 2:l)^{-1} Z(2:l, l+1))^*, -1)^*$
$\kappa_0 = \sqrt{y_0^* Z y_0}$, $\kappa_l = \sqrt{y_l^* Z y_l}$, $\varrho = \dfrac{y_l^* Z y_0}{\kappa_0 \kappa_l}$
$\hat{\gamma} = (\varrho/|\varrho|)\max(|\varrho|, \Omega)$
$y_0 = y_0 - \hat{\gamma}\dfrac{\kappa_0}{\kappa_l} y_l$
$\zeta = y_0(l+1)$
for $i = 1$ **to** l **do**
　$\boldsymbol{u}_0 = \boldsymbol{u}_0 - y_0(i+1)\boldsymbol{u}_i$
　$\boldsymbol{x} = \boldsymbol{x} + y_0(i+1)\boldsymbol{r}_{i-1}$
　$\boldsymbol{r}_0 = \boldsymbol{r}_0 - y_0(i+1)\boldsymbol{r}_i$
end for

ノルム $|\vec{\eta}| \equiv \sqrt{\langle\vec{\eta},\vec{\eta}\rangle}$ を定義するとき，係数 $\hat{\gamma}$ は

$$\hat{\gamma} = \frac{\varrho}{|\varrho|}\max(|\varrho|, \Omega)\frac{|\vec{\eta}_0|}{|\vec{\eta}_l|}, \qquad \varrho = \frac{\langle\vec{\eta}_l,\vec{\eta}_0\rangle}{|\vec{\eta}_l|\,|\vec{\eta}_0|}$$

と表せ，残差は次のように書ける．

$$\boldsymbol{r}_{k+l} = R\,(\vec{\eta}_0 - \hat{\gamma}\vec{\eta}_l)$$

以上から，BiCGstab (l) 法のアルゴリズムの一部 (polynomial part) をアルゴリズム 1.15[14] に示す計算法に置き換えればバニラ戦略が実装できる．主係数と ϱ の計算は，l 次元ベクトルの演算であるため，計算量はわずかである．なお，内積 $\tilde{\boldsymbol{r}}_0^*\boldsymbol{r}_k$ の精度が良い場合には，係数 α_k, β_k における他の内積計算にも良い影響を与える[40]．

1.4　IDR (帰納的次元縮小) 法

帰納的次元縮小 [IDR (Induced Dimension Reduction)] 法[58] は，1980 年にデルフト工科大学の Wesseling，Sonneveld によって提案されたが，文献 [58] における記述が少なく注目されなかった．この IDR 法は，Bi-CGSTAB 法とアルゴリズムが異なるが，数学的に同値な方法である．2006 年のある日，Sonneveld に届いた E メール “What happened to the IDR method?” をきっかけに再び研究が始まり，2007 年，Sonneveld と van Gijzen によって IDR (s) 法[48] とよばれる解法が再登場した (図 1.2 は京都大学での講演)．

IDR (s) 法は，従来のハイブリッド Bi-CG 法より高速かつ頑強な収束性をもつことが報告され，注目を浴びている．IDR (s) 法は，従来の Krylov 空間法のように， Krylov 部分空間を構築するのではなく，帰納的次元縮小 (IDR) 原理によって構築される空間 (新しい空間は前の空間に包含されるように構築される) において残差列とともに近似解をつくる方法である．さらに，文献 [39] によって一部のハイブリッド Bi-CG 法と IDR (s) 法との関係が明らかにされた．すなわち，IDR (s) 法は係数行列と s 本の列ベクトルを並べた行列で張るブロック Krylov 部分空間上で近似解をつくる Bi-CGSTAB 法である，と解釈できることが明らか

(a) (b)

図 1.2 P. Sonneveld 教授 (a)，M. van Gijzen 教授 (b) の講演 (2008 年 9 月京都大学にて)

にされた．また，文献 [25,39,48] によって ML (k) BiCGSTAB[61] が IDR (s) 法と関連があることも明らかにされた．

近年，IDR (s) 法に関する研究が進められており，さらに，収束性が向上した Bi-IDR (s) 法[56]，IDR (s) 法に使用されている 1 次の安定化多項式のかわりに l 次の多項式を取り入れた IDRstab 法[43]，GBi-CGSTAB(s, L) 法[51]，さらに QMR 法の考え方を用いて基底計算を安定化させたシフト方程式のための IDR (s) 法[55]，複数右辺項に対する IDR (s) 法[10]，IDR (s) 法に疑似最小残差法の概念を取り入れた解法[11]，BiCGStab2 や GPBi-CG 法の安定化多項式を使用する IDR (s) 法[1, 4] などが提案された．

さらに，IDR (s) 法と従来の Krylov 部分空間法との関連や IDR (s) 法の解釈，解析に関する研究もある[25, 27, 36, 47]．本節では，IDR (s) 法および Bi-CGSTAB 法と IDR (s) 法との関連について述べる．

1.4.1 IDR 定 理

本項では，IDR 定理，ブロック Krylov 部分空間，Sonneveld 部分空間[43] について紹介する．IDR 法は，IDR 定理によって構築される線形部分空間列の中で残差列を構築する解法である．**IDR 定理**は次のように書くことができる．

定理 1.1 (IDR 定理[48]) s 本の任意の列ベクトルを並べた $n \times s$ の行列を $\tilde{R}_0$ とする．すなわち，$\tilde{R}_0 \equiv [\tilde{\boldsymbol{r}}_1, \cdots, \tilde{\boldsymbol{r}}_s]$．このとき，空間 $\mathcal{G}_k$ を次のように構築する．

$$\mathcal{G}_{k+1} \equiv (\mu_{k+1} I - A)(\mathcal{G}_k \cap \tilde{R}_0^{\perp}) \qquad (k = 0, 1, \cdots)$$

ただし，μ_{k+1} は 0 でない複素数，$\mathcal{G}_0 \equiv \mathbb{C}^n$ である．そして，行列 A の固有ベクトルが $\tilde{R}_0$ の直交補空間に含まれていないならば，すべての $k = 0, 1, \cdots$ に対して次の (a), (b) が成り立つ．

(a) $\mathcal{G}_{k+1} \subset \mathcal{G}_k$
(b) $\dim \mathcal{G}_{k+1} < \dim \mathcal{G}_k \quad (\mathcal{G}_k \neq \{\mathbf{0}\}$ の場合)

空間 $\mathcal{G}_k$ に含まれる残差ベクトルとそれに対応する近似解が求まっていたとき，IDR 定理は次の新しい空間 $\mathcal{G}_{k+1}$ に含まれる残差ベクトルとそれに対応する近似解を与える．次の空間が構築される過程は，残差ベクトルが $\mathcal{G}_k$ に含まれ，かつ $n \times s$ の行列 $\tilde{R}_0$ の直交補空間に含まれるように更新されるステップと，安定化多項式を掛けて 次の空間 $\mathcal{G}_{k+1}$ に含まれる残差ベクトルを構築するステップから成る．IDR 定理によって生成される残差ベクトルが $\mathbf{0}$ になれば，厳密な解が得られる．

まず，$n \times n$ の行列 B，$n \times s$ の行列 $\tilde{R}_0$ で張る k 番目の**ブロック Krylov 部分空間**は次のように定義される．

$$\mathcal{K}_k(B, \tilde{R}_0) = \left\{ \sum_{j=0}^{k-1} B^j \tilde{R}_0 \vec{\gamma}_j \mid \vec{\gamma}_j \in \mathbb{C}^s \right\}$$

次に，ある多項式 P と $n \times s$ の行列 $\tilde{R}_0$ によって **Sonneveld 部分空間** S_P ($s = 1$ の場合を 1.1.2 項で述べた) は次のように定義される．

$$S_P(A, \tilde{R}_0) \equiv S(P, A, \tilde{R}_0) \equiv \{P(A)\boldsymbol{v} \mid \boldsymbol{v} \perp \mathcal{K}_k(A^*, \tilde{R}_0)\}$$

次の定理は IDR 定理によって構築された空間 $\mathcal{G}_k$ が Krylov 部分空間と関連していることを意味する．

定理 1.2 行列 $\tilde{R}_0$，定数 μ_j，空間 $\mathcal{G}_k$ を定理 1.1 と同じ意味で用いることにする．いま多項式 P_k を $P_k(\lambda) \equiv \prod_{j=1}^{k} (\mu_j - \lambda)$ $(\lambda \in \mathbb{C})$ と定義するとき

$$\mathcal{G}_k = S(P_k, A, \tilde{R}_0)$$

が成り立つ．

Sonneveld 部分空間の次数を上げるには，ブロック Krylov 部分空間 $\mathcal{K}_k(A^*, \tilde{R}_0)$ の次数も上げる必要がある．すなわち，空間 $\mathcal{G}_k$ または Sonneveld 部分空間を 1 次増やすためには，ブロック Krylov 部分空間 $\mathcal{K}_k(A^*, \tilde{R}_0)$ の次数を上げるために，s 回の行列–ベクトル積と，さらに安定化多項式の次数を上げるために 1 回の行列–ベクトル積が要求される．

また，定理 1.2 はハイブリッド Bi-CG 法が IDR (s) 法の一種とみなせることを意味している．なぜなら，ハイブリッド Bi-CG 法の残差は $P_k\boldsymbol{r}_k^{\mathrm{bcg}}$ と表すことができ，直交条件 $\boldsymbol{r}_k^{\mathrm{bcg}} \perp \mathcal{K}_k(A^*, \tilde{\boldsymbol{r}}_0)$ を満すためで，定理 1.1 において $s = 1$, $\tilde{R}_0 = [\tilde{\boldsymbol{r}}_0]$ の場合に相当するからである．ただし，$\boldsymbol{r}_k^{\mathrm{bcg}}$ は Bi-CG 法によって生成された残差ベクトルであり，P_k はハイブリッド Bi-CG 法の安定化多項式とする．

さらに，定理 1.2 から，μ_j $(j = 1, \cdots, k)$ が A の固有値でない場合は

$$\dim(\mathcal{G}_k) = n - \dim(\mathcal{K}_k(A^*, R_0))$$

が成り立つ．

1.4.2 IDR (s) 法

IDR (s) 法は，空間 $\mathcal{G}_k$ において残差ベクトルを構築する解法である．文献 [39] に従って，その実装法の 1 つを説明する．Sleijpen らが提案した IDR (s) 法は次の着想 (I)–(III) にもとづいて設計される．

(I) IDR(s) 法における残差ベクトルと近似解を更新する漸化式は，ハイブリッド Bi-CG 法のように $\boldsymbol{r}_+ = \boldsymbol{r} - A\boldsymbol{u}\alpha$, $\boldsymbol{x}_+ = \boldsymbol{x} + \boldsymbol{u}\alpha$ の形で表せる．すなわち，$n \times s$ の行列 U が与えられたとき，$S \equiv AU$ という関係を満たし，残差ベクトルが $\boldsymbol{r}_+ = \boldsymbol{r} - S\vec{\gamma}$ という形で書けるならば，$\boldsymbol{r} = \boldsymbol{b} - A\boldsymbol{x}$, $\boldsymbol{r}_+ = \boldsymbol{b} - A\boldsymbol{x}_+$ という関係を利用して，近似解の更新式は $\boldsymbol{x}_+ = \boldsymbol{x} + U\vec{\gamma}$ という形で表せる．したがって，ハイブリッド Bi-CG 法と同様，IDR (s) 法の近似解は AXPY の演算によって求められる．後述するように，行列 U の列ベクトルは $U\vec{\gamma} + \omega\boldsymbol{v}$ で更新される．

(II) 残差ベクトル $\boldsymbol{r} \in \mathcal{G}_k$ を次のサイクルの残差 $\boldsymbol{r}_+ \in \mathcal{G}_{k+1}$ へ更新するために，次の 2 つのステップを経る．

第 1 ステップでは，残差ベクトル $\boldsymbol{r}$ を $\boldsymbol{v} \in \mathcal{G}_k \cap \tilde{R}_0^{\perp}$ に更新，すなわち，残差ベクトル $\boldsymbol{r}$ を空間 $\tilde{R}_0$ の直交補空間に射影する．言い換れば，残差ベクトル $\boldsymbol{r}$ は，射影行列 $I - S\sigma^{-1}\tilde{R}_0^*$ を用いて $(I - S\sigma^{-1}\tilde{R}_0^*)\boldsymbol{r}$ と更新される．ただし，$\sigma = \tilde{R}_0^* S$ である．したがって，残差 $\boldsymbol{r}$ を空間 $\tilde{R}_0$ の直交補空間に射影したベクトルを $\boldsymbol{v}$ とすると，$\boldsymbol{v} \equiv \boldsymbol{r} - S\vec{\gamma}, \vec{\gamma} \equiv \sigma^{-1}\tilde{R}_0^*\boldsymbol{r}$ と表せる．ここで，行列 $\tilde{R}_0^* S$ は正則であると仮定する．$n \times s$ の行列 S の更新方法は，次の (III) で説明する．

第 2 ステップでは，$\boldsymbol{v} \in \mathcal{G}_k \cap \tilde{R}_0^{\perp}$ に安定化多項式 $I - \omega A$ を掛けて残差ベクトル $\boldsymbol{r}_+$ に更新する．すなわち，$\boldsymbol{r}_+ = \boldsymbol{v} - \omega A\boldsymbol{v}$ である．ただし，ω は適当な定数である．

(III) $n \times s$ の行列 S は，空間 $\mathcal{G}_k$ の $s+1$ 個の残差ベクトルの差で定義する．すなわち，行列 S の列ベクトルを $\boldsymbol{s} \equiv \boldsymbol{r} - \boldsymbol{r}_+$ で定義する．上記 (II) と $\boldsymbol{s} = \boldsymbol{r} - \boldsymbol{r}_+$ を $s+1$ 回繰り返すことで $\mathcal{G}_k$ に含まれる $s+1$ 個の残差が $\mathcal{G}_{k+1}$ に属す残差に更新される．

$s+1$ 回目の繰り返しにおける 1 回目で ω を決め，後の s 回の繰り返しでは同じ値の ω を使う．ω の決め方の 1 つは，Bi-CGSTAB 法のように，残差ノルムの最小化である．

アルゴリズム 1.16　IDR (s) 法 (Sleijpen)

Select an $\boldsymbol{x}_0$ and $n \times s$ matrices $\tilde{R}_0$ and U
Compute $S = AU,\ \boldsymbol{x} = \boldsymbol{x}_0,\ \boldsymbol{r} = \boldsymbol{b} - A\boldsymbol{x}$
$i = 1,\ j = 0$
while $\|\boldsymbol{r}\|_2 / \|\boldsymbol{b}\|_2 > \mathrm{tol}$ **do**
　$\sigma = \tilde{R}_0^* S,\ \vec{\rho} = \tilde{R}_0^*\boldsymbol{r},\ \vec{\gamma} = \sigma^{-1}\vec{\rho}$
　$\boldsymbol{v} = \boldsymbol{r} - S\vec{\gamma},\ \boldsymbol{c} = A\boldsymbol{v}$
　if $j = 0,\ \omega = \boldsymbol{c}^*\boldsymbol{v}/\boldsymbol{c}^*\boldsymbol{c}$
　$U(:,i) = U\vec{\gamma} + \omega\boldsymbol{v},\ \boldsymbol{x} = \boldsymbol{x} + U(:,i)$
　$\boldsymbol{r}_1 = \boldsymbol{v} - \omega\boldsymbol{c},\ S(:,i) = \boldsymbol{r} - \boldsymbol{r}_1,\quad \boldsymbol{r} = \boldsymbol{r}_1$
　$i++$, **if** $i > s,\ i = 1$
　$j++$, **if** $j > s,\ j = 0$
end while

上記 (I) で述べた 行列 U の列ベクトルが $U\vec{\gamma}+\omega\boldsymbol{v}$ によって更新されることを説明する．上記 (II) より，残差ベクトルは $\boldsymbol{r}_{+}=\boldsymbol{r}-S\vec{\gamma}-\omega A\boldsymbol{v}$ と書ける．いま，$\boldsymbol{s}=\boldsymbol{r}-\boldsymbol{r}_{+}=S\vec{\gamma}+\omega A\boldsymbol{v}$ は行列 S の列ベクトルを更新するのに用いられる．$S=AU$ という関係が成り立つので，行列 U の列ベクトルは $\boldsymbol{u}=\boldsymbol{x}_{+}-\boldsymbol{x}=U\vec{\gamma}+\omega\boldsymbol{v}$ によって計算される．ただし，行列 S, U の一番古い列ベクトルを新しく更新した $\boldsymbol{s}=\boldsymbol{r}-\boldsymbol{r}_{+}$，および $\boldsymbol{u}=U\vec{\gamma}+\omega\boldsymbol{v}$ で置き換える．さらに，$\boldsymbol{r}=\boldsymbol{b}-A\boldsymbol{x}$, $\boldsymbol{r}_{+}=\boldsymbol{b}-A\boldsymbol{x}_{+}$ という関係を用いれば，近似解は $\boldsymbol{x}_{+}=\boldsymbol{x}+\boldsymbol{u}$ で更新される．

以上から，文献 [39] で発表された **IDR (s) 法**はアルゴリズム 1.16 のように記述できる．

アルゴリズムにおける $n\times s$ の行列 $\tilde{R}_0$ の列ベクトルは，一様乱数を発生させおのおのの列ベクトルが直交するように与える．また，$n\times s$ の行列 U の初期値

アルゴリズム 1.17　IDR (s) 法 (Sonneveld と van Gijzen)

Select an $\boldsymbol{x}_0$ and an $n\times s$ matrix $\tilde{R}_0$
Compute $\boldsymbol{r}=\boldsymbol{b}-A\boldsymbol{x}_0$
for $i=1$ **to** s **do**
　$\boldsymbol{c}=A\boldsymbol{r},\ \omega=\boldsymbol{c}^*\boldsymbol{r}/\boldsymbol{c}^*\boldsymbol{c}$
　$U(:,i)=\omega\boldsymbol{r},\ S(:,i)=-\omega\boldsymbol{c}$
　$\boldsymbol{x}=\boldsymbol{x}+U(:,i),\ \boldsymbol{r}=\boldsymbol{r}+S(:,i)$
end for
$\sigma=\tilde{R}_0^*S,\ \vec{\rho}=\tilde{R}_0^*\boldsymbol{r},\ j=1$
while $\|\boldsymbol{r}\|_2/\|\boldsymbol{b}\|_2>\mathrm{tol}$ **do**
　for $k=0$ **to** s **do**
　　Solve $\vec{\gamma}$ from $\sigma\vec{\gamma}=\vec{\rho}$
　　$\boldsymbol{q}=-S\vec{\gamma},\ \boldsymbol{v}=\boldsymbol{r}+\boldsymbol{q}$
　　if $k=0$ **then**
　　　$\boldsymbol{c}=A\boldsymbol{v},\ \omega=\boldsymbol{c}^*\boldsymbol{v}/\boldsymbol{c}^*\boldsymbol{c}$
　　　$S(:,j)=\boldsymbol{q}-\omega\boldsymbol{c},\ U(:,j)=-U\vec{\gamma}+\omega\boldsymbol{v}$
　　else
　　　$U(:,j)=-U\vec{\gamma}+\omega\boldsymbol{v},\ S(:,j)=-AU(:,j)$
　　end if
　　$\boldsymbol{r}=\boldsymbol{r}+S(:,j),\ \boldsymbol{x}=\boldsymbol{x}+U(:,j)$
　　$\overrightarrow{dm}=\tilde{R}_0^*S(:,j)$
　　$\sigma(:,j)=\overrightarrow{dm},\ \vec{\rho}=\vec{\rho}+\overrightarrow{dm},\ j++,$ **if** $j>s,\ j=1$
　end for
end while

は，たとえば， Arnoldi プロセスを用いて係数行列と $\boldsymbol{r}_0 = \boldsymbol{b} - A\boldsymbol{x}_0$ によって，s 次の Krylov 部分空間をつくり，その基底を設定する．

Sleijpen らのアルゴリズムと Sonneveld らのアルゴリズム[48] との違いは $\boldsymbol{s}$ の更新方法にある．Sonneveld らのアルゴリズムでは，安定化多項式 ω を求めるときの反復 (1 サイクルのうち 1 回の反復だけ) では，$\boldsymbol{u} = U\vec{\gamma} + \omega\boldsymbol{v}$, $\boldsymbol{s} = S\vec{\gamma} + \omega A\boldsymbol{v}$ を用いて U, S の列ベクトルを更新し，それ以外の反復 (1 サイクルのうち s 回の反復) では $\boldsymbol{u} = U\vec{\gamma} + \omega\boldsymbol{v}$, $\boldsymbol{s} = A\boldsymbol{u}$ を用いて U, S の列ベクトルを更新する．

Sonneveld らによって提案された IDR (s) 法[48] の原型はアルゴリズム 1.17 のように記述される．

1.4.3　Bi-CGSTAB 法の IDR (s) 化

本項では，$n \times s$ の行列 $\tilde{R}_0$ を初期シャドウ残差にもつ Bi-CG 法を導き，さらに初期シャドウ残差 $\tilde{R}_0$ に対する Bi-CGSTAB 法を導く．すなわち，Bi-CG 法と Bi-CGSTAB 法の IDR (s) 化について説明する[39]．$n \times s$ の初期シャドウ残差 $\tilde{R}_0$ に対する Bi-CG 法，Bi-CGSTAB 法をおのおの Bi-CG(s) 法，Bi-CGSTAB(s) 法とよぶことにする．

Krylov 部分空間 $\mathcal{K}_K(A, \boldsymbol{r}_0)$ に属しブロック Krylov 部分空間 $\mathcal{K}_k(A^*, \tilde{R}_0)$ に直交する残差ベクトル $\boldsymbol{r}_k$ の構築する手順を考える．この手順から得られたアルゴリズムが Bi-CG(s) 法である．ただし，$K = ks + 1$ である．

まず，s 個のベクトル $A\boldsymbol{r}_0, \cdots, A^s\boldsymbol{r}_0$ を列ベクトルにもつ $n \times s$ の行列を C_0 とする．次の残差ベクトル $\boldsymbol{r}_1$ は $\mathcal{K}_{s+1}(A, \boldsymbol{r}_0)$ に含まれかつ行列 $\tilde{R}_0$ に直交するようにつくる．すなわち，残差 $\boldsymbol{r}_1$ は，射影行列 $I - C_0\sigma_0^{-1}\tilde{R}_0^*$ を用いて $\boldsymbol{r}_1 \equiv \boldsymbol{r}_0 - C_0(\sigma_0^{-1}\tilde{R}_0^*\boldsymbol{r}_0)$ と生成される．ただし $\sigma_0 \equiv \tilde{R}_0^* C_0$．次に，行列 $\tilde{R}_0$ に直交するように $n \times s$ の行列 C_1 を次の手順でつくる．ただし，初期値 $\boldsymbol{v} = \boldsymbol{r}_1$ を与える．また，e_j は j 番目の要素が 1，他の要素が 0 の s 次元ベクトルを意味する．

$$\boldsymbol{s} = A\boldsymbol{v}, \quad \boldsymbol{s} = \boldsymbol{s} - C_0(\sigma_0^{-1}\tilde{R}_0^*\boldsymbol{s}), \quad C_1 e_j = \boldsymbol{s}, \quad \boldsymbol{v} = \boldsymbol{s} \quad (j = 1, \cdots, s)$$

このとき，行列 C_1 は $\tilde{R}_0$ に直交し，かつ C_1 の列ベクトルは行列 $A_1 \equiv (I - C_0\sigma_0^{-1}\tilde{R}_0)A$ とベクトル $A_1\boldsymbol{r}_1$ でつくられる s 次の Krylov 部分空間の基底となる．次の残差 $\boldsymbol{r}_2$ は $\boldsymbol{r}_2 \equiv \boldsymbol{r}_1 - C_1(\sigma_1^{-1}\tilde{R}_1^*\boldsymbol{r}_1)$ と計算すれば，$\tilde{R}_0$, $\tilde{R}_1$ に直交する．

そして，$\boldsymbol{r}_2$ は空間 $\mathcal{K}_{2s+1}(A, \boldsymbol{r}_0)$ に含まれる．ただし，$\sigma_1^{-1} \equiv \tilde{R}_1^* C_1$ である．

以上の操作を繰り返し，$\boldsymbol{r}_k$ と C_k をつくる．すなわち，$\mathcal{K}_{ks+1}(A, \boldsymbol{r}_0)$ に含まれ，$\mathcal{K}_k(A^*, \tilde{R}_0)$ に直交する残差ベクトル $\boldsymbol{r}_k$ は，

$$\begin{aligned} &\boldsymbol{r}_{k+1} = \boldsymbol{r}_k - C_k \vec{\alpha}_k \perp \tilde{R}_k, \quad \boldsymbol{v} = \boldsymbol{r}_{k+1} \\ &\quad \boldsymbol{s} = A\boldsymbol{v}, \quad C_{k+1} e_j = \boldsymbol{s} - C_k \vec{\beta}_j \perp \tilde{R}_k, \quad \boldsymbol{v} = C_{k+1} e_j \\ &\qquad (j = 1, \cdots, s) \end{aligned} \tag{1.95}$$

によって生成できる．ただし，$\sigma_k \equiv \tilde{R}_k^* C_k$, $\vec{\alpha}_k \equiv \sigma_k^{-1}(\tilde{R}_k^* \boldsymbol{r}_k)$, $\vec{\beta}_j \equiv \sigma_k^{-1}(\tilde{R}_k^* \boldsymbol{s})$ である．これが **Bi-CG (s) 法**の残差の更新式で，近似解を更新する漸化式も容易に導ける[39]．

次に，$n \times s$ の初期シャドウ残差 $\tilde{R}_0$ に対する Bi-CGSTAB 法，すなわち Bi-CGSTAB(s) 法を導く．k 次の多項式 p_k を用いて $\tilde{R}_k = \bar{p}_k(A^*)\tilde{R}_0$ と表せるので，式 (1.95) は

$$\begin{aligned} &P_k \boldsymbol{r}_{k+1} = P_k \boldsymbol{r}_k - P_k C_k \vec{\alpha}_k \perp \tilde{R}_0, \quad \boldsymbol{v} = P_k \boldsymbol{r}_{k+1} \\ &\quad \boldsymbol{s} = A\boldsymbol{v}, \quad P_k C_{k+1} e_j = \boldsymbol{s} - P_k C_k \vec{\beta}_j \perp \tilde{R}_0, \quad \boldsymbol{v} = P_k C_{k+1} e_j \\ &\qquad (j = 1, \cdots, s) \end{aligned} \tag{1.96}$$

へ書き換えられる．ただし，多項式 $P_k(A)$ を簡単のため P_k と表す．さらに，$P_{k+1}\boldsymbol{r}_{k+1}$ と $P_{k+1}C_{k+1}$ を更新するための漸化式が必要となる．もし，安定化多項式が Bi-CGSTAB 法と同様に，

$$P_{k+1} = (I - \omega_k A) P_k$$

であれば，$\boldsymbol{r}_{k+1}$ と C_{k+1} を掛けて $P_{k+1}\boldsymbol{r}_{k+1}$，$P_{k+1}C_{k+1}$ を更新する漸化式が得られる．このとき現れる $AP_k\boldsymbol{r}_{k+1}$，$AP_kC_{k+1}e_j$ は，式 (1.96) で得たため，行列–ベクトル積の演算は増加しない．したがって，$P_{k+1}\boldsymbol{r}_{k+1}$ と $P_{k+1}C_{k+1}$ を更新するための漸化式を付け加えて整理すると，

$$\begin{aligned} &P_k \boldsymbol{r}_{k+1} = P_k \boldsymbol{r}_k - P_k C_k \vec{\alpha}_k \perp \tilde{R}_0, \ \boldsymbol{v} = P_k \boldsymbol{r}_{k+1}, \ \boldsymbol{s} = A\boldsymbol{v} \\ &P_{k+1} \boldsymbol{r}_{k+1} = \boldsymbol{v} - \omega_k \boldsymbol{s} \\ &P_k C_{k+1} e_j = \boldsymbol{s} - P_k C_k \vec{\beta}_j \perp \tilde{R}_0, \quad \boldsymbol{v} = P_k C_{k+1} e_j, \quad \boldsymbol{s} = A\boldsymbol{v} \\ &P_{k+1} C_{k+1} e_j = \boldsymbol{v} - \omega_k \boldsymbol{s} \qquad (j = 1, \cdots, s) \end{aligned}$$

アルゴリズム 1.18　残差更新

$\boldsymbol{v} = \boldsymbol{r}_k - S_k\vec{\alpha}_k \perp \tilde{R}_0,\ \boldsymbol{s} = A\boldsymbol{v}$
select an ω_k, $\boldsymbol{r}_{k+1} = \boldsymbol{v} - \omega_k\boldsymbol{s}$
for $j = 1$ **to** s **do**
　$\boldsymbol{v} = \boldsymbol{s} - S_k\vec{\beta}_j \perp \tilde{R}_0,\ \boldsymbol{s} = A\boldsymbol{v},\ S_{k+1}e_j = \boldsymbol{v} - \omega_k\boldsymbol{s}$
end for

に書き換えられる．さらに，$\boldsymbol{r}_k = P_k\boldsymbol{r}_k$, $S_k = P_kC_k$ とおけば，残差更新のアルゴリズム 1.18 が得られる．

次に，近似解を更新する漸化式を考える．残差に関する定義 $\boldsymbol{r}_k = \boldsymbol{b} - A\boldsymbol{x}_k$, $\boldsymbol{v} = \boldsymbol{b} - A\boldsymbol{x}'$ などを用いて，アルゴリズム 1.18 を書き直すと，近似解更新のアルゴリズム 1.19 が得られる．

以上から，**Bi-CGSTAB (*s*) 法**はアルゴリズム 1.20 のように記述される[39]．なお，数値的安定性から，S' を生成するときは Arnoldi プロセスなどの利用が必要である．

もし，IDR (s) 法と Bi-CGSTAB (s) 法における初期値 $\boldsymbol{x}_0$, $\tilde{R}_0$ が一致し，さらに安定化多項式の係数 ω が一致しているとき，$s+1$ ステップごとに得られる IDR (s) 法の残差ベクトル $\boldsymbol{v}$, $\boldsymbol{r}$ と Bi-CGSTAB (s) 法における残差ベクトル $\boldsymbol{v}$, $\boldsymbol{r}$ は互いに一致する[39]．

これらの変形から，BiCGstab (l) や BiCG×MR2 などの IDR (s) 化が可能となる．Sleijpen らは BiCGstab (l) を IDR (s) 化した IDRstab 法[43]，すなわち IDR (s) 法に l 次の安定化多項式を組み込んだ方法を提案した*3．

アルゴリズム 1.19　近似解の漸化式

$\boldsymbol{x}' = \boldsymbol{x}_k + U_k\vec{\alpha}_k,\ \boldsymbol{x}_{k+1} = \boldsymbol{x}' + \omega\boldsymbol{v}$
for $j = 1$ **to** s **do**
　$\boldsymbol{u} = \boldsymbol{v} - U_k\vec{\beta}_j,\ U_{k+1}e_j = \boldsymbol{u} - \omega_k\boldsymbol{v}$
end for

*3　後の章では，IDRstab 法と実装方法が異なるが，東京大学の谷尾，杉原が提案した数学的に同値な GBi-CGSTAB(s,L) 法[51] が記述される．

アルゴリズム **1.20** Bi-CGSTAB (s)

Select an $\boldsymbol{x}_0$ and an $n \times s$ matrix, $\tilde{R}_0$, $\boldsymbol{x} = \boldsymbol{x}_0$
Compute $\boldsymbol{r} = \boldsymbol{b} - A\boldsymbol{x}$, $\boldsymbol{s} = \boldsymbol{r}$
for $j = 1$ **to** s **do**
  $Ue_j = \boldsymbol{s}$, $\boldsymbol{s} = A\boldsymbol{s}$, $Se_j = \boldsymbol{s}$
end for
while $\|\boldsymbol{r}\|_2/\|\boldsymbol{b}\|_2 >$ tol **do**
  $\sigma = \tilde{R}_0^* S$, $\vec{\alpha} = \sigma^{-1}(\tilde{R}_0^* \boldsymbol{r})$
  $\boldsymbol{x} = \boldsymbol{x} + U\vec{\alpha}$, $\boldsymbol{v} = \boldsymbol{r} - S\vec{\alpha}$
  $\boldsymbol{s} = A\boldsymbol{v}$, $\omega = \boldsymbol{s}^*\boldsymbol{v}/\boldsymbol{s}^*\boldsymbol{s}$
  $\boldsymbol{x} = \boldsymbol{x} + \omega\boldsymbol{v}$, $\boldsymbol{r} = \boldsymbol{v} - \omega\boldsymbol{s}$
  for $j = 1$ **to** s **do**
    $\vec{\beta} = \sigma^{-1}(\tilde{R}_0^* \boldsymbol{s})$
    $\boldsymbol{u} = \boldsymbol{v} - U\vec{\beta}$, $\boldsymbol{v} = \boldsymbol{s} - S\vec{\beta}$
    $\boldsymbol{s} = A\boldsymbol{v}$
    $U'e_j = \boldsymbol{u} - \omega\boldsymbol{v}$, $S'e_j = \boldsymbol{v} - \omega\boldsymbol{s}$
  end for
  $U = U'$, $S = S'$
end while

1.5 数値実験による検証

本節では，1.1 節で述べた CGS 法，Bi-CGSTAB 法，GPBi-CG/BiCG×MR2 法のおのおのの変形版の有効性をしらべる．また，1.3 節で述べた GPBi-CG/BiCG×MR2 法と BiCGstab (l) 法に対するバニラ戦略の効果を検証する．さらに，1.4 節で述べた IDR (s) 法の有効性を検証する．数値実験は，PC(Intel Pentium M 2.1 GHz) において Matlab 7.1 の倍精度浮動小数点演算によって実行した．また，収束判定条件は相対残差ノルムが $\|\boldsymbol{r}_k\|_2/\|\boldsymbol{r}_0\|_2 \leq 10^{-10}$ を満したときとする．1.5.1–1.5.3 項に示された残差履歴のグラフの縦軸は相対残差ノルム $\log_{10}(\|\boldsymbol{r}_k\|_2/\|\boldsymbol{r}_0\|_2)$，横軸は行列–ベクトル積の演算数である．

1.5.1 変形版の有効性

本項では，CGS 法の変形版，Bi-CGSTAB 法の変形版，GPBi-CG/BiCG×MR2 法の変形版の有効性をしらべる．初期値は $\boldsymbol{x}_0 = (0, \cdots, 0)^{\mathsf{T}}$，初期シャドウ残差 $\tilde{\boldsymbol{r}}_0$ には一様乱数を用いた．収束するまでに要した行列–ベクトル積の演算数 (MV 数)，および収束した時点の真の相対残差ノルム $\log_{10}(\| \boldsymbol{b} - A\boldsymbol{x}_k \|_2 \,/\, \| \boldsymbol{b} - A\boldsymbol{x}_0 \|_2)$ を表 1.1–1.3 に示す．また，図 1.3, 1.4 に残差履歴を示す．

表 1.1　CGS 法，変形版 1–2 の行列–ベクトル積の演算数 (MV 数) と真の残差ノルム

(a) sherman1

方　法	MV 数 (比)	真の残差ノルム
CGS	1132 (1.19)	1.2×10^{-6}
変形版 1	950 (1.00)	1.6×10^{-9}
変形版 2	994 (1.04)	2.3×10^{-9}

(b) dw2048

方　法	MV 数 (比)	真の残差ノルム
CGS	3734 (1.23)	1.1×10^{-6}
変形版 1	3020 (1.00)	5.1×10^{-10}
変形版 2	4028 (1.33)	9.1×10^{-11}

まず，CGS 法，CGS 法の変形版 1，変形版 2 の収束ふるまいを比較する．Matrix Market や Sparse Matrix Collection に収録された行列の内の 2 種類の問題 sherman1 (計算流体力学，対称)，dw2048 (電磁気工学，非対称) を取り上げる．行列 sherman1 の次元は 1000，非零要素数は 3750，1 行あたりの平均非零要素数は約 3.7，行列 dw2048 の次元は 2048，非零要素数は 10114，1 行あたりの平

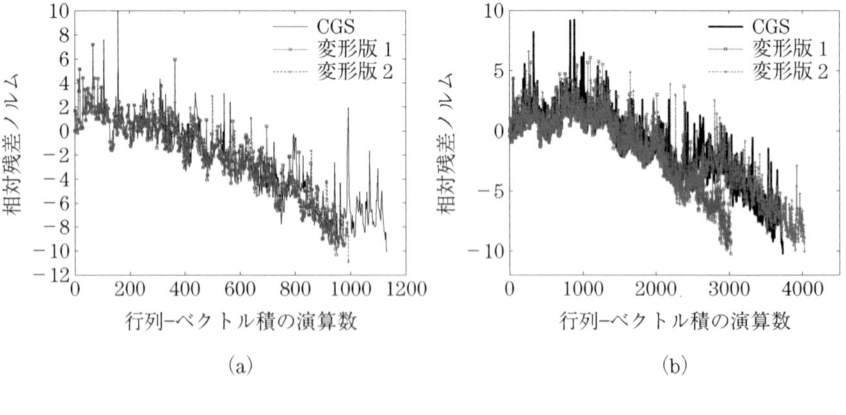

図 1.3　CGS 法，変形版 1–2 の残差履歴．sherman1 (a)，dw2048 (b).

表 1.2　Bi-CGSTAB 法，変形版 1–2 の行列–ベクトル積の演算数 (MV 数) と真の残差ノルム

方　法	MV 数 (比)	真の残差ノルム
Bi-CGSTAB	n.c. (—)	—
変形版 1	879 (1.00)	4.7×10^{-11}
変形版 2	843 (1.04)	6.5×10^{-11}

均非零要素数は約 4.9 である．

表 1.1，図 1.3 から，従来の CGS 法と変形版 1–2 は収束したことがわかる．さらに，従来の CGS 法の真の残差ノルムは 10^{-6} 程度であるが，変形版から得られる真の残差ノルムは，sherman1 では 10^{-9} 程度，dw2048 では 10^{-10} 程度で，近似解の精度が良いことがわかる．すなわち，変形版は従来の CGS 法より精度がよい近似解が得られた．なお，近似解の精度は，残差ノルムのスパイク状の跳ね上がりに関係していることがわかっている[15, 41, 42]．

次に，Bi-CGSTAB 法，Bi-CGSTAB 法の変形版 1–2 の収束ふるまい，および GPBi-CG，BiCG×MR2 法，GPBi-CG/BiCG×MR2 法の変形版 1–4 の収束ふるまいを比較する．

正方形領域 $\Omega = (0,1) \times (0,1)$ で全周 Dirichlet 境界条件 $(u|_{\partial u} = 0)$ を課した次の偏微分方程式の離散近似解を求める[32]．

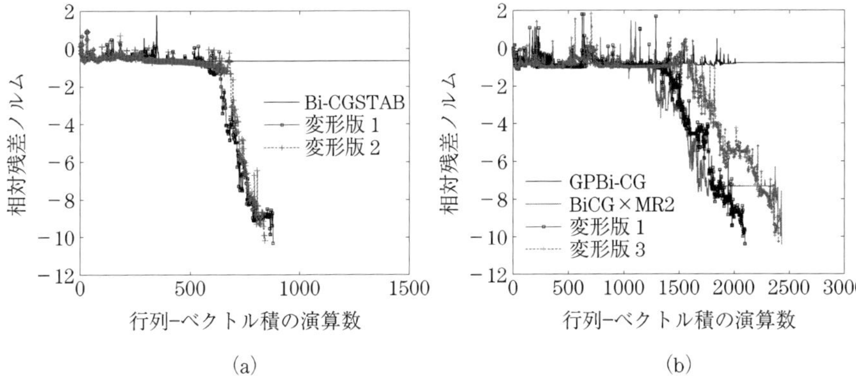

図 1.4　Bi-CGSTAB 法，変形版 1，変形版 2 の収束履歴 (a)，GPBi-CG 法，BiCG×MR2 法，変形版 1，変形版 3 の収束履歴 (b)．

表 1.3　GPBi-CG 法，Bi-CG×MR2 法，変形版 1–4 の行列–ベクトル積の演算数 (MV 数) と真の残差ノルム

方　法	MV 数 (比)	真の残差ノルム
GPBi-CG	n.c. (—)	—
BiCG×MR2	2432 (1.15)	2.1×10^{-9}
変形版 1	2100 (1.00)	7.7×10^{-11}
変形版 2	2640 (1.25)	4.2×10^{-11}
変形版 3	2402 (1.14)	5.6×10^{-11}
変形版 4	2696 (1.28)	8.9×10^{-11}

$$-u_{xx} - u_{yy} + \gamma(xu_x + yu_y) + \beta u = f(x, y) \tag{1.97}$$

式 (1.97) の境界値問題に対して全体領域を x, y 両方向に $M+1$ 等分して，x, y 方向ともに等間隔で離散近似して得られた大きさ $M^2 \times M^2$ の正方行列を係数にもつ線形方程式を解く．パラメータ M, γ, β は，Bi-CGSTAB 法で解くとき $(M, \gamma, \beta) = (63, 100, -200)$，GPBi-CG/BiCG×MR2 法で解くとき $(M, \gamma, \beta) = (64, 1000, 10)$ とした[16, 32]．右辺項は，厳密解 $\hat{\boldsymbol{x}} = (1, \cdots, 1)^{\mathsf{T}}$ を与えて $\boldsymbol{b} = A\hat{\boldsymbol{x}}$ と計算する．

表 1.2，図 1.4 から，従来の Bi-CGSTAB 法の残差ノルムが収束しない (停滞が続く) 一方，変形版 1–2 は収束したことがわかる．すなわち，変形版は従来の Bi-CGSTAB 法より丸め誤差の影響が少なく，良い収束性が期待できる．

表 1.3，図 1.4 から，従来の GPBi-CG 法の残差ノルムが収束しない (停滞が長く続く) 一方，BiCG×MR2，変形版 1–4 は収束していることがわかる．すなわち，変形版は従来の GPBi-CG 法より丸め誤差の影響が少なく，良い収束性が期待できる．

1.5.2　バニラ戦略の有効性

本項では，1.3 節で述べたバニラ戦略付き GPBi-CG/BiCG×MR2 法，およびバニラ戦略付き BiCGstab (l) 法に対する効果を検証する．

1.3.1 項で述べたバニラ戦略を GPBi-CG/BiCG×MR2 法の変形版 1–2 に，また 1.3.2 項で述べたバニラ戦略を BiCGstab (l) 法に実装する．係数行列は，式 (1.97) の境界値問題から得られる行列である．また，同様に，初期値は $\boldsymbol{x}_0 = (0, \cdots, 0)^{\mathsf{T}}$,

表 1.4 GPBi-CG/BiCG×MR2 法変形版 1–2，およびバニラ戦略付き GPBi-CG/BiCG×MR2 法変形版 1–2 の行列–ベクトル積の演算数 (MV 数) と真の残差ノルム

方　　法	MV 数 (比)	の残差ノルム
変形版 1	2100 (3.33)	7.7×10^{-11}
変形版 2	2640 (4.19)	4.2×10^{-11}
バニラ戦略付き変形版 1	638 (1.01)	4.3×10^{-11}
バニラ戦略付き変形版 2	630 (1.00)	8.6×10^{-11}

表 1.5 BiCGstab (2) 法とバニラ戦略付き BiCGstab (2) 法の行列–ベクトル積の演算数 (MV 数) と真の残差ノルム

方　　法	MV 数 (比)	残差ノルム
BiCGstab (2)	424 (1.60)	2.2×10^{-11}
バニラ戦略付き BiCGstab (2)	264 (1.00)	6.8×10^{-11}

初期シャドウ残差 $\tilde{\boldsymbol{r}}_0$ は一様乱数，パラメータ M, γ, β は GPBi-CG/BiCG×MR2 法の変形版 1–2 の場合には $M = 64, \gamma = 1000, \beta = 10$[32]，BiCGstab (2) 法の場合には $M = 63, \gamma = 100, \beta = -200$[16] とした．右辺項は解 $\hat{\boldsymbol{x}} = (1, \cdots, 1)^{\mathsf{T}}$ を与えて $\boldsymbol{b} = A\hat{\boldsymbol{x}}$ と計算する．さらに，バニラ戦略のパラメータ Ω は $\sqrt{2}/2$ と設定した．GPBi-CG/BiCG×MR2 法の変形版 1–2，および BiCGstab (2) 法の収束までの行列–ベクトル積の演算数 (MV 数)，および収束した時点の真の相対残差ノルムを表 1.4, 1.5 に示す．図 1.5 に残差履歴を示す．

バニラ戦略なし GPBi-CG/BiCG×MR2 法変形版 1–2 の残差ノルムはおのおの 2100 回，2640 回で収束したのに対し，バニラ戦略付き変形版 1–2 の残差ノルムはおのおの 630 回，638 回で収束した．すなわち，この結果はバニラ戦略の有効性を示している．なお，バニラ戦略付き変形版 1–2 のみの結果を示しているが，GPBi-CG 法，BiCG×MR2 法，変形版 3-4 にも適用可能である．

バニラ戦略なし BiCGstab (2) 法の残差ノルムは 424 回で収束したのに対し，バニラ戦略付き BiCGstab (2) 法の残差ノルムは 264 回で収束した．すなわち，バニラ戦略を用いた場合は丸め誤差の影響が少なく，BiCGstab (l) 法に対するバニラ戦略の有効性を示している．

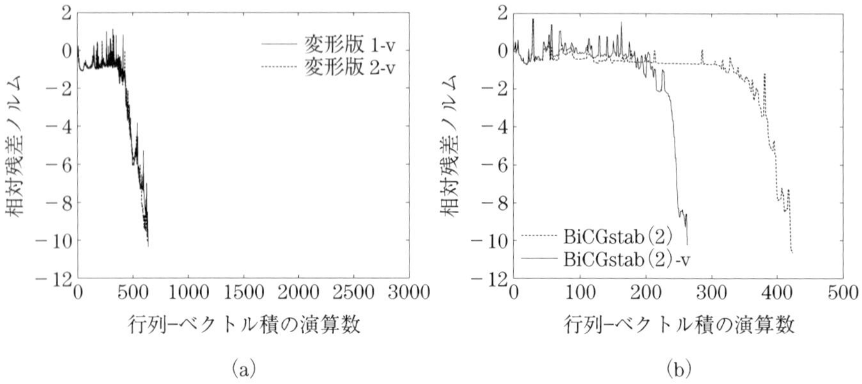

図 **1.5**　バニラ戦略付き GPBi-CG/BiCG×MR2 法変形版 1–2 の残差履歴 (a), BiCGstab (2) 法とバニラ戦略付き BiCGstab (2) 法の残差履歴 (b).

1.5.3　IDR (s) 法の有効性

本項では，Bi-CG 法，Bi-CGSTAB 法，GPBi-CG 法，BiCGstab (l) 法，および IDR (s) 法の収束性を比較し，IDR (s) 法の有効性を示す．さらに，IDR (s) 法のパラメータ s を変化させて収束性の違いを比較する．

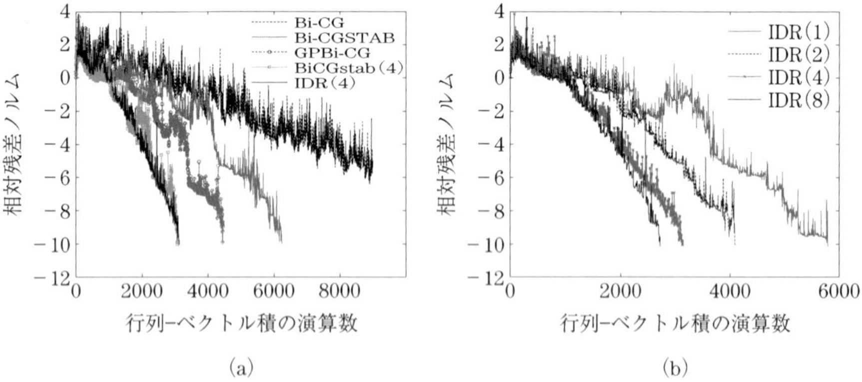

図 **1.6**　Bi-CG 法，BiCGSTAB 法，GPBi-CG 法，BiCGstab (4) 法，IDR (4) 法の収束履歴 (a)，IDR (1) 法，IDR (2) 法，IDR (4) 法，IDR (8) 法の収束履歴 (b).

行列 sherman5 (計算流体力学，非対称) を取り上げる．行列の次元は 3312，非零要素数は 20793，1 行あたりの平均非零要素数は約 6.2 である．初期値は $\boldsymbol{x}_0 = (0, \cdots, 0)^{\top}$，ハイブリッド Bi-CG 法の初期シャドウ残差 $\tilde{\boldsymbol{r}}_0$ は一様乱数，IDR (s) 法の初期シャドウ残差 $\tilde{R}_0$ の列ベクトルは一様乱数を発生させて，おのおのの列ベクトルが直交するように与えた．Bi-CG 法，BiCGSTAB 法，GPBi-CG 法，BiCGstab (4) 法，および IDR (4) 法の残差履歴を図 1.6a に示す．次に，IDR (s) 法の s を $1, 2, 4, 8$ と変化させたときの IDR (s) 法の残差履歴を図 1.6b に示す．ここで，IDR (1) 法は Bi-CGSTAB 法と数学的に等価な方法である．

Bi-CG 法の残差ノルムは 9000 回までで未収束，Bi-CGSTAB 法が収束までに要した行列–ベクトル積の演算数は 6233 回，GPBi-CG 法は 4452 回，BiCGstab (4) 法は 3073 回，IDR (4) 法は 3139 回であった．図 1.6a から，従来のハイブリッド Bi-CG 法と同程度か少ない回数で収束し，IDR (s) 法の有効性がわかる．

IDR (s) 法の s を $1, 2, 4, 8$ と変化させた結果，IDR (1) が収束までに要した行列–ベクトル積の演算数は 5795 回，IDR (2) は 4094 回，IDR (4) は 3139 回，IDR (8) は 2735 回であった．図 1.6b から，s を大きくすると収束性の向上がわかる．

BiCGstab (l) 法は非対称性の強い問題に対して効果を発揮し，IDR (s) 法は不定値性の強い問題に効果を発揮することが多い[37]．そのため，両者の長所を合わせもつ解法が提案された．

2 GBi-CGSTAB (s, L) 法

大規模線形方程式系の数値解法が現在の科学技術の基盤をなすことは論を待たないであろう．この分野において，2007 年，Sonneveld と van Gijzen によって IDR (s) 法[48, 67] とよばれる新しい数値解法が提案され，かつ，多くの問題において，従来からある Bi-CG 法系の数値解法に優るとも劣らない性能をもつことが報告され，一大センセーションを巻き起こした．しかしながら,「係数行列が歪対称に近いとき非常に収束性が悪い」という弱点も指摘された．これに対して，谷尾，杉原は，IDR (s) 法の良い点を保持しながら，弱点を克服する数値解法一般化 IDR (s, L) 法[69] [後に GBi-CGSTAB (s, L) 法[70, 71]] を提案した．ほぼ同じ頃，Sleijpen と van Gijzen も IDR 法の弱点を克服する数値解法 IDR (s) stab (l) 法[43, 65] を提案した．現在，GBi-CGSTAB (s, L) 法と IDR (s) stab (l) 法は数学的に同値である (したがって，丸め誤差がなければ同じ残差系列を生成する) が，実装方法が異なる算法として理解されている．本章では，この GBi-CGSTAB (s, L) 法について，Krylov 部分空間法の基礎から始めて，その算法を導くことにする．なお，IDR (s) stab (l) 法についても興味のある読者は，前章を読んだ上で，文献 [43,65] に挑戦していただきたい．

2.1 Petrov–Galerkin 方式の Krylov 部分空間法から BiCGstab (l) 法へ

Krylov 部分空間法的観点から，Bi-CG 法，Bi-CGSTAB 法，さらに，BiCGstab (l) 法を導出する．

2.1.1 Krylov 部分空間法

一般に，ベクトル $\boldsymbol{y}$ に行列 A のべき乗を掛けて生成される列 $\boldsymbol{y}$, $A\boldsymbol{y}$, $A^2\boldsymbol{y}$, $\cdots$ を Krylov 列とよび，その最初の k 個のベクトルの張る部分空間

$$\mathcal{K}_k(A, \boldsymbol{y}) = \mathrm{span}(\boldsymbol{y}, A\boldsymbol{y}, \cdots, A^{k-1}\boldsymbol{y}) \tag{2.1}$$

を k 次 **Krylov 部分空間**という．

方程式 $A\boldsymbol{x} = \boldsymbol{b}$ を解くために，初期近似解 $\boldsymbol{x}_0$ を適当にとり，その残差 $\boldsymbol{r}_0 = \boldsymbol{b} - A\boldsymbol{x}_0$ の定める Krylov 部分空間 $\mathcal{K}_k(A, \boldsymbol{r}_0)$ において

$$\boldsymbol{x}_k - \boldsymbol{x}_0 \in \mathcal{K}_k(A, \boldsymbol{r}_0) \tag{2.2}$$

を満たす近似解 $\boldsymbol{x}_k$ の列を生成する方法を，**Krylov 部分空間法**と総称する．このとき，$\boldsymbol{x}_k$ の残差 $\boldsymbol{r}_k = \boldsymbol{b} - A\boldsymbol{x}_k = \boldsymbol{r}_0 - A(\boldsymbol{x}_k - \boldsymbol{x}_0)$ は

$$\boldsymbol{r}_k \in \mathcal{K}_{k+1}(A, \boldsymbol{r}_0) \tag{2.3}$$

を満たす．

近似解 $\boldsymbol{x}_k$ の定め方にはいくつかの方式がある．

- 直交条件

$$\boldsymbol{r}_k \perp \mathcal{K}_k(A, \boldsymbol{r}_0) \tag{2.4}$$

  によって $\boldsymbol{x}_k$ を定める **Ritz–Galerkin 方式**.
- 残差ノルムの最小性

$$\|\boldsymbol{r}_k\| = \min\{\|\boldsymbol{b} - A\boldsymbol{x}\|_2 \mid \boldsymbol{x} - \boldsymbol{x}_0 \in \mathcal{K}_k(A, \boldsymbol{r}_0)\} \tag{2.5}$$

  によって $\boldsymbol{x}_k$ を定める**最小残差方式**．なお，残差の最小性は，$\boldsymbol{r}_k$ と $A\mathcal{K}_k(A, \boldsymbol{r}_0)$ $(= \mathcal{K}_k(A, A\boldsymbol{r}_0))$ の直交性

$$\boldsymbol{r}_k \perp A\mathcal{K}_k(A, \boldsymbol{r}_0) \tag{2.6}$$

  と同等である．

アルゴリズム **2.1** Petrov–Galerkin 方式 Krylov 部分空間法 I

---

choose $\boldsymbol{x}_0 \in \mathbb{R}^N, \boldsymbol{r}_0^\bullet \in \mathbb{R}^N$
$\boldsymbol{r}_0 = \boldsymbol{b} - A\boldsymbol{x}_0$
$\boldsymbol{u}_0 = \boldsymbol{r}_0$
$k = 0$
while $\|\boldsymbol{r}_k\|_2 \geq \varepsilon \|\boldsymbol{b}\|_2$ **do**
  $\alpha_k = \dfrac{(\boldsymbol{r}_k^\bullet, \boldsymbol{r}_k)}{(\boldsymbol{r}_k^\bullet, A\boldsymbol{u}_k)}$
  $\boldsymbol{x}_{k+1} = \boldsymbol{x}_k + \alpha_k \boldsymbol{u}_k$
  $\boldsymbol{r}_{k+1} = \boldsymbol{r}_k - \alpha_k A\boldsymbol{u}_k$ (注:上記の α_k は，$\boldsymbol{r}_{k+1} \perp \boldsymbol{r}_k^\bullet$ となるように定めてある)
  $\beta_k = \dfrac{(\boldsymbol{r}_k^\bullet, A\boldsymbol{r}_{k+1})}{(\boldsymbol{r}_k^\bullet, A\boldsymbol{u}_k)}$
  $\boldsymbol{u}_{k+1} = \boldsymbol{r}_{k+1} - \beta_k \boldsymbol{u}_k$ (注:上記の β_k は，$A\boldsymbol{u}_{k+1} \perp \boldsymbol{r}_k^\bullet$ となるように定めてある)
  $\boldsymbol{r}_{k+1}^\bullet = S_{k+1}(A^\mathsf{T})\boldsymbol{r}_0^\bullet$
  $k = k + 1$
end while

- 適当なベクトル $\boldsymbol{r}_0^\bullet$ と A の転置行列で生成される Krylov 部分空間 $\mathcal{K}_k(A^\mathsf{T}, \boldsymbol{r}_0^\bullet)$ を導入し，直交条件

$$\boldsymbol{r}_k \perp \mathcal{K}_k(A^\mathsf{T}, \boldsymbol{r}_0^\bullet) \tag{2.7}$$

  を課す **Petrov–Galerkin 方式.**

行列 A が非対称の場合，Ritz–Galerkin 方式や最小残差方式の Krylov 部分空間法では算法が短い漸化式で与えられないこと (**Faber–Manteuffel の定理**[63, 64]) が知られており，本章では算法が短い漸化式で与えられる Petrov–Galerkin 方式の Krylov 部分空間法について考える.

アルゴリズム 2.1 の算法が **Petrov–Galerkin 方式の Krylov 部分空間法**の (1 つの) 基本形である．算法が，実際，Petrov–Galerkin 方式の Krylov 部分空間法になっていることは次の定理 2.1 で証明される．なお，算法に現れる $S_k(\lambda)\,(k \geq 1)$ は k 次の任意多項式である.

定理 2.1 $\alpha_i \neq 0\,(i \leq k)$ のとき，Petrov–Galerkin 方式 Krylov 部分空間法について以下が成り立つ.

(a) Petrov–Galerkin 方式 Krylov 部分空間法のアルゴリズムは $k+1$ 反復まで

破綻[*1]しない．

(b) $\deg \boldsymbol{r}_{k+1} = k + 1$[*2]

(c) $\deg \boldsymbol{u}_{k+1} = k + 1$

(d) $\boldsymbol{r}_{k+1}, A\boldsymbol{u}_{k+1} \perp \mathcal{K}_{k+1}(A^{\mathsf{T}}, \boldsymbol{r}_0^{\bullet})$ (つまり $\boldsymbol{r}_{k+1}, A\boldsymbol{u}_{k+1} \perp \boldsymbol{r}_k^{\bullet}, \boldsymbol{r}_{k-1}^{\bullet}, \cdots,$ $\boldsymbol{r}_0^{\bullet}$)

(証明) (a) 「破綻しない」＝「i $(\leq k)$ に対して，$\boldsymbol{r}_i \neq \boldsymbol{0}$ かつ α_i, β_i の計算の際に分母が 0 になることがない」であるから，$\alpha_i \neq 0\,(i \leq k)$ より明らか．

(b), (c) 以下，$\deg \boldsymbol{r}_i = i, \deg \boldsymbol{u}_i = i$ $(i = 1, 2, \cdots, k+1)$ を数学的帰納法によって証明する．

(i) $i = 1$ のとき，更新式 $\boldsymbol{r}_1 = \boldsymbol{r}_0 - \alpha_0 A\boldsymbol{u}_0$，および，仮定 $\alpha_0 \neq 0$ より，$\deg \boldsymbol{r}_1 = 1$．さらに $\boldsymbol{u}_1 = \boldsymbol{r}_1 - \beta_0 \boldsymbol{u}_0$ より $\deg \boldsymbol{u}_1 = 1$ は明らか．

(ii) $i = m$ $(< k + 1)$ において，$\deg \boldsymbol{r}_m = m$，かつ，$\deg \boldsymbol{u}_m = m$ が成り立っているとする．このとき，$\boldsymbol{r}_{m+1}$ は，更新式 $\boldsymbol{r}_{m+1} = \boldsymbol{r}_m - \alpha_m A\boldsymbol{u}_m$ により更新されることから，仮定 $\alpha_m \neq 0$ より，$\deg \boldsymbol{r}_{m+1} = m + 1$．さらに，$\boldsymbol{u}_{m+1} = \boldsymbol{r}_{m+1} - \beta_m \boldsymbol{u}_m$ より $\deg \boldsymbol{u}_{m+1} = m + 1$．

(i), (ii) より (b), (c) が成り立つことが示された．

(d) $\boldsymbol{r}_i, A\boldsymbol{u}_i \perp \mathcal{K}_i(A^{\mathsf{T}}, \boldsymbol{r}_0^{\bullet})$ $(i = 1, 2, \cdots, k+1)$ を数学的帰納法によって証明する．次の補題 2.1 (容易に証明される) を用いる．

補題 2.1

(a) $\boldsymbol{v} \perp \mathcal{K}_{m+1}(A^{\mathsf{T}}, \boldsymbol{r}_0^{\bullet}) \Longrightarrow A\boldsymbol{v} \perp \mathcal{K}_m(A^{\mathsf{T}}, \boldsymbol{r}_0^{\bullet})$

(b) $\boldsymbol{v} \perp \mathcal{K}_m(A^{\mathsf{T}}, \boldsymbol{r}_0^{\bullet})$ かつ $\boldsymbol{v} \perp S_m(A^{\mathsf{T}})\boldsymbol{r}_0^{\bullet} \Longrightarrow \boldsymbol{v} \perp \mathcal{K}_{m+1}(A^{\mathsf{T}}, \boldsymbol{r}_0^{\bullet})$

(i) $i = 1$ のとき，$\boldsymbol{r}_1, \boldsymbol{u}_1$ の定め方より明らか．

(ii) $i = m$ $(< k + 1)$ において，$\boldsymbol{r}_m, A\boldsymbol{u}_m \perp \mathcal{K}_m(A^{\mathsf{T}}, \boldsymbol{r}_0^{\bullet})$ が成り立っているとする．このとき，$\boldsymbol{r}_{m+1}$ は，更新式 $\boldsymbol{r}_{m+1} = \boldsymbol{r}_m - \alpha_m A\boldsymbol{u}_m$ により更新されるこ

---

*1　i $(\leq k)$ において，$\boldsymbol{r}_i \neq \boldsymbol{0}$ にもかかわらず，α_i, β_i の計算の際に分母が 0 になって，計算が続行できなくなること．

*2　Krylov 部分空間 $\mathcal{K}_k(A, \boldsymbol{r}_0)$ の元 $\boldsymbol{v}$ は $P(A)\boldsymbol{r}_0$(P は多項式) と書ける．$\deg \boldsymbol{v}$ はこの P の次数を表す．すなわち，$\deg \boldsymbol{v} = \deg P$．

とから，明らかに $\boldsymbol{r}_{m+1} \perp \mathcal{K}_m(A^\mathsf{T}, \boldsymbol{r}_0^\bullet)$．さらに，$\boldsymbol{r}_{m+1} \perp \boldsymbol{r}_m^\bullet (= S_m(A^\mathsf{T})\boldsymbol{r}_0^\bullet)$ であるから，補題 2.1(b) より $\boldsymbol{r}_{m+1} \perp \mathcal{K}_{m+1}(A^\mathsf{T}, \boldsymbol{r}_0^\bullet)$．

$\boldsymbol{u}_{m+1}$ に関する主張を示す．更新式 $\boldsymbol{u}_{m+1} = \boldsymbol{r}_{m+1} - \beta_m \boldsymbol{u}_m$ より

$$A\boldsymbol{u}_{m+1} = A\boldsymbol{r}_{m+1} - \beta_m A\boldsymbol{u}_m \tag{2.8}$$

先に示した $\boldsymbol{r}_{m+1} \perp \mathcal{K}_{m+1}(A^\mathsf{T}, \boldsymbol{r}_0^\bullet)$ に補題 2.1(a) を適用して $A\boldsymbol{r}_{m+1} \perp \mathcal{K}_m(A^\mathsf{T}, \boldsymbol{r}_0^\bullet)$．さらに，帰納法の仮定より $A\boldsymbol{u}_m \perp \mathcal{K}_m(A^\mathsf{T}, \boldsymbol{r}_0^\bullet)$ であるから，式 (2.8) より $A\boldsymbol{u}_{m+1} \perp \mathcal{K}_m(A^\mathsf{T}, \boldsymbol{r}_0^\bullet)$．一方，$A\boldsymbol{u}_{m+1} \perp \boldsymbol{r}_m^\bullet (= S_m(A^\mathsf{T})\boldsymbol{r}_0^\bullet)$ であるから，これと併せて，補題 2.1(b) より $A\boldsymbol{u}_{m+1} \perp \mathcal{K}_{m+1}(A^\mathsf{T}, \boldsymbol{r}_0^\bullet)$．

(i), (ii) より (d) が成り立つことが示された． ■

定理からわかるように，上記の算法は，

$$\begin{aligned}&\text{局所的直交性「} \boldsymbol{r}_i, A\boldsymbol{u}_i \perp \boldsymbol{r}_{i-1}^\bullet \ (i \leq k+1) \text{」} \\ &\qquad \Longrightarrow \text{大域的直交性「} \boldsymbol{r}_{k+1}, A\boldsymbol{u}_{k+1} \perp \boldsymbol{r}_k^\bullet, \boldsymbol{r}_{k-1}^\bullet, \cdots, \boldsymbol{r}_0^\bullet \text{」}\end{aligned} \tag{2.9}$$

という機構をもつ．

また，上記算法では，β_k の計算に $A\boldsymbol{r}_{k+1}$ の計算が現れるが，これは $\mathcal{K}_{k+3}(A, \boldsymbol{r}_0)$ に属するものであり，算法としては，$\boldsymbol{r}_{k+1}$ が入る $\mathcal{K}_{k+2}(A, \boldsymbol{r}_0)$ 内での計算で閉じていることが望ましい．定理 2.1 を用いると，計算をそのように変形することが可能で，$\boldsymbol{r}_{k+1}^\bullet$ を先に計算し，β_k を

$$\beta_k \left(= \frac{(\boldsymbol{r}_k^\bullet, A\boldsymbol{r}_{k+1})}{(\boldsymbol{r}_k^\bullet, A\boldsymbol{u}_k)} \right) = \frac{\mathrm{lc}(S_k)}{\mathrm{lc}(S_{k+1})} \frac{(\boldsymbol{r}_{k+1}^\bullet, \boldsymbol{r}_{k+1})}{(\boldsymbol{r}_k^\bullet, A\boldsymbol{u}_k)} \tag{2.10}$$

と計算すればよい[*3]．実際，$A^\mathsf{T}\boldsymbol{r}_k^\bullet$ は $\boldsymbol{r}_{k+1}^\bullet, \boldsymbol{r}_k^\bullet, \cdots, \boldsymbol{r}_0^\bullet$ を用いて

$$A^\mathsf{T}\boldsymbol{r}_k^\bullet = \frac{\mathrm{lc}(S_k)}{\mathrm{lc}(S_{k+1})} (\boldsymbol{r}_{k+1}^\bullet + c_k \boldsymbol{r}_k^\bullet + \cdots + c_0 \boldsymbol{r}_0^\bullet)$$

と表現でき，定理 2.1(d) より，$(\boldsymbol{r}_i^\bullet, \boldsymbol{r}_{k+1}) = 0 \ (i < k+1)$ であるから，

$$\begin{aligned}(\boldsymbol{r}_k^\bullet, A\boldsymbol{r}_{k+1}) &= (A^\mathsf{T}\boldsymbol{r}_k^\bullet, \boldsymbol{r}_{k+1}) \\ &= \frac{\mathrm{lc}(S_k)}{\mathrm{lc}(S_{k+1})} (\boldsymbol{r}_{k+1}^\bullet + c_k \boldsymbol{r}_k^\bullet + \cdots + c_0 \boldsymbol{r}_0^\bullet, \boldsymbol{r}_{k+1}) \\ &= \frac{\mathrm{lc}(S_k)}{\mathrm{lc}(S_{k+1})} (\boldsymbol{r}_{k+1}^\bullet, \boldsymbol{r}_{k+1})\end{aligned}$$

---

*3 一般に，多項式 P の最高次係数を $\mathrm{lc}(P)$ と表す (lc = leading coefficient)．$S_0 = 1$ とする．

アルゴリズム **2.2**　Petrov–Galerkin 方式 Krylov 部分空間法 II

---

choose $\boldsymbol{x}_0 \in \mathbb{R}^N, \boldsymbol{r}_0^\bullet \in \mathbb{R}^N$
$\boldsymbol{r}_0 = \boldsymbol{b} - A\boldsymbol{x}_0$
$\boldsymbol{u}_0 = \boldsymbol{r}_0$
$k = 0$
while $\|\boldsymbol{r}_k\|_2 \geq \varepsilon \|\boldsymbol{b}\|_2$ **do**
　$\alpha_k = \dfrac{(\boldsymbol{r}_k^\bullet, \boldsymbol{r}_k)}{(\boldsymbol{r}_k^\bullet, A\boldsymbol{u}_k)}$
　$\boldsymbol{x}_{k+1} = \boldsymbol{x}_k + \alpha_k \boldsymbol{u}_k$
　$\boldsymbol{r}_{k+1} = \boldsymbol{r}_k - \alpha_k A\boldsymbol{u}_k$
　$\boldsymbol{r}_{k+1}^\bullet = S_{k+1}(A^\top)\boldsymbol{r}_0^\bullet$
　$\beta_k = \dfrac{\mathrm{lc}(S_k)}{\mathrm{lc}(S_{k+1})} \dfrac{(\boldsymbol{r}_{k+1}^\bullet, \boldsymbol{r}_{k+1})}{(\boldsymbol{r}_k^\bullet, A\boldsymbol{u}_k)}$
　$\boldsymbol{u}_{k+1} = \boldsymbol{r}_{k+1} - \beta_k \boldsymbol{u}_k$
　$k = k + 1$
end while

が成立し，式 (2.10) が成り立つ．

この β_k の表現を取り入れた算法をアルゴリズム 2.2 に記す．なお，本算法で得られる $\boldsymbol{x}_{k+1}, \boldsymbol{r}_{k+1}, \boldsymbol{u}_{k+1}, \alpha_k, \beta_k$ の値は多項式 $S_i(\lambda)$ $(1 \leq i \leq k+1)$ 選び方によらない (数学的帰納法によって証明される).

2.1.2　Bi-CG　法

Petrov–Galerkin 方式 Krylov 部分空間法の算法では多項式 $S_k(\lambda)$ の選択に自由度がある．単純には $S_k(\lambda)$ を λ のべき乗の項を入れた $S_k(\lambda) = c_k\lambda^k$ などと選ぶことが考えられる．しかし，$S_k(A^\top)\boldsymbol{r}_0^\bullet = c_k(A^\top)^k\boldsymbol{r}_0^\bullet$ は，k が大きくなると，$A^\top$ の絶対値最大の固有ベクトルに近づき，Krylov 部分空間 $\mathcal{K}_{k+1}(A^\top, \boldsymbol{r}_0^\bullet)$ を適切に張れなくなるので，推奨できない．一般には，$S_k(A^\top)\boldsymbol{r}_0^\bullet$ が縮退しないように，何らかの直交性をもつ多項式系として $S_k(\lambda)$ を選ぶことが望ましい．ここでは，$\{\boldsymbol{r}_k\}, \{\boldsymbol{r}_k^\bullet (= S_k(A^\top)\boldsymbol{r}_0^\bullet)\}$ が双直交系を成す，つまり，$(\boldsymbol{r}_k, \boldsymbol{r}_l^\bullet) = 0\ (k \neq l)$ を満たすように $S_k(\lambda)$ を設定することを考える．ただし，本項では比較のために，$S_k(\lambda) = c_k\lambda^k$ の場合の算法や数値実験結果も与える (なお，c_k は $S_k(A^\top)\boldsymbol{r}_0^\bullet = c_k(A^\top)^k\boldsymbol{r}_0^\bullet$ がオーバー (アンダー) フローしないように選ぶ．具体的には $c_k = 1/\|(A^\top)^k\boldsymbol{r}_0^\bullet\|_\infty$ などとする).

アルゴリズム **2.3** Petrov–Galerkin 方式 Krylov 部分空間法 II ($S_k(\lambda) = c_k\lambda^k$ の場合)

---

choose $\boldsymbol{x}_0 \in \mathbb{R}^N, \boldsymbol{r}_0^\bullet \in \mathbb{R}^N$
$\boldsymbol{r}_0 = \boldsymbol{b} - A\boldsymbol{x}_0$
$\boldsymbol{u}_0 = \boldsymbol{r}_0$
$k = 0$
while $\|\boldsymbol{r}_k\|_2 \geq \varepsilon \|\boldsymbol{b}\|_2$ **do**
  $\alpha_k = \dfrac{(\boldsymbol{r}_k^\bullet, \boldsymbol{r}_k)}{(\boldsymbol{r}_k^\bullet, A\boldsymbol{u}_k)}$
  $\boldsymbol{x}_{k+1} = \boldsymbol{x}_k + \alpha_k \boldsymbol{u}_k$
  $\boldsymbol{r}_{k+1} = \boldsymbol{r}_k - \alpha_k A\boldsymbol{u}_k$
  $\boldsymbol{r}_{k+1}^\bullet = A^\mathsf{T}\boldsymbol{r}_k^\bullet / ||A^\mathsf{T}\boldsymbol{r}_k^\bullet||_\infty$
  $\beta_k = ||A^\mathsf{T}\boldsymbol{r}_k^\bullet||_\infty \dfrac{(\boldsymbol{r}_{k+1}^\bullet, \boldsymbol{r}_{k+1})}{(\boldsymbol{r}_k^\bullet, A\boldsymbol{u}_k)}$
  $\boldsymbol{u}_{k+1} = \boldsymbol{r}_{k+1} - \beta_k \boldsymbol{u}_k$
  $k = k + 1$
end while

---

a. $S_k(\lambda) = c_k\lambda^k$ の場合

アルゴリズム 2.3 においては，相対残差が小さくなったら停止するようになっているが，$\varepsilon = 0$ としたときの演算量，つまり，真の解が得られるまでの演算量を見積ってみよう．演算量としては，計算が一番重いとされる行列–ベクトル積演算の回数とする．まず，上記の算法において，1 反復に要する行列–ベクトル積演算は 2 回であり，一方，$\boldsymbol{r}_k$ が入る空間 $\mathcal{K}_k(A^\mathsf{T}, \boldsymbol{r}_0^\bullet)^\perp$ の次元は，1 反復あたり 1 つ次元が減るので，結局，真の解が得られるまでの演算量は $2N$ となる[*4]．

本算法を以下の問題に適用する．

問題 2.1 (Sherman4)

$A\boldsymbol{x} = \boldsymbol{b}$

A : Matrix Market にある行列 Sherman4 (油層シミュレーション)

(サイズ：1104 × 1104，非ゼロ要素数：3786)

$$\boldsymbol{b} = A\boldsymbol{1} (\Longleftrightarrow \text{解 } \boldsymbol{x} = \boldsymbol{1}) \tag{2.11}$$

---

*4 厳密には，この議論は Generic な場合の議論であり，特殊な場合には $2N$ 未満となることもある．

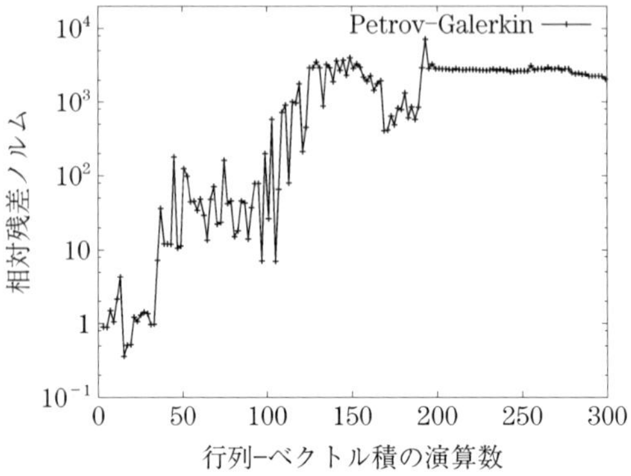

図 2.1　アルゴリズム 2.3 を問題 2.1 (Sherman4) に適用した場合の収束履歴

計算は，PC (Intel Pentium M, 2.1 GHz) において Fortran 90 の倍精度浮動小数点演算によって実行する．また，初期値は $\boldsymbol{x}_0 = \boldsymbol{0}$, $\boldsymbol{r}_0^\bullet$ の各成分は $[-1, 1]$ 上の一様乱数で与える．収束履歴を図 2.1 に示す．グラフの縦軸は相対残差ノルム $\|\boldsymbol{r}_k\|_2/\|\boldsymbol{r}_0\|_2$，横軸は行列–ベクトル積の演算数である.「予想通り？」に収束しないことが見てとれる．

b. $\{\boldsymbol{r}_k\}, \{\boldsymbol{r}_k^\bullet\}$ **が双直交系を成す，つまり，** $(\boldsymbol{r}_k, \boldsymbol{r}_l^\bullet) = 0$ $(k \neq l)$ **を満たす場合**

$(\boldsymbol{r}_k, \boldsymbol{r}_l^\bullet) = 0$ $(k \neq l)$ を成り立たせるためには，直交関係

$$\boldsymbol{r}_{k+1}, A\boldsymbol{u}_{k+1} \perp \boldsymbol{r}_k^\bullet, \boldsymbol{r}_{k-1}^\bullet, \cdots, \boldsymbol{r}_0^\bullet \tag{2.12}$$

はすでに成り立っているので，$\boldsymbol{r}_{k+1}^\bullet$ の他に補助ベクトル $\boldsymbol{u}_{k+1}^\bullet$ を導入し，直交関係

$$\boldsymbol{r}_{k+1}^\bullet, A^\mathsf{T}\boldsymbol{u}_{k+1}^\bullet \perp \boldsymbol{r}_k, \boldsymbol{r}_{k-1}, \cdots, \boldsymbol{r}_0 \tag{2.13}$$

が成り立つように $\boldsymbol{r}_{k+1}^\bullet, \boldsymbol{u}_{k+1}^\bullet$ を決めればよい．アルゴリズム 2.1 が局所的直交性から大域的直交性を導く機構であったこと，式 (2.9) に注意すると，アルゴリズム 2.1 と同様の算法を用いて，$\boldsymbol{r}_{k+1}^\bullet, \boldsymbol{u}_{k+1}^\bullet$ を生成すればよいことは明らかである．これを行ったのがアルゴリズム 2.4 である．

この算法では，1 反復あたり行列–ベクトル積が 4 回あり，計算量の面から $S_k(\lambda) = \lambda^k$ の場合の算法に劣る．しかし，実は

アルゴリズム **2.4** Petrov–Galerkin 方式 Krylov 部分空間法 I ($\{\boldsymbol{r}_k\}, \{\boldsymbol{r}_k^\bullet\}$ が双直交系を成す場合)

---

choose $\boldsymbol{x}_0 \in \mathbb{R}^N, \boldsymbol{r}_0^\bullet \in \mathbb{R}^N$
$\boldsymbol{r}_0 = \boldsymbol{b} - A\boldsymbol{x}_0$
$\boldsymbol{u}_0 = \boldsymbol{r}_0,\ \boldsymbol{u}_0^\bullet = \boldsymbol{r}_0^\bullet$
$k = 0$
while $\|\boldsymbol{r}_k\|_2 \geq \varepsilon \|\boldsymbol{b}\|_2$ **do**
  $\alpha_k = \dfrac{(\boldsymbol{r}_k^\bullet, \boldsymbol{r}_k)}{(\boldsymbol{r}_k^\bullet, A\boldsymbol{u}_k)}$,
  $\boldsymbol{x}_{k+1} = \boldsymbol{x}_k + \alpha_k \boldsymbol{u}_k$
  $\boldsymbol{r}_{k+1} = \boldsymbol{r}_k - \alpha_k A\boldsymbol{u}_k$ (注：上記の α_k は，$\boldsymbol{r}_{k+1} \perp \boldsymbol{r}_k^\bullet$ となるように 定めてある)
  $\{\boldsymbol{r}_{k+1}^\bullet = S_{k+1}(A^\mathsf{T})\boldsymbol{r}_0^\bullet$ の生成 $\}$
    $\alpha_k^\bullet = \dfrac{(\boldsymbol{r}_k, \boldsymbol{r}_k^\bullet)}{(\boldsymbol{r}_k, A^\mathsf{T}\boldsymbol{u}_k^\bullet)}$
    $\boldsymbol{r}_{k+1}^\bullet = \boldsymbol{r}_k^\bullet - \alpha_k^\bullet A^\mathsf{T}\boldsymbol{u}_k^\bullet$ (注:上記の $\alpha_k^\bullet$ は，$\boldsymbol{r}_{k+1}^\bullet \perp \boldsymbol{r}_k$ となるように定めてある)
    $\beta_k^\bullet = \dfrac{(\boldsymbol{r}_k, A^\mathsf{T}\boldsymbol{r}_{k+1}^\bullet)}{(\boldsymbol{r}_k, A^\mathsf{T}\boldsymbol{u}_k^\bullet)}$
    $\boldsymbol{u}_{k+1}^\bullet = \boldsymbol{r}_{k+1}^\bullet - \beta_k^\bullet \boldsymbol{u}_k^\bullet$ (注:上記の $\beta_k^\bullet$ は，$A^\mathsf{T}\boldsymbol{u}_{k+1}^\bullet \perp \boldsymbol{r}_k$ となるように定めてある)
  $\beta_k = \dfrac{(\boldsymbol{r}_k^\bullet, A\boldsymbol{r}_{k+1})}{(\boldsymbol{r}_k^\bullet, A\boldsymbol{u}_k)}$
  $\boldsymbol{u}_{k+1} = \boldsymbol{r}_{k+1} - \beta_k \boldsymbol{u}_k$ (注：上記の β_k は，$A\boldsymbol{u}_{k+1} \perp \boldsymbol{r}_k^\bullet$ となるように定めてある)
  $k = k + 1$
end while

$$\alpha_k = \alpha_k^\bullet = \frac{(\boldsymbol{r}_k^\bullet, \boldsymbol{r}_k)}{(\boldsymbol{u}_k^\bullet, A\boldsymbol{u}_k)}, \quad \beta_k = \beta_k^\bullet = -\frac{(\boldsymbol{r}_{k+1}^\bullet, \boldsymbol{r}_{k+1})}{(\boldsymbol{r}_k^\bullet, \boldsymbol{r}_k)} \tag{2.14}$$

が成り立ち (証明は注意 2.2 で与える)，計算量は $S_k(\lambda) = \lambda^k$ の場合と同じになり，算法もアルゴリズム 2.5 のように比較的簡単なものとなる．この算法は **Bi-CG 法**[13] とよばれ，非対称行列に対する Krylov 部分空間法に属する基本的な算法である．

注意 2.1 ベクトル $\boldsymbol{r}_k^\bullet$ を影の残差(shadow residual) とよぶことがある．漸化式 $\boldsymbol{x}_{k+1}^\bullet = \boldsymbol{x}_k^\bullet + \alpha_k \boldsymbol{u}_k^\bullet$ $(k = 0, 1, \cdots)$ でベクトル $\boldsymbol{x}_0^\bullet, \boldsymbol{x}_1^\bullet, \cdots$ を定義したとすると，この $\boldsymbol{x}_k^\bullet$ は $A^\mathsf{T}\boldsymbol{x}^\bullet = \boldsymbol{b}^\bullet$ の近似解であり，その残差 $\boldsymbol{b}^\bullet - A^\mathsf{T}\boldsymbol{x}_k^\bullet$ が $\boldsymbol{r}_k^\bullet$ に等しくなるからである．

本算法，Bi-CG 法を問題 2.1 (Sherman4) に適用した結果を図 2.2 に示す．ア

アルゴリズム **2.5**　Bi-CG 法

choose $\boldsymbol{x}_0 \in \mathbb{R}^N, \boldsymbol{r}_0^\bullet \in \mathbb{R}^N$
$\boldsymbol{r}_0 = \boldsymbol{b} - A\boldsymbol{x}_0$
$\boldsymbol{u}_0 = \boldsymbol{r}_0,\ \boldsymbol{u}_0^\bullet = \boldsymbol{r}_0^\bullet$
$k = 0$
while $\|\boldsymbol{r}_k\|_2 \geq \varepsilon \|\boldsymbol{b}\|_2$ **do**
　$\alpha_k = \dfrac{(\boldsymbol{r}_k^\bullet, \boldsymbol{r}_k)}{(\boldsymbol{u}_k^\bullet, A\boldsymbol{u}_k)},$
　$\boldsymbol{x}_{k+1} = \boldsymbol{x}_k + \alpha_k \boldsymbol{u}_k$
　$\boldsymbol{r}_{k+1} = \boldsymbol{r}_k - \alpha_k A\boldsymbol{u}_k,\ \boldsymbol{r}_{k+1}^\bullet = \boldsymbol{r}_k^\bullet - \alpha_k A^\top \boldsymbol{u}_k^\bullet$
　$\beta_k = -\dfrac{(\boldsymbol{r}_{k+1}^\bullet, \boldsymbol{r}_{k+1})}{(\boldsymbol{r}_k^\bullet, \boldsymbol{r}_k)}$
　$\boldsymbol{u}_{k+1} = \boldsymbol{r}_{k+1} - \beta_k \boldsymbol{u}_k,\ \boldsymbol{u}_{k+1}^\bullet = \boldsymbol{r}_{k+1}^\bullet - \beta_k \boldsymbol{u}_k^\bullet$
　$k = k + 1$
end while

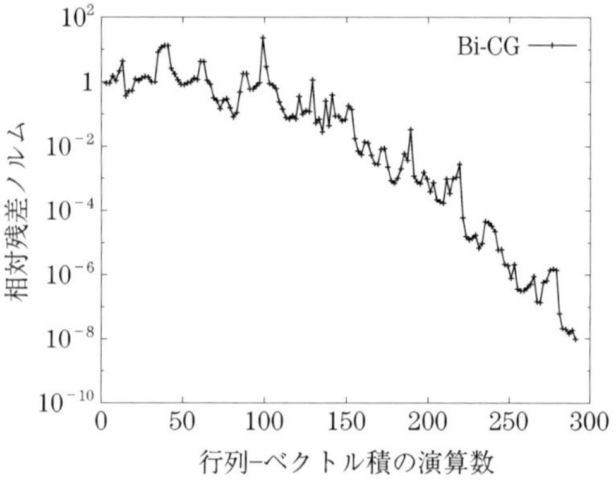

図 **2.2**　Bi-CG 法を問題 2.1 (Sherman4) に適用した場合の収束履歴

ルゴリズム 2.3 を適用した場合と様相が変わって，収束が観測される．丸め誤差のない計算であれば，両者の生成する残差は同じになるべきものであるが，丸め誤差のために，まったくふるまいが異なっている (ただし，丸め誤差の影響の少ない初期の段階では，両者の残差がほぼ一致していることに注意されたい).

注意 2.2 式 (2.14) の証明を与える．まず，直交関係 (2.12), (2.13) から容易に

$$A\boldsymbol{u}_k \perp \boldsymbol{u}_{k-1}^\bullet, \boldsymbol{u}_{k-2}^\bullet, \cdots, \boldsymbol{u}_0^\bullet, \quad A^\top \boldsymbol{u}_k^\bullet \perp \boldsymbol{u}_{k-1}, \boldsymbol{u}_{k-2}, \cdots, \boldsymbol{u}_0$$

が成り立つことがわかる．

$\alpha_k \left(= \dfrac{(\boldsymbol{r}_k^\bullet, \boldsymbol{r}_k)}{(\boldsymbol{r}_k^\bullet, A\boldsymbol{u}_k)}\right) = \dfrac{(\boldsymbol{r}_k^\bullet, \boldsymbol{r}_k)}{(\boldsymbol{u}_k^\bullet, A\boldsymbol{u}_k)}$ を示そう．$\boldsymbol{u}_k^\bullet$ の更新式 $\boldsymbol{u}_k^\bullet = \boldsymbol{r}_k^\bullet - \beta_{k-1}^\bullet \boldsymbol{u}_{k-1}^\bullet$ より，$\boldsymbol{r}_k^\bullet = \boldsymbol{u}_k^\bullet + \beta_{k-1}^\bullet \boldsymbol{u}_{k-1}^\bullet$ であるから

$$(\boldsymbol{r}_k^\bullet, A\boldsymbol{u}_k) = (\boldsymbol{u}_k^\bullet + \beta_{k-1}^\bullet \boldsymbol{u}_{k-1}^\bullet, A\boldsymbol{u}_k) = (\boldsymbol{u}_k^\bullet, A\boldsymbol{u}_k).$$

$\alpha_k^\bullet \left(= \dfrac{(\boldsymbol{r}_k, \boldsymbol{r}_k^\bullet)}{(\boldsymbol{r}_k, A^\mathsf{T}\boldsymbol{u}_k^\bullet)}\right) = \dfrac{(\boldsymbol{r}_k, \boldsymbol{r}_k^\bullet)}{(\boldsymbol{u}_k, A^\mathsf{T}\boldsymbol{u}_k^\bullet)}$ も同様に示される．

次に，$\beta_k = -\dfrac{(\boldsymbol{r}_{k+1}^\bullet, \boldsymbol{r}_{k+1})}{(\boldsymbol{r}_k^\bullet, \boldsymbol{r}_k)}$ を示そう．式 (1.11)，および，$\mathrm{lc}(S_{k+1}) = (-\alpha_k^\bullet)(-\alpha_{k-1}^\bullet)\cdots(-\alpha_0^\bullet) = (-\alpha_k)(-\alpha_{k-1})\cdots(-\alpha_0)$ より，

$$\begin{aligned}\beta_k &= \frac{\mathrm{lc}(S_k)}{\mathrm{lc}(S_{k+1})}\frac{(\boldsymbol{r}_{k+1}^\bullet, \boldsymbol{r}_{k+1})}{(\boldsymbol{r}_k^\bullet, A\boldsymbol{u}_k)} = \frac{1}{(-\alpha_k)}\frac{(\boldsymbol{r}_{k+1}^\bullet, \boldsymbol{r}_{k+1})}{(\boldsymbol{r}_k^\bullet, A\boldsymbol{u}_k)} \\ &= -\frac{(\boldsymbol{r}_k^\bullet, A\boldsymbol{u}_k)}{(\boldsymbol{r}_k^\bullet, \boldsymbol{r}_k)}\frac{(\boldsymbol{r}_{k+1}^\bullet, \boldsymbol{r}_{k+1})}{(\boldsymbol{r}_k^\bullet, A\boldsymbol{u}_k)} = -\frac{(\boldsymbol{r}_{k+1}^\bullet, \boldsymbol{r}_{k+1})}{(\boldsymbol{r}_k^\bullet, \boldsymbol{r}_k)}\end{aligned}$$

$\beta_k^\bullet = -\dfrac{(\boldsymbol{r}_{k+1}, \boldsymbol{r}_{k+1}^\bullet)}{(\boldsymbol{r}_k, \boldsymbol{r}_k^\bullet)}$ も同様に示される．

2.1.3 Bi-CGSTAB 法

Petrov–Galerkin 方式 Krylov 部分空間法の算法では，方程式 $A\boldsymbol{x} = \boldsymbol{b}$ を解くのに A^T とベクトルとの積も計算しなければならない．これは無駄であり，A^T とベクトルの積の計算を解の更新に直接結び付けるような算法が望ましい．改良のヒントは，係数 α_k, β_k の計算を

$$\left.\begin{aligned}\alpha_k &= \frac{(\boldsymbol{r}_k^\bullet, \boldsymbol{r}_k)}{(\boldsymbol{r}_k^\bullet, A\boldsymbol{u}_k)} = \frac{(\boldsymbol{r}_0^\bullet, S_k(A)\boldsymbol{r}_k)}{(\boldsymbol{r}_0^\bullet, AS_k(A)\boldsymbol{u}_k)} \\ \beta_k &= \frac{\mathrm{lc}(S_k)}{\mathrm{lc}(S_{k+1})}\frac{(\boldsymbol{r}_{k+1}^\bullet, \boldsymbol{r}_{k+1})}{(\boldsymbol{r}_k^\bullet, A\boldsymbol{u}_k)} = \frac{\mathrm{lc}(S_k)}{\mathrm{lc}(S_{k+1})}\frac{(\boldsymbol{r}_0^\bullet, S_{k+1}(A)\boldsymbol{r}_{k+1})}{(\boldsymbol{r}_0^\bullet, AS_k(A)\boldsymbol{u}_k)} \\ &\left(= \alpha_k \frac{\mathrm{lc}(S_k)}{\mathrm{lc}(S_{k+1})}\frac{(\boldsymbol{r}_0^\bullet, S_{k+1}(A)\boldsymbol{r}_{k+1})}{(\boldsymbol{r}_0^\bullet, S_k(A)\boldsymbol{r}_k)}\right)\end{aligned}\right\} \tag{2.15}$$

と書き換えることにある[*5]．これによって，A^T とベクトルの積の計算が残差に直接結び付くことになり，次のような方針で Petrov–Galerkin 方式の Krylov 部分空間法の算法を改良することが考えられる．

*5 β_k の最右辺のような表現はこれまで出てきていないが，以下，いくつかの算法において使用されるのでここに記しておく．

(1) $\boldsymbol{r}_k, \boldsymbol{u}_k, \boldsymbol{r}_k^{\bullet}, \boldsymbol{x}_k$ のかわりに $\widehat{\boldsymbol{r}}_k(= S_k(A)\boldsymbol{r}_k), \widehat{\boldsymbol{u}}_k(= S_k(A)\boldsymbol{u}_k), \widehat{\boldsymbol{x}}_k(\widehat{\boldsymbol{x}}_k$ は $\widehat{\boldsymbol{r}}_k$ を残差とする近似解) を更新し，$\boldsymbol{r}_k^{\bullet}$ は更新しない．

(2) $\widehat{\boldsymbol{r}}_k, \widehat{\boldsymbol{u}}_k$ の更新に必要な α_k, β_k は式 (2.15) を用いて計算する．

(3) $S_k(A)$ は新しい残差 $\widehat{\boldsymbol{r}}_k(= S_k(A)\boldsymbol{r}_k)$ の収束性を改善するように決定する．

なお，

$$\boldsymbol{b} - A\widehat{\boldsymbol{x}}_k = \widehat{\boldsymbol{r}}_k = S_k(A)\boldsymbol{r}_k = S_k(A)(\boldsymbol{b} - A\boldsymbol{x}_k)$$

であるから，A^{-1} を使わずに $\widehat{\boldsymbol{x}}_k$ が計算できるように，条件 $S_k(0) = 1$ を課す．

さて，$S_k(\lambda)$ の具体形として，最も基本となる 1 次式の積

$$S_k(\lambda) = (1 - \omega_{k-1}\lambda)(1 - \omega_{k-2}\lambda)\cdots(1 - \omega_1\lambda)(1 - \omega_0\lambda) \tag{2.16}$$

を考える．このとき，漸化式

$$S_{k+1}(\lambda) = (1 - \omega_k\lambda)S_k(\lambda) \tag{2.17}$$

が成り立つので，パラメータ ω_k を逐次的に決定することによって $S_k(\lambda)$ が定められる．なお，この漸化式から $\mathrm{lc}(S_k)/\mathrm{lc}(S_{k+1}) = -1/\omega_k$ である．また，$\widehat{\boldsymbol{r}}_k$, $\widehat{\boldsymbol{x}}_k$, $\widehat{\boldsymbol{u}}_k$ は以下の漸化式に従って更新することができる．

$$\begin{aligned}
\widehat{\boldsymbol{r}}_{k+1} &= S_{k+1}(A)\boldsymbol{r}_{k+1} = (I - \omega_k A)S_k(A)(\boldsymbol{r}_k - \alpha_k A\boldsymbol{u}_k) \\
&= (I - \omega_k A)(\widehat{\boldsymbol{r}}_k - \alpha_k A\widehat{\boldsymbol{u}}_k) \\
\widehat{\boldsymbol{x}}_{k+1} &= \widehat{\boldsymbol{x}}_k - A^{-1}(\widehat{\boldsymbol{r}}_{k+1} - \widehat{\boldsymbol{r}}_k) \\
&= \widehat{\boldsymbol{x}}_k - A^{-1}\big(-\alpha_k A\widehat{\boldsymbol{u}}_k - \omega_k A(\widehat{\boldsymbol{r}}_k - \alpha_k A\widehat{\boldsymbol{u}}_k)\big) \\
&= \widehat{\boldsymbol{x}}_k + \alpha_k\widehat{\boldsymbol{u}}_k + \omega_k(\widehat{\boldsymbol{r}}_k - \alpha_k A\widehat{\boldsymbol{u}}_k) \\
\widehat{\boldsymbol{u}}_{k+1} &= S_{k+1}(A)\boldsymbol{u}_{k+1} = S_{k+1}(A)(\boldsymbol{r}_{k+1} - \beta_k\boldsymbol{u}_k) \\
&= S_{k+1}(A)\boldsymbol{r}_{k+1} - \beta_k(I - \omega_k A)S_k(A)\boldsymbol{u}_k \\
&= \widehat{\boldsymbol{r}}_{k+1} - \beta_k(\widehat{\boldsymbol{u}}_k - \omega_k A\widehat{\boldsymbol{u}}_k)
\end{aligned}$$

パラメータ ω_k は自由に決めることができるので，残差 2 乗ノルム

$$\begin{aligned}
\|\widehat{\boldsymbol{r}}_{k+1}\|_2 &= \|S_{k+1}(A)\boldsymbol{r}_{k+1}\|_2 = \|(I - \omega_k A)S_k(A)\boldsymbol{r}_{k+1}\|_2 \\
&= \|(I - \omega_k A)(\widehat{\boldsymbol{r}}_k - \alpha_k A\widehat{\boldsymbol{u}}_k)\|_2
\end{aligned}$$

アルゴリズム 2.6 Bi-CGSTAB 法

---

choose $\boldsymbol{x}_0 \in \mathbb{R}^N, \boldsymbol{r}_0^\bullet \in \mathbb{R}^N$
$\boldsymbol{r}_0 = \boldsymbol{b} - A\boldsymbol{x}_0, \quad \boldsymbol{u}_0 = \boldsymbol{r}_0$
$k = 0$
while $\|\boldsymbol{r}_k\|_2 \geq \varepsilon \|\boldsymbol{b}\|_2$ **do**
  $\alpha_k = \dfrac{(\boldsymbol{r}_0^\bullet, \boldsymbol{r}_k)}{(\boldsymbol{r}_0^\bullet, A\boldsymbol{u}_k)}$
  $\boldsymbol{t}_{k+1} = \boldsymbol{r}_k - \alpha_k A\boldsymbol{u}_k, \quad \omega_k = \dfrac{(\boldsymbol{t}_{k+1}, A\boldsymbol{t}_{k+1})}{(A\boldsymbol{t}_{k+1}, A\boldsymbol{t}_{k+1})}$
  $\boldsymbol{x}_{k+1} = \boldsymbol{x}_k + \alpha_k \boldsymbol{u}_k + \omega_k \boldsymbol{t}_{k+1}, \quad \boldsymbol{r}_{k+1} = \boldsymbol{t}_{k+1} - \omega_k A\boldsymbol{t}_{k+1}$
  $\beta_k = -\dfrac{\alpha_k}{\omega_k} \dfrac{(\boldsymbol{r}_0^\bullet, \boldsymbol{r}_{k+1})}{(\boldsymbol{r}_0^\bullet, \boldsymbol{r}_k)}, \quad \boldsymbol{u}_{k+1} = \boldsymbol{r}_{k+1} - \beta_k(\boldsymbol{u}_k - \omega_k A\boldsymbol{u}_k)$
  $k = k + 1$
end while

を最小化する値に設定する．具体的には，$\boldsymbol{t}_{k+1} = \widehat{\boldsymbol{r}}_k - \alpha_k A\widehat{\boldsymbol{u}}_k$ とおくとき $\widehat{\boldsymbol{r}}_{k+1} = \boldsymbol{t}_{k+1} - \omega_k A\boldsymbol{t}_{k+1}$ となるので，次のように設定する．

$$\omega_k = (\boldsymbol{t}_{k+1}, A\boldsymbol{t}_{k+1})/(A\boldsymbol{t}_{k+1}, A\boldsymbol{t}_{k+1})$$

このようにして近似解 $\widehat{\boldsymbol{x}}_k$ を求める方法を **Bi-CGSTAB 法**[53]*6とよぶ．算法の形にまとめると，アルゴリズム 2.6 のようになる．ただし，これまで^を付けていた変数 $\widehat{\boldsymbol{x}}_k$, $\widehat{\boldsymbol{r}}_k$, $\widehat{\boldsymbol{u}}_k$ を $\boldsymbol{x}_k$, $\boldsymbol{r}_k$, $\boldsymbol{u}_k$ と書き換えている．

Bi-CGSTAB 法を問題 2.1 (Sherman4) に適用した結果を図 2.3 に示す．比較のために Bi-CG 法の結果も示す．Bi-CG 法に比べ，Bi-CGSTAB 法の方が収束性がよいことが観察される．この傾向は多くの例で観察されることであるが，次の問題 2.2 (3 次元移流拡散問題) や後に示す問題 2.3 (Sherman5) などでは Bi-CG 法の方が収束性がよい．

次の問題は文献 [38, 48] において使用された問題で，係数行列が歪対称に近いために Bi-CGSTAB 法の収束性が悪いことで知られている．

---

*6 Bi-CGSTAB = <u>BiC</u>onjugate <u>G</u>radient <u>STAB</u>ilized. Stabilized とあるのは，$\|\widehat{\boldsymbol{r}}_{k+1}\|_2$ の最小化 (局所的にではあるが) によって，算法が安定化される (残差のふるまいが穏やかになる) ためである．

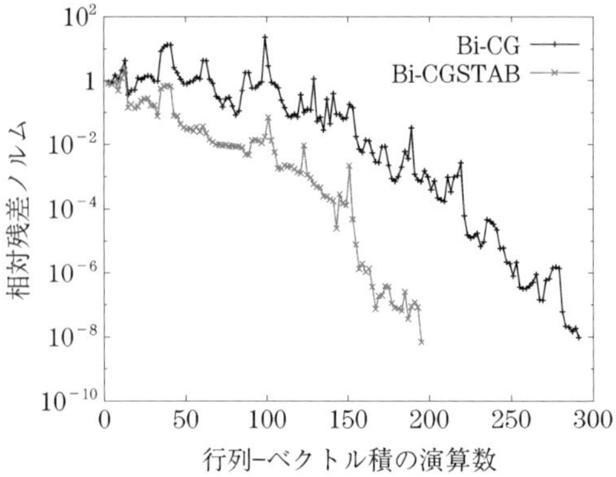

図 **2.3**　Bi-CG 法, Bi-CGSTAB 法を問題 2.1 (Sherman4) に適用した場合の収束履歴

問題 2.2 (3 次元移流拡散問題) ディリクレ境界条件をもつ，定義域 $[0,1]\times[0,1]\times[0,1]$ 上の 3 次元偏微分方程式 (3 次元移流拡散方程式)

$$u_{xx} + u_{yy} + u_{zz} + 1000u_x = F$$

を有限差分法 (中心差分) により離散化した際に出てくる連立一次方程式を考える．関数 F は，解 u が $u(x,y,z) = \exp(x,y,z)\sin(\pi x)\sin(\pi y)\sin(\pi z)$ となるように設定する．グリッド点は 3 方向とも 52 点とする．導かれた連立 1 次方程式の

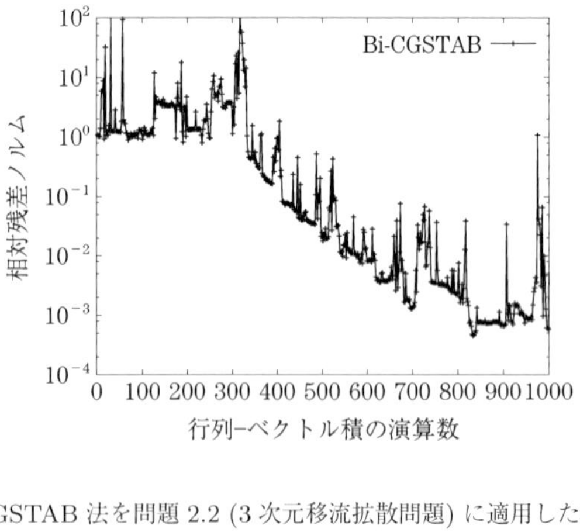

図 **2.4**　Bi-CGSTAB 法を問題 2.2 (3 次元移流拡散問題) に適用した場合の収束履歴

係数行列のサイズは 125000×125000 となる．

実際に Bi-CGSTAB 法をこの問題 2.2 (3 次元移流拡散問題) に適用した結果を図 2.4 に示す．収束性が良くないことが見て取れる (前図とは，縦軸のスケールが違うことに注意されたい)．

2.1.4 BiCGstab (l) 法

前述のように，係数行列が歪対称行列に近い場合，Bi-CGSTAB 法は収束性が悪くなる．このような現象が起こるのは，Bi-CGSTAB 法においては，実定数 ω_k を残差ノルム

$$\|\widehat{\boldsymbol{r}}_{k+1}\|_2 = \|S_{k+1}(A)\boldsymbol{r}_{k+1}\|_2 = \|(I - \omega_k A)S_k(A)\boldsymbol{r}_{k+1}\|_2 \tag{2.18}$$

が最小になるように定めるが，A が歪対称行列に近い場合，A の固有値は虚軸近くにあり，どのように実定数 ω_k を選んでも $\|I - \omega_k A\|_2$ を小さくすることができないためと考えられる．

そこで，固有値が虚軸近くにある場合にも対応できるように，$I - \omega_k A$ を高次 (l 次) 化して $I - \displaystyle\sum_{i=1}^{l} \omega_{m,i} A^i$ とする．このとき，$S_k(\lambda)$ は l 次多項式の積の形

$$S_k(\lambda) = \Bigl(1 - \sum_{i=1}^{l} \omega_{m-1,i}\lambda^i\Bigr)\Bigl(1 - \sum_{i=1}^{l} \omega_{m-2,i}\lambda^i\Bigr) \cdots \Bigl(1 - \sum_{i=1}^{l} \omega_{0,i}\lambda^i\Bigr) \tag{2.19}$$

となる．したがって，k は l の倍数である $k = ml$ ($m = 0, 1, 2, \cdots$) に対してだけ $S_k(\lambda)$ を考えることになる．そして，定数 $\omega_{m,i}$ ($i = 1, \cdots, l$) は，Bi-CGSTAB 法と同様にして

$$\begin{aligned}\|S_{(m+1)l}(A)\boldsymbol{r}_{(m+1)l}\|_2 &= \Bigl\|\Bigl(I - \sum_{i=1}^{l} \omega_{m,i} A^i\Bigr) S_{ml}(A)\boldsymbol{r}_{(m+1)l}\Bigr\|_2 \\ &= \Bigl\|S_{ml}(A)\boldsymbol{r}_{(m+1)l} - \sum_{i=1}^{l} \omega_{m,i} A^i S_{ml}(A)\boldsymbol{r}_{(m+1)l}\Bigr\|_2\end{aligned} \tag{2.20}$$

が最小になるように定める．この着想を具体的な算法として実現したものが，**BiCGstab (l) 法**[38]である．

まず，算法の骨格は次のようになる．

BiCGstab (l) 法の骨格

$m = 0, 1, 2, \cdots$ に対して，(1), (2) を繰り返す．

(1) Bi-CG PART(文献 [38] に従って，このようによぶことにする) $S_{ml}(A)\boldsymbol{r}_{ml}$ から $A^i S_{ml}(A)\boldsymbol{r}_{(m+1)l}$ $(i = 0, 1, \cdots, l)$ を計算する．

(2) MR PART (文献 [38] に従って，このようによぶことにする) 式 (2.20) を最小化する $\omega_{m,i}$ $(i = 1, \cdots, l)$ を決定して，$S_{(m+1)l}(A)\boldsymbol{r}_{(m+1)l}$ を計算する．さらに，$S_{(m+1)l}(A)\boldsymbol{r}_{(m+1)l}$ を残差にもつ近似解 $\boldsymbol{x}_{(m+1)l}$ を計算する．

以下，算法の詳細を述べる．

a. Bi-CG PART

まず，アルゴリズム 2.2 (Petrov–Galerkin 方式 Krylov 部分空間法 II) の算法に α_k, β_k の表現 (2.15) を取り入れて，さらに，$\boldsymbol{r}_k$ を最後に計算する形に書き換える[*7]．その結果をアルゴリズム 2.7 に示す[*8]．

ここで，記号

$$\widehat{\boldsymbol{r}}_{k,i}^{(m)} = A^i S_{ml}(A)\boldsymbol{r}_k, \quad \widehat{\boldsymbol{u}}_{k,i}^{(m)} = A^i S_{ml}(A)\boldsymbol{u}_k \tag{2.21}$$

$$\widehat{\boldsymbol{x}}_{k,i}^{(m)} = \widehat{\boldsymbol{r}}_{k,i}^{(m)} \text{ を残差にもつ近似解} \tag{2.22}$$

アルゴリズム 2.7 Petrov–Galerkin 方式 Krylov 部分空間法 II の変形版 ($\boldsymbol{r}_k$ を最後に計算する形)

---

choose $\boldsymbol{x}_0 \in \mathbb{R}^N, \quad \boldsymbol{r}_0^\bullet \in \mathbb{R}^N$

$\boldsymbol{r}_0 = \boldsymbol{b} - A\boldsymbol{x}_0$

$\boldsymbol{u}_{-1,0} = \boldsymbol{0}, \quad \rho_{-1} = 1, \quad \alpha_{-1} = 0, \quad \mathrm{lc}(S_{-1}) = 1$

$k = 0$

while $\|\boldsymbol{r}_k\|_2 \geq \varepsilon \|\boldsymbol{b}\|_2$ **do**

  $\rho_k = (\boldsymbol{r}_0^\bullet, S_k(A)\boldsymbol{r}_k), \quad \beta_{k-1} = \dfrac{\alpha_{k-1} \cdot \mathrm{lc}(S_{k-1})}{\mathrm{lc}(S_k)} \cdot \dfrac{\rho_k}{\rho_{k-1}}$

  $\boldsymbol{u}_{k,0} = \boldsymbol{r}_k - \beta_{k-1}\boldsymbol{u}_{k-1,0}, \quad \boldsymbol{u}_{k,1} = A\boldsymbol{u}_{k,0}$

  $\mu_k = (\boldsymbol{r}_0^\bullet, S_k(A)\boldsymbol{u}_{k,1}), \quad \alpha_k = \rho_k / \mu_k$

  $\boldsymbol{x}_{k+1} = \boldsymbol{x}_k + \alpha_k \boldsymbol{u}_{k,0}, \quad \boldsymbol{r}_{k+1} = \boldsymbol{r}_k - \alpha_k \boldsymbol{u}_{k,1}$

  $k = k + 1$

end while

---

*7 このように変形しておくことによって，Bi-CG PART が比較的見通しやすく構成できる．

*8 初期設定中の "$\mathrm{lc}(S_{-1}) = 1$" は，$k = 0$ に対する β_{k-1} の計算のための便宜的なものである．多項式 S_{-1} それ自体を定義する必要はない．

を定義する．

Bi-CG PART では，$\widehat{\boldsymbol{r}}^{(m)}_{ml,0}(=S_{ml}(A)\boldsymbol{r}_{ml})$ から，$\widehat{\boldsymbol{r}}^{(m)}_{ml+l,i}(=A^iS_{ml}(A)\boldsymbol{r}_{(m+1)l})$ $(i=0,1,\cdots,l)$ を求める必要があるが，「Petrov–Galerkin 方式 Krylov 部分空間法 II の変形版」から得られる漸化式にもとづいて，以下のように，$\widehat{\boldsymbol{r}}^{(m)}_{ml+j,i}(=A^iS_{ml}(A)\boldsymbol{r}_{ml+j})$ $(0\le i\le j\le l)$ を計算する．ここでは，漸化式の導出が理解し易くなるように，$[\![A^iS_{ml}(A)\boldsymbol{r}_{ml+j}]\!]$ のような書き方をしたが，実際の計算では $[\![\;]\!]$ の部分に式 (2.21) の変数を割り当てることになる．行列 A を掛けるという重い演算を減らすため，$\widehat{\boldsymbol{u}}^{(m)}_{ml+j,i}(=A^iS_{ml}(A)\boldsymbol{u}_{ml+j})$ $\widehat{\boldsymbol{r}}^{(m)}_{ml+j,i}(=A^iS_{ml}(A)\boldsymbol{r}_{ml+j})$ の生成において，巧妙に漸化式を用い，A を掛ける演算は i の更新の場合のみになっていることに注意されたい．

---

for $j=0$ **to** $l-1$ **do**

$\rho_{ml+j}=(\boldsymbol{r}_0^{\bullet},[\![A^jS_{ml}\boldsymbol{r}_{ml+j}]\!])$

$$\beta_{ml+j-1}=\begin{cases}\dfrac{\alpha_{ml-1}\cdot \mathrm{lc}(\lambda^{l-1}S_{(m-1)l})}{\mathrm{lc}(S_{ml})}\cdot\dfrac{\rho_{ml}}{\rho_{ml-1}} & (j=0),\\[2ex] \dfrac{\alpha_{ml+j-1}\cdot \mathrm{lc}(\lambda^{j-1}S_{ml})}{\mathrm{lc}(\lambda^jS_{ml})}\cdot\dfrac{\rho_{ml+j}}{\rho_{ml+j-1}} & (j\ge 1)\end{cases}$$

$$[\![A^iS_{ml}(A)\boldsymbol{u}_{ml+j}]\!]=[\![A^iS_{ml}(A)\boldsymbol{r}_{ml+j}]\!]-\beta_{ml+j-1}[\![A^iS_{ml}(A)\boldsymbol{r}_{ml+j}]\!]\quad(i=0,1,\cdots,j)$$

$[\![A^{j+1}S_{ml}(A)\boldsymbol{u}_{ml+j}]\!]=A\cdot[\![A^jS_{ml}(A)\boldsymbol{u}_{ml+j}]\!]$

$\mu_{ml+j}=(\boldsymbol{r}_0^{\bullet},[\![A^{j+1}S_{ml}(A)\boldsymbol{u}_{ml+j}]\!])$

$\alpha_{ml+j}=\rho_{ml+j}/\mu_{ml+j}$

$\widehat{\boldsymbol{x}}^{(m)}_{ml+j+1,0}=\widehat{\boldsymbol{x}}^{(m)}_{ml+j,0}+\alpha_{ml+j}[\![S_{ml}(A)\boldsymbol{u}_{ml+j}]\!]$

$$[\![A^iS_{ml}(A)\boldsymbol{r}_{ml+j+1}]\!]=[\![A^iS_{ml}(A)\boldsymbol{r}_{ml+j}]\!]-\alpha_{ml+j}[\![A^{i+1}S_{ml}(A)\boldsymbol{u}_{ml+j}]\!]\quad(i=0,1,\cdots,j)$$

$[\![A^{j+1}S_{ml}(A)\boldsymbol{r}_{ml+j+1}]\!]=A\cdot[\![A^jS_{ml}(A)\boldsymbol{r}_{ml+j+1}]\!]$

end for

上の β_{ml+j-1} の計算に現れる $\mathrm{lc}(\cdot)/\mathrm{lc}(\cdot)$ の部分は以下のように計算される．$j\ge 1$ のとき，明らかに，$\mathrm{lc}(\lambda^{j-1}S_{ml})/\mathrm{lc}(\lambda^jS_{ml})=1$ である．また，$j=0$ のとき，式 (2.19) より，次のようになる．

$$\frac{\mathrm{lc}(\lambda^{l-1}S_{(m-1)l})}{\mathrm{lc}(S_{ml})}=\frac{\mathrm{lc}(\lambda^{l-1}S_{(m-1)l})}{\mathrm{lc}((1-\sum_{i=1}^{l}\omega_{m-1,i}\lambda^i)S_{(m-1)l})}=-\frac{1}{\omega_{m-1,l}}$$

b. MR PART

Bi-CG PART と同様に，式の導出が理解しやすくなるように $[\![A^iS_{ml}(A)\boldsymbol{r}_{ml+j}]\!]$ のような書き方をするが，実際の計算では $[\![\;]\!]$ の部分に式 (2.21) の変数を割り当てる．

アルゴリズム **2.8**　BiCGstab (l) 法 (原型)

---

choose $\boldsymbol{x}_0 \in \mathbb{R}^N$, $\boldsymbol{r}_0^\bullet \in \mathbb{R}^N$

$\boldsymbol{r}_0 = \boldsymbol{b} - A\boldsymbol{x}_0, \quad \boldsymbol{u}_{-1} = \boldsymbol{0}$

$\rho_{-1} = 1, \quad \alpha_{-1} = 0, \quad \omega_{-1,l} = 1$

$m = 0$

while $\|\boldsymbol{r}_{ml}\|_2 \geq \varepsilon \|\boldsymbol{r}_{ml}\|_2$ **do**

　$\widehat{\boldsymbol{u}}_{ml-1,0}^{(m)} = \boldsymbol{u}_{ml-1}, \quad \widehat{\boldsymbol{r}}_{ml,0}^{(m)} = \boldsymbol{r}_{ml}, \quad \widehat{\boldsymbol{x}}_{ml,0}^{(m)} = \boldsymbol{x}_{ml}$

　{Bi-CG PART}

　for $j = 0$ **to** $l - 1$ **do**

　　$\rho_{ml+j} = (\boldsymbol{r}_0^\bullet, \widehat{\boldsymbol{r}}_{ml+j,j}^{(m)})$

　　$\beta_{ml+j-1} = \begin{cases} -(\alpha_{ml-1}/\omega_{m-1,l})(\rho_{ml}/\rho_{ml-1}) & (j = 0), \\ \alpha_{ml+j-1}(\rho_{ml+j}/\rho_{ml+j-1}) & (j \geq 0) \end{cases}$

　　$\widehat{\boldsymbol{u}}_{ml+j,i}^{(m)} = \widehat{\boldsymbol{r}}_{ml+j,i}^{(m)} - \beta_{ml+j-1}\widehat{\boldsymbol{u}}_{ml+j-1,i}^{(m)} \quad (i = 0, 1, \cdots, j)$

　　$\widehat{\boldsymbol{u}}_{ml+j,j+1}^{(m)} = A\widehat{\boldsymbol{u}}_{ml+j,j}^{(m)}$

　　$\mu_{ml+j} = (\boldsymbol{r}_0^\bullet, \widehat{\boldsymbol{u}}_{ml+j,j+1}^{(m)}), \quad \alpha_{ml+j} = \rho_{ml+j}/\mu_{ml+j}$

　　$\widehat{\boldsymbol{r}}_{ml+j+1,i}^{(m)} = \widehat{\boldsymbol{r}}_{ml+j,i}^{(m)} - \alpha_{ml+j}\widehat{\boldsymbol{u}}_{ml+j,i+1}^{(m)} \quad (i = 0, 1, \cdots, j)$

　　$\widehat{\boldsymbol{r}}_{ml+j+1,j+1}^{(m)} = A\widehat{\boldsymbol{r}}_{ml+j+1,j}^{(m)}$

　　$\widehat{\boldsymbol{x}}_{ml+j+1,0}^{(m)} = \widehat{\boldsymbol{x}}_{ml+j,0}^{(m)} + \alpha_{ml+j}\widehat{\boldsymbol{u}}_{ml+j,0}^{(m)}$

　end for

　{MR PART}

　$\min \|\widehat{\boldsymbol{r}}_{(m+1)l,0}^{(m)} - \sum_{i=1}^{l} \omega_{m,i}\widehat{\boldsymbol{r}}_{(m+1)l,i}^{(m)}\|_2$ を達成する $\omega_{m,i}$

　　$(i = 1, \cdots, l)$ を計算する.

　$\boldsymbol{u}_{(m+1)l-1} = \widehat{\boldsymbol{u}}_{(m+1)l-1,0}^{(m)} - \sum_{i=1}^{l} \omega_{m,i}\widehat{\boldsymbol{u}}_{(m+1)l-1,i}^{(m)}$

　$\boldsymbol{r}_{(m+1)l} = \widehat{\boldsymbol{r}}_{(m+1)l,0}^{(m)} - \sum_{i=1}^{l} \omega_{m,i}\widehat{\boldsymbol{r}}_{(m+1)l,i}^{(m)}$

　$\boldsymbol{x}_{(m+1)l} = \widehat{\boldsymbol{x}}_{(m+1)l,0}^{(m)} + \sum_{i=1}^{l} \omega_{m,i}\widehat{\boldsymbol{r}}_{(m+1)l,i-1}^{(m)}$

　$m = m + 1$

end while

まず，式 (2.20) より

$$\min \left\| [\![S_{ml}(A)\boldsymbol{r}_{(m+1)l}]\!] - \sum_{i=1}^{l} \omega_{m,i} [\![A^i S_{mL}(A)\boldsymbol{r}_{(m+1)L}]\!] \right\|$$

を達成する $\omega_{m,i}$ $(i = 1, \cdots, l)$ を計算し，$[\![S_{(m+1)L}(A)\boldsymbol{r}_{(m+1)L}]\!]$，および $[\![S_{(m+1)l}(A)\boldsymbol{u}_{(m+1)l-1}]\!]$ を

$$[\![S_{(m+1)L}(A)\boldsymbol{r}_{(m+1)L}]\!] = [\![S_{ml}(A)\boldsymbol{r}_{(m+1)l}]\!]$$
$$- \sum_{i=1}^{l} \omega_{m,i} [\![A^i S_{mL}(A)\boldsymbol{r}_{(m+1)L}]\!]$$
$$[\![S_{(m+1)l}(A)\boldsymbol{u}_{(m+1)l-1}]\!] = [\![S_{ml}(A)\boldsymbol{u}_{(m+1)l-1}]\!]$$

アルゴリズム **2.9**　BiCGstab (l) 法 (実装版)

1: choose $\boldsymbol{x}_0 \in \mathbb{R}^N$, $\boldsymbol{r}_0^\bullet \in \mathbb{R}^N$
2: $\boldsymbol{r}_0 = \boldsymbol{b} - A\boldsymbol{x}_0$, $\boldsymbol{u}_{-1} = \boldsymbol{0}$
3: $\rho_0 = 1$, $\alpha = 0$, $\omega = 1$
4: $k = 0$
5: **while** $\|\boldsymbol{r}_k\|_2 \geq \varepsilon \|\boldsymbol{b}\|_2$ **do**
6:　$\widehat{\boldsymbol{u}}_0 = \boldsymbol{u}_{k-1}$, $\widehat{\boldsymbol{r}}_0 = \boldsymbol{r}_k$, $\widehat{\boldsymbol{x}}_0 = \boldsymbol{x}_k$, $\rho_0 = -\omega\rho_0$
7:　{Bi-CG PART}
8:　**for** $j = 0, 1, \ldots, l-1$ **do**
9:　　$\rho_1 = (\boldsymbol{r}_0^\bullet, \widehat{\boldsymbol{r}}_j)$, $\beta = \alpha(\rho_1/\rho_0)$, $\rho_0 = \rho_1$
10:　　$\widehat{\boldsymbol{u}}_i = \widehat{\boldsymbol{r}}_i - \beta\widehat{\boldsymbol{u}}_i$　$(i = 0, 1, \cdots, j)$
11:　　$\widehat{\boldsymbol{u}}_{j+1} = A\widehat{\boldsymbol{u}}_j$
12:　　$\mu = (\boldsymbol{r}_0^\bullet, \widehat{\boldsymbol{u}}_{j+1})$, $\alpha = \rho_0/\mu$
13:　　$\widehat{\boldsymbol{r}}_i = \widehat{\boldsymbol{r}}_i - \alpha\widehat{\boldsymbol{u}}_{i+1}$　$(i = 0, 1, \cdots, j)$
14:　　$\widehat{\boldsymbol{r}}_{j+1} = A\widehat{\boldsymbol{r}}_j$, $\widehat{\boldsymbol{x}}_0 = \widehat{\boldsymbol{x}}_0 + \alpha\widehat{\boldsymbol{u}}_0$
15:　**end for**
16:　{MR PART}
17:　**for** $j = 1, 2, \ldots, l$ **do**
18:　　$\tau_{ij} = (\widehat{\boldsymbol{r}}_i, \widehat{\boldsymbol{r}}_j)/\sigma_i$, $\widehat{\boldsymbol{r}}_j = \widehat{\boldsymbol{r}}_j - \tau_{ij}\widehat{\boldsymbol{r}}_i$　$(i = 1, 2, \cdots, j-1)$
19:　　$\sigma_j = (\widehat{\boldsymbol{r}}_j, \widehat{\boldsymbol{r}}_j)$, $\gamma'_j = (\widehat{\boldsymbol{r}}_j, \widehat{\boldsymbol{r}}_0)/\sigma_j$
20:　**end for**
21:　$\gamma_l = \gamma'_l$, $\omega = \gamma_l$
22:　$\gamma_j = \gamma'_j - \sum_{i=j+1}^{l} \tau_{ji}\gamma_i$　$(j = l-1, \cdots, 1)$
23:　$\gamma''_j = \gamma_{j+1} + \sum_{i=j+1}^{l-1} \tau_{ji}\gamma_{i+1}$　$(j = 1, \cdots, l-1)$
24:　$\widehat{\boldsymbol{x}}_0 = \widehat{\boldsymbol{x}}_0 + \gamma_1\widehat{\boldsymbol{r}}_0$, $\widehat{\boldsymbol{r}}_0 = \widehat{\boldsymbol{r}}_0 - \gamma'_l\widehat{\boldsymbol{r}}_l$, $\widehat{\boldsymbol{u}}_0 = \widehat{\boldsymbol{u}}_0 - \gamma_l\widehat{\boldsymbol{u}}_l$
25:　$\widehat{\boldsymbol{u}}_0 = \widehat{\boldsymbol{u}}_0 - \gamma_j\widehat{\boldsymbol{u}}_j$　$(j = 1, \cdots, l-1)$
26:　$\widehat{\boldsymbol{x}}_0 = \widehat{\boldsymbol{x}}_0 + \gamma''_j\widehat{\boldsymbol{r}}_j$, $\widehat{\boldsymbol{r}}_0 = \widehat{\boldsymbol{r}}_0 - \gamma'_j\widehat{\boldsymbol{r}}_j$　$(j = 1, \cdots, l-1)$
27:　$\boldsymbol{u}_{k+l-1} = \widehat{\boldsymbol{u}}_0$, $\boldsymbol{r}_{k+l} = \widehat{\boldsymbol{r}}_0$, $\boldsymbol{x}_{k+l} = \widehat{\boldsymbol{x}}_0$
28:　$k = k + l$
29: **end while**

$$-\sum_{i=1}^{l}\omega_{m,i}[\![A^{i}S_{ml}(A)\boldsymbol{u}_{(m+1)l-1}]\!]$$

に従って計算する．$S_{(m+1)l}(A)\boldsymbol{r}_{(m+1)l}$ に対応する近似解 $\widehat{\boldsymbol{x}}^{(m+1)}_{(m+1)l,0}$ については，

$$\widehat{\boldsymbol{x}}^{(m+1)}_{(m+1)l,0}=\widehat{\boldsymbol{x}}^{(m)}_{(m+1)l,0}+\sum_{i=1}^{l}\omega_{m,i}[\![A^{i-1}S_{ml}(A)\boldsymbol{r}_{(m+1)l-1}]\!]$$

によって計算する．

c. 算　法 (原　型)

以上の計算手順をまとめると，アルゴリズム 2.8 が得られる．ただし，$\widehat{\boldsymbol{r}}^{m}_{ml,0}=S_{ml}(A)\boldsymbol{r}_{ml}$ に対しては $\boldsymbol{r}_{ml}$，対応する $\widehat{\boldsymbol{x}}^{m}_{ml,0}$，$\widehat{\boldsymbol{u}}^{m}_{ml-1,0}$ に対しても $\boldsymbol{x}_{ml}$，$\boldsymbol{u}_{ml-1}$ のように簡略化した変数名を用いている．

d. 算 法 (実 装 版)

最後に，算法の実装版[38]をアルゴリズム 2.9 に与える．ただし，Bi-CG PART は，これまでに与えた算法を上書きなどを考慮して書き換えたものであるが，MR PART については修正 Gram–Schmidt 直交化法を用いた工夫が組み込まれている．詳細は文献 [38] を参照されたい．

BiCGstab (l) 法 $(l=1,2,3,4)$ を問題 2.2 (3 次元移流拡散問題) に適用した結果を図 2.5 に示す．$l\geq 2$ にすることによって，収束性が著しく改善されているこ

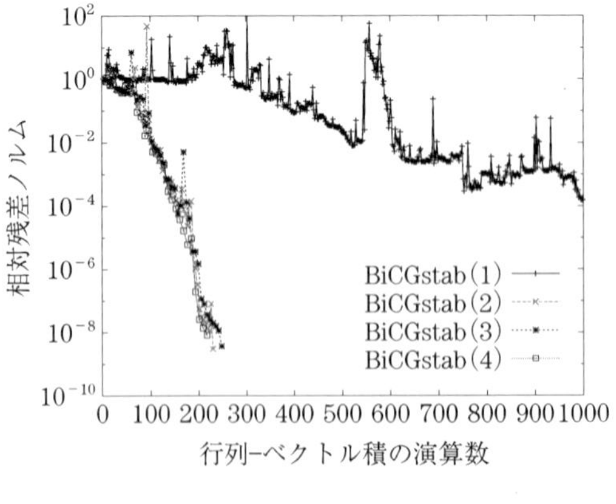

図 2.5　BiCGstab (l) 法を問題 2.2 (3 次元移流拡散問題) に適用した場合の収束履歴

とがわかる．なお，l を大きくとると，丸め誤差の影響を受けて，却って収束性が悪化することが知られている．

2.2 GBi-CGSTAB (s, L) 法

前の節では，Krylov 部分空間 $\mathcal{K}_k(A^\mathsf{T}, \boldsymbol{r}_0^\bullet)$ ($\boldsymbol{r}_0^\bullet$:与えられ N 次元ベクトル) に対し，近似解 $\boldsymbol{x}_k$ をその残差 $\boldsymbol{r}_k$ が

$$\boldsymbol{r}_k \perp \mathcal{K}_k(A^\mathsf{T}, \boldsymbol{r}_0^\bullet)$$

を満たすように更新する Krylov 部分空間法 (Petrov–Galerkin 方式 Krylov 部分空間法) を考え，それを変形することによって，Bi-CG 法，Bi-CGSTAB 法，BiCGstab (l) 法を導いた．本節では，これを拡張し，**ブロック Krylov 部分空間**

$$\mathcal{K}_k(A^\mathsf{T}, R_0^\bullet) \equiv \left\{ \sum_{j=0}^{k-1} (A^\mathsf{T})^j\, R_0^\bullet\, \vec{\gamma_j} \;\middle|\; \vec{\gamma_j} \in \mathbb{R}^s \right\} \tag{2.23}$$

($R_0^\bullet$: 与えられた $N \times s$ のフルランク行列) に対して，近似解 $\boldsymbol{x}_k$ を，その残差 $\boldsymbol{r}_k$ が

$$\boldsymbol{r}_k \perp \mathcal{K}_k(A^\mathsf{T}, R_0^\bullet) \tag{2.24}$$

を満たすように更新する Krylov 部分空間法を考え，それに対して，Petrov–Galerkin 方式 Krylov 部分空間法から BiCGstab (l) 法を導いたのと同様な変形を行うことによって，GBi-CGSTAB (s, L) 法を導く．

なお，Krylov 部分空間 $\mathcal{K}_k(A^\mathsf{T}, \boldsymbol{r}_0^\bullet)$ は，$\boldsymbol{r}_0^\bullet$, $A^\mathsf{T}\boldsymbol{r}_0^\bullet$, $\cdots$, $(A^\mathsf{T})^{k-1}\boldsymbol{r}_0^\bullet$ の張る部分空間

$$\mathcal{K}_k(A^\mathsf{T}, \boldsymbol{r}_0^\bullet) = \mathrm{span}(\boldsymbol{r}_0^\bullet, A^\mathsf{T}\boldsymbol{r}_0^\bullet, \cdots, (A^\mathsf{T})^{k-1}\boldsymbol{r}_0^\bullet) \tag{2.25}$$

であるのに対して，ブロック Krylov 部分空間 $\mathcal{K}_k(A^\mathsf{T}, R_0^\bullet)$ は，行列 $R_0^\bullet$ の各列を $\boldsymbol{\rho}_{1,0}^\bullet$，$\boldsymbol{\rho}_{2,0}^\bullet$，$\cdots$，$\boldsymbol{\rho}_{s,0}^\bullet$ とするとき，

$$\mathcal{K}_k(A^\top, R_0^\bullet) = \mathrm{span}\Big(\boldsymbol{\rho}_{1,0}^\bullet, A^\top\boldsymbol{\rho}_{1,0}^\bullet, \cdots, (A^\top)^{k-1}\boldsymbol{\rho}_{1,0}^\bullet,$$
$$\boldsymbol{\rho}_{2,0}^\bullet, A^\top\boldsymbol{\rho}_{2,0}^\bullet, \cdots, (A^\top)^{k-1}\boldsymbol{\rho}_{2,0}^\bullet,$$
$$\cdots\cdots\cdots\cdots, \boldsymbol{\rho}_{s,0}^\bullet, A^\top\boldsymbol{\rho}_{s,0}^\bullet, \cdots, (A^\top)^{k-1}\boldsymbol{\rho}_{s,0}^\bullet\Big)$$

であり，Krylov 部分空間 $\mathcal{K}_k(A^\top, \boldsymbol{r}_0^\bullet)$ を多様化したイメージである．ただし，Krylov 部分空間，ブロック Krylov 部分空間においても，$(A^\top)^k\boldsymbol{v}^\bullet$ は，k が大きくなると，$A^\top$ の絶対値最大の固有ベクトルに非常に近づくことは同じである．このままではブロック Krylov 部分空間を考える意味は薄い．後に述べるような様々な算法の変形を行うことによって，ブロック化が有効になる．

2.2.1　Bi-CG (s)　法

式 (2.24) を満たす Krylov 部分空間法として，Sleijpen ら[39]による **Bi-CG** (s) **法**[*9]がある．Bi-CG (s) 法では，$\boldsymbol{r}_0^\bullet$ を多数本にする (行列 $R_0^\bullet$ にする) ことに対応して，補助ベクトル $\boldsymbol{u}$ を多数本にする (行列 U にする) ことにより，式 (2.24) を満たす残差を算出する．アルゴリズム 2.10 に Bi-CG (s) 法の算法を示す ($s = 1$ の場合，アルゴリズム 2.1 に一致することに注意)．残差が式 (2.24) を満たすことは定理 2.2 で証明される[39]．なお，以下で，$\boldsymbol{e}_j$ は第 j 要素が 1 で，他の要素は 0 の s 次元ベクトルを表す．

$s \times s$ 行列 $\sigma_i, \sigma_i^{'}$ を $\sigma_i \equiv (R_i^\bullet)^\top AU_i$, $\sigma_i^{'} \equiv (R_i^\bullet)^\top[\boldsymbol{r}_i, AU_i\boldsymbol{e}_1, ..., AU_i\boldsymbol{e}_{s-1}]$ と定義する．

定理 2.2　行列 $\sigma_i, \sigma_i^{'}$ $(0 \le i \le k)$ が正則のとき，Bi-CG (s) 法において，以下が成り立つ．

(a) $k+1$ 反復までアルゴリズムは破綻しない．
(b) $\deg \boldsymbol{r}_{k+1} = (k+1)s$.
(c) $\deg AU_{k+1}\boldsymbol{e}_t\ = (k+1)s + t\ (t = 1, ..., s)$.
(d) $\boldsymbol{r}_{k+1}$，$AU_{k+1}\boldsymbol{e}_t\ (t = 1, ..., s) \perp \mathcal{K}_{k+1}(A^\top, R_0^\bullet)$.

*9　論文 [39] では，この算法は Bi-CG 法の拡張とだけ書かれていて，Bi-CG (s) 法とはよばれていなかった．本論文では，説明をわかりやすくするため，Bi-CG (s) 法とよぶことにする．

(証明) (a) $\vec{\alpha}_i$, $\vec{\beta}_{i+1}^{(j)}$ は次のように計算される.

$$\vec{\alpha}_i = \left((R_i^{\bullet})^{\top} AU_i\right)^{-1}\left((R_i^{\bullet})^{\top}\boldsymbol{r}_i\right) = (\sigma_i)^{-1}\left((R_i^{\bullet})^{\top}\boldsymbol{r}_i\right),$$

$$\vec{\beta}_i^{(1)} = \left((R_i^{\bullet})^{\top} AU_i\right)^{-1}\left((R_i^{\bullet})^{\top}A\boldsymbol{r}_{i+1}\right) = (\sigma_i)^{-1}\left((R_i^{\bullet})^{\top}A\boldsymbol{r}_{i+1}\right),$$

$$\begin{aligned}\vec{\beta}_i^{(t)} &= \left((R_i^{\bullet})^{\top} AU_i\right)^{-1}\left((R_i^{\bullet})^{\top}A^2U_{i+1}\boldsymbol{e}_{t-1}\right)\\ &= (\sigma_i)^{-1}\left((R_i^{\bullet})^{\top}A^2U_{i+1}\boldsymbol{e}_{t-1}\right) \quad (t = 2, \cdots, s).\end{aligned}$$

ゆえに，σ_i $(i \le k)$ の正則性から，Bi-CG (s) 法は $k+1$ 反復まで破綻しない.

(b), (c) 以下，$\deg \boldsymbol{r}_i = is$，$\deg AU_i\boldsymbol{e}_t = is + t$ $(t = 1, \cdots, s)$ を $i(\le k+1)$ に関する数学的帰納法で証明する.

(i) $i = 1$ のとき，更新式

$$\boldsymbol{r}_1 = \boldsymbol{r}_0 - AU_0\vec{\alpha}_0 = \boldsymbol{r}_0 - A[\boldsymbol{r}_0, A\boldsymbol{r}_0, \cdots, A^{s-1}\boldsymbol{r}_0]\vec{\alpha}_0 \tag{2.26}$$

アルゴリズム 2.10　Bi-CG (s) 法

---

choose $\boldsymbol{x}_0 \in \mathbb{R}^N, R_0^{\bullet} \in \mathbb{R}^{N\times s}$
$\boldsymbol{r}_0 = \boldsymbol{b} - A\boldsymbol{x}_0$
$U_0 = [\boldsymbol{r}_0, A\boldsymbol{r}_0, \cdots, A^{s-1}\boldsymbol{r}_0]$
$k = 0$
while $\|\boldsymbol{r}_k\|_2 \ge \varepsilon \|\boldsymbol{b}\|_2$ **do**
　$\vec{\alpha}_k = \left((R)_k^{\bullet\top} AU_k\right)^{-1}\left((R)_k^{\bullet\top}\boldsymbol{r}_k\right)$
　$\boldsymbol{x}_{k+1} = \boldsymbol{x}_k + U_k\vec{\alpha}_k$
　$\boldsymbol{r}_{k+1} = \boldsymbol{r}_k - AU_k\vec{\alpha}_k$ (注:上記の $\vec{\alpha}_k$ は，$\boldsymbol{r}_{k+1} \perp R_k^{\bullet}$ となるように定めてある)
　for $t = 1$ **to** s **do**
　　if $t = 1$ **then**
　　　$\vec{\beta}_k^{(1)} = \left((R_k^{\bullet})^{\top} AU_k\right)^{-1}\left((R_k^{\bullet})^{\top}A\boldsymbol{r}_{k+1}\right)$
　　　$U_{k+1}\boldsymbol{e}_1 = \boldsymbol{r}_{k+1} - U_k\vec{\beta}_k^{(1)}$ (注:上記の $\vec{\beta}_k^{(1)}$ は，$AU_{k+1}\boldsymbol{e}_1 \perp R_k^{\bullet}$ となるように定めてある)
　　else
　　　$\vec{\beta}_k^{(t)} = \left((R)_k^{\bullet\top} AU_k\right)^{-1}\left((R_k^{\bullet})^{\top}A^2U_{k+1}\boldsymbol{e}_{t-1}\right)$
　　　$U_{k+1}\boldsymbol{e}_t = AU_{k+1}\boldsymbol{e}_{t-1} - U_k\vec{\beta}_k^{(t)}$ (注:上記の $\vec{\beta}_k^{(t)}$ は，$AU_{k+1}\boldsymbol{e}_t \perp R_k^{\bullet}$ となるように定めてある)
　　end if
　end for
　$R_{k+1}^{\bullet} = S_{k+1}(A^{\top})R_0^{\bullet}$
　$k = k + 1$
end while

より，$\deg \boldsymbol{r}_1 = s$ を証明するためには，$\vec{\alpha}_0(s) \neq 0$ [*10]を示せば十分である．更新式 (2.26) に $(R_0^\bullet)^\mathsf{T}$ を掛けると，$(R_0^\bullet)^\mathsf{T}\boldsymbol{r}_0 = (R_0^\bullet)^\mathsf{T} AU_0\vec{\alpha}_0$ を得る．一方，$\sigma_0' = (R_0^\bullet)^\mathsf{T} U_0 = (R_0^\bullet)^\mathsf{T}[\boldsymbol{r}_0, A\boldsymbol{r}_0, \cdots, A^{s-1}\boldsymbol{r}_0]$ の正則性から，

$$\dim\{(R_0^\bullet)^\mathsf{T}\boldsymbol{r}_0, (R_0^\bullet)^\mathsf{T} A\boldsymbol{r}_0, \cdots, (R_0^\bullet)^\mathsf{T} A^{s-1}\boldsymbol{r}_0\} = s$$

である．したがって，

$$\begin{aligned}(R_0^\bullet)^\mathsf{T}\boldsymbol{r}_0 &\notin \mathrm{span}\{(R_0^\bullet)^\mathsf{T} A\boldsymbol{r}_0, \cdots, (R_0^\bullet)^\mathsf{T} A^{s-1}\boldsymbol{r}_0\} \\ &= \mathrm{span}\{(R_0^\bullet)^\mathsf{T} AU_0\boldsymbol{e}_1, \cdots, (R_0^\bullet)^\mathsf{T} AU_0\boldsymbol{e}_{s-1}\}\end{aligned}$$

である．これは $\vec{\alpha}_0(s) \neq 0$ を意味する．以上より，$\deg \boldsymbol{r}_1 = s$ となる．

次に，$AU_1\boldsymbol{e}_1$ については，$U_1\boldsymbol{e}_1$ の更新式より，

$$AU_1\boldsymbol{e}_1 = A\boldsymbol{r}_1 - AU_0\vec{\beta}_1^{(1)}$$

が成り立つ．ここで，$\deg A\boldsymbol{r}_1 = s + 1$，$\deg AU_0\boldsymbol{e}_t = t\ (t = 1, 2, \cdots, s)$ が成り立っていることに注意すれば，$\deg AU_1\boldsymbol{e}_1 = s + 1$ が導かれる．この $AU_1\boldsymbol{e}_1$ の議論と同様にして，$\deg AU_1\boldsymbol{e}_t = s + t\ (t = 2, \cdots, s)$ も証明される．

(ii) $i = m\ (< k + 1)$ において $\deg \boldsymbol{r}_m = ms$，$\deg AU_m\boldsymbol{e}_t = ms + t\ (t = 1, 2, \cdots, s)$ が成り立っているとする．

$\boldsymbol{r}_{m+1}$ の更新式

$$\boldsymbol{r}_{m+1} = \boldsymbol{r}_m - AU_m\vec{\alpha}_m$$

より，$\deg \boldsymbol{r}_{m+1} = (m+1)s$ を示すためには，$\vec{\alpha}_m(s) \neq 0$ を証明すれば十分である．しかし，これは $i = 1$ の場合と同様の議論によって証明される．$\deg AU_{m+1}\boldsymbol{e}_t = (m + 1)s + t\ (t = 1, \cdots, s)$ も同様に証明される．

(i)，(ii) より (b)，(c) が成り立つことが示された．

(d) $\boldsymbol{r}_i, AU_i\boldsymbol{e}_t \perp \mathcal{K}_i(A^\mathsf{T}, R_0^\bullet)\ (t = 1, \cdots, s)$ を $i\ (\leq k + 1)$ に関する数学的帰納法で証明する．次の補題 2.2 (容易に証明される) を用いる．

補題 2.2

(a) $\boldsymbol{v} \perp \mathcal{K}_{m+1}(A^\mathsf{T}, \boldsymbol{R}_0^\bullet) \Longrightarrow A\boldsymbol{v} \perp \mathcal{K}_m(A^\mathsf{T}, \boldsymbol{R}_0^\bullet)$

*10　ここで $\vec{\alpha}_0(s)$ は s 次元ベクトル $\vec{\alpha}_0$ の第 s 成分を表す．

(b) $\boldsymbol{v} \perp \mathcal{K}_m(A^\mathsf{T}, \boldsymbol{R}_0^\bullet)$ かつ $\boldsymbol{v} \perp S_{m+1}(A^\mathsf{T})\boldsymbol{R}_0^\bullet \Longrightarrow \boldsymbol{v} \perp \mathcal{K}_m(A^\mathsf{T}, \boldsymbol{R}_0^\bullet)$

(i) $i = 1$ のとき，σ_0 の正則性の仮定より $\boldsymbol{r}_1, AU_1\boldsymbol{e}_t \perp R_0^\bullet$ (つまり $\perp \mathcal{K}_1(A^\mathsf{T}, R_0^\bullet)$) $(t = 1, \cdots, s)$ が成り立つ．

(ii) $i = m\ (< k+1)$ において $\boldsymbol{r}_m, AU_m\boldsymbol{e}_j \perp \mathcal{K}_m(A^\mathsf{T}, R_0^\bullet)$ $(j = 1, \cdots, s)$ が成り立っているとする．このとき，$\boldsymbol{r}_{m+1}$ は，更新式 $\boldsymbol{r}_{m+1} = \boldsymbol{r}_m - AU_m\vec{\alpha}_m$ により更新されるから，帰納法の仮定から $\boldsymbol{r}_{m+1} \perp \mathcal{K}_m(A^\mathsf{T}, R_0^\bullet)$ が成り立つ．さらに，σ_m の正則性から $\boldsymbol{r}_{m+1} \perp R_m^\bullet$ が成り立つ．したがって，補題 2.2(b) より $\boldsymbol{r}_{m+1} \perp \mathcal{K}_{m+1}(A^\mathsf{T}, R_0^\bullet)$.

次に，$AU_{m+1}\boldsymbol{e}_1$ については，$U_{m+1}\boldsymbol{e}_1$ の更新式より，

$$\begin{aligned} AU_{m+1}\boldsymbol{e}_1 &= A\boldsymbol{r}_{m+1} - AU_m\vec{\beta}_{m+1}^{(1)} \\ &= A\boldsymbol{r}_{m+1} - [AU_m\boldsymbol{e}_1, AU_m\boldsymbol{e}_2, \cdots, AU_m\boldsymbol{e}_s]\vec{\beta}_{m+1}^{(1)} \end{aligned} \tag{2.27}$$

が成り立つ．先に示した $\boldsymbol{r}_{m+1} \perp \mathcal{K}_{m+1}(A^\mathsf{T}, R_0^\bullet)$ に補題 2.2(a) を適用して，$A\boldsymbol{r}_{m+1} \perp \mathcal{K}_m(A^\mathsf{T}, R_0^\bullet)$. また，帰納法の仮定 $AU_m\boldsymbol{e}_t \perp \mathcal{K}_m(A^\mathsf{T}, R_0^\bullet)$ $(t = 1, \cdots, s)$ より $AU_m\vec{\beta}_{m+1}^{(1)} \perp \mathcal{K}_m(A^\mathsf{T}, R_0^\bullet)$. したがって，(2.27) より $AU_{m+1}\boldsymbol{e}_1 \perp \mathcal{K}_m(A^\mathsf{T}, R_0^\bullet)$. 一方，$\sigma_m$ の正則性より $AU_{m+1}\boldsymbol{e}_1 \perp R_m^\bullet$ であるから，これと合わせて，補題 2.2(b) より $AU_{m+1}\boldsymbol{e}_1 \perp \mathcal{K}_{m+1}(A^\mathsf{T}, R_0^\bullet)$.

同様の議論で，$AU_{m+1}\boldsymbol{e}_t \perp \mathcal{K}_{m+1}(A^\mathsf{T}, R_0^\bullet)$ $(t = 2, \cdots, s)$ が逐次証明される．ここでは，$t = 2$ の場合，つまり，$AU_{m+1}\boldsymbol{e}_2$ の場合のみを示す．$U_{m+1}\boldsymbol{e}_2$ の更新式より

$$\begin{aligned} AU_{m+1}\boldsymbol{e}_2 &= A^2U_{m+1}\boldsymbol{e}_1 - AU_m\vec{\beta}_{m+1}^{(2)} \\ &= A^2U_{m+1}\boldsymbol{e}_1 - [AU_m\boldsymbol{e}_1, AU_m\boldsymbol{e}_2, \cdots, AU_m\boldsymbol{e}_s]\vec{\beta}_{m+1}^{(2)} \end{aligned} \tag{2.28}$$

が成り立つ．先に示した $AU_{m+1}\boldsymbol{e}_1 \perp \mathcal{K}_{m+1}(A^\mathsf{T}, R_0^\bullet)$ に補題 2.2(a) を適用して，$A^2U_{m+1}\boldsymbol{e}_1 \perp \mathcal{K}_m(A^\mathsf{T}, R_0^\bullet)$. また，帰納法の仮定 $AU_m\boldsymbol{e}_t \perp \mathcal{K}_m(A^\mathsf{T}, R_0^\bullet)$ $(t = 1, \cdots, s)$ より，$AU_m\vec{\beta}_{m+1}^{(2)} \perp \mathcal{K}_m(A^\mathsf{T}, R_0^\bullet)$. したがって，式 (2.28) より $AU_{m+1}\boldsymbol{e}_2 \perp \mathcal{K}_m(A^\mathsf{T}, R_0^\bullet)$. 一方，$\sigma_m$ の正則性より $AU_{m+1}\boldsymbol{e}_2 \perp R_m^\bullet$ であるから，補題 2.2(b) より $AU_{m+1}\boldsymbol{e}_2 \perp \mathcal{K}_{m+1}(A^\mathsf{T}, R_0^\bullet)$.

(i)，(ii) より (d) が成り立つことが示された． ■

定理からわかるように，上記の算法は，

$$\text{局所的直交性「} \boldsymbol{r}_i, AU_i\boldsymbol{e}_j(j=1,2,\cdots,s) \perp R^\bullet_{i-1}\ (i \le k+1)\text{」}$$
$$\Longrightarrow \text{大域的直交性「} \boldsymbol{r}_{k+1}, AU_{k+1}\boldsymbol{e}_j(j=1,2,\cdots,s) \perp R^\bullet_k, R^\bullet_{k-1},\cdots,R^\bullet_0\text{」} \tag{2.29}$$

という機構をもつ．

2.2.2　GBi-CG (s) 法

Bi-CG (s) 法で，U_m から U_{m+1} が計算されるところを取り出すと，

$$U_{m+1}\boldsymbol{e}_1 = \boldsymbol{r}_{m+1} - [U_m\boldsymbol{e}_1, U_m\boldsymbol{e}_2,\cdots,U_m\boldsymbol{e}_s]\vec{\beta}^{(1)}_{m+1}$$
$$U_{m+1}\boldsymbol{e}_2 = AU_{m+1}\boldsymbol{e}_1 - [U_m\boldsymbol{e}_1, U_m\boldsymbol{e}_2, U_m\boldsymbol{e}_3,\cdots,U_m\boldsymbol{e}_s]\vec{\beta}^{(2)}_{m+1}$$
$$U_{m+1}\boldsymbol{e}_3 = AU_{m+1}\boldsymbol{e}_2 - [U_m\boldsymbol{e}_1, U_m\boldsymbol{e}_2, U_m\boldsymbol{e}_3,\cdots,U_m\boldsymbol{e}_s]\vec{\beta}^{(3)}_{m+1}$$
$$U_{m+1}\boldsymbol{e}_4 = AU_{m+1}\boldsymbol{e}_3 - [U_m\boldsymbol{e}_1, U_m\boldsymbol{e}_2, U_m\boldsymbol{e}_3,\cdots,U_m\boldsymbol{e}_s\vec{\beta}^{(4)}_{m+1}$$
$$\vdots$$

となっている．$[\cdots]$ の部分の変化がないことがわかる．しかし，証明からわかるように，$[\cdots]$ の中のベクトル $\boldsymbol{v}$ は $A\boldsymbol{v} \perp \mathcal{K}_m(A^\top, R^\bullet_0)$ を満たせばよい*11．このためには，補題 2.2(a) を考慮すると，直交性 $\boldsymbol{v} \perp \mathcal{K}_{m+1}(A^\top, R^\bullet_0)$ が成り立てばよい．上記の計算において，計算過程で得られる $\boldsymbol{r}_{m+1}, AU_{m+1}\boldsymbol{e}_1, AU_{m+1}\boldsymbol{e}_2, \cdots$ において，この直交性が成り立つ (というより，直交性が成り立つようにこれらのベクトルは定められている)．したがって，これらのベクトルを $[\cdots]$ の中で用いるようにした算法

$$U_{m+1}\boldsymbol{e}_1 = \boldsymbol{r}_{m+1} - [U_m\boldsymbol{e}_1, U_m\boldsymbol{e}_2, U_m\boldsymbol{e}_3,\cdots,U_m\boldsymbol{e}_s]\vec{\beta}^{(1)}_{m+1}$$
$$U_{m+1}\boldsymbol{e}_2 = AU_{m+1}\boldsymbol{e}_1 - [\underline{\boldsymbol{r}_{m+1}}, U_m\boldsymbol{e}_2, U_m\boldsymbol{e}_3,\cdots,U_m\boldsymbol{e}_s]\vec{\beta}^{(2)}_{m+1}$$
$$U_{m+1}\boldsymbol{e}_3 = AU_{m+1}\boldsymbol{e}_2 - [\underline{\boldsymbol{r}_{m+1}}, \underline{AU_{m+1}\boldsymbol{e}_1}, U_m\boldsymbol{e}_3,\cdots,U_m\boldsymbol{e}_s]\vec{\beta}^{(3)}_{m+1}$$
$$U_{m+1}\boldsymbol{e}_4 = AU_{m+1}\boldsymbol{e}_3 - [\underline{\boldsymbol{r}_{m+1}}, \underline{AU_{m+1}\boldsymbol{e}_1}, \underline{AU_{m+1}\boldsymbol{e}_2},\cdots,U_m\boldsymbol{e}_s]\vec{\beta}^{(4)}_{m+1}$$
$$\vdots$$

*11　より正確には，$\deg \boldsymbol{v}$ も考慮する必要がある．

アルゴリズム 2.11 GBi-CG (s) 法 I

---

choose $\boldsymbol{x}_0 \in \mathbb{R}^N, R_0^\bullet \in \mathbb{R}^{N\times s}$
$\boldsymbol{r}_0 = \boldsymbol{b} - A\boldsymbol{x}_0$
$U_0 = [\boldsymbol{r}_0, A\boldsymbol{r}_0, \cdots, A^{s-1}\boldsymbol{r}_0]$
$k = 0$
while $\|\boldsymbol{r}_k\|_2 \geq \varepsilon \|\boldsymbol{b}\|_2$ **do**
 $\vec{\alpha}_k = \left((R_k^\bullet)^\top A U_k\right)^{-1}\left((R)_k^{\bullet\top}\boldsymbol{r}_k\right)$
 $\boldsymbol{x}_{k+1} = \boldsymbol{x}_k + U_k\vec{\alpha}_k$
 $\boldsymbol{r}_{k+1} = \boldsymbol{r}_k - AU_k\vec{\alpha}_k$ (注:上記の $\vec{\alpha}_k$ は，$\boldsymbol{r}_{k+1} \perp R_k^\bullet$ となるように定めてある)
 for $t = 1$ **to** s **do**
  if $t = 1$ **then**
   $\vec{\beta}_k^{(1)} = \left((R_k^\bullet)^\top A U_k\right)^{-1}\left((R_k^\bullet)^\top A\boldsymbol{r}_{k+1}\right)$
   $U_{k+1}\boldsymbol{e}_1 = \boldsymbol{r}_{k+1} - U_k\vec{\beta}_k^{(1)}$
   (注:上記の $\vec{\beta}_k^{(1)}$ は，$AU_{k+1}\boldsymbol{e}_1 \perp R_k^\bullet$ となるように定めてある)
  else
   $\vec{\beta}_k^{(t)} = \left[(R_k^\bullet)^\top A\boldsymbol{r}_{k+1},\ (R_k^\bullet)^\top A^2 U_{k+1}[1:t-2],\ (R_k^\bullet)^\top AU_k[t:s]\right]^{-1}$
     $\left((R_k^\bullet)^\top A^2 U_{k+1}\boldsymbol{e}_{t-1}\right)$
   $U_{k+1}\boldsymbol{e}_t = AU_{k+1}\boldsymbol{e}_{t-1} - [\boldsymbol{r}_{k+1},\ AU_{k+1}[1:t-2],\ U_k[t:s]]\,\vec{\beta}_k^{(t)}$
   (注:上記の $\vec{\beta}_k^{(t)}$ は，$AU_{k+1}\boldsymbol{e}_t \perp R_k^\bullet$ となるように定めてある)
  end if
 end for
 $R_{k+1}^\bullet = S_{k+1}(A^\top)R_0^\bullet$
 $k = k + 1$
end while

が考えられる (下線のベクトルが Bi-CG (s) の場合と異なる)*12．このような考えのもと，提案されたのがアルゴリズム 2.11 の **GBi-CG (s) 法**[71]である．以下，アルゴリズム 2.11 では記法の簡単化のために，行列 U の i 番目から j 番目までの列ベクトルをまとめたもの $[U\boldsymbol{e}_i, U\boldsymbol{e}_{i+1}, \cdots, U\boldsymbol{e}_j]$ を $U[i:j]$ と書く．

$s \times s$ 行列 τ_i, $\tau_i^{(t)}$ $(t = 2, \cdots, s)$, τ_i' を $\tau_i = (R_i^\bullet)^\top AU_i$，$\tau_i^{(t)} = (R_i^\bullet)^\top\left[A\boldsymbol{r}_{i+1}, A^2U_{i+1}[1:t-2], AU_i[t:s]\right]$ $(t = 2, \cdots, s)$, $\tau_i' = (R_i^\bullet)^\top[\boldsymbol{r}_i, AU_i[1:s-1]]$ と定義する．このとき，GBi-CG (s) 法において次の定理 2.3[71]が成り立つ (証明は定理 2.2 の証明とほぼ同じである)．

---

*12 Jacobi 法において，計算された値をすぐに使うように変形した算法が Gauss 法であり，収束性が改善されることも多い．ここでも，Bi-CG (s) 法に同じ考え方を適用し，計算された値をすぐ使うように変形したわけである．

定理 2.3 $0 \leq \forall i \leq k$ に対して，行列 $\tau_i, \tau_i^{(t)} (t = 2, \cdots, s), \tau_i'$ が正則のとき，以下が成り立つ．

(a) $k+1$ 反復までアルゴリズムは破綻しない．
(b) $\deg \boldsymbol{r}_{k+1} = (k+1)s$.
(c) $\deg AU_{k+1}\boldsymbol{e}_t = (k+1)s + t$ $(t = 1, 2, \cdots, s)$.
(d) $\boldsymbol{r}_{k+1}, AU_{k+1} \perp \mathcal{K}_{k+1}(A^\mathsf{T}, R_0^\bullet)$.

ここで，Petrov–Galerkin 方式の Krylov 部分空間法において行ったときと同様に，定理 2.3(d) を用いて，係数 $\vec{\beta}_k^{(t)}$ の計算において，$A\boldsymbol{r}_{k+1}$, $A^2 U_{k+1}[1:t-2]$, $A^2 U_{k+1}\boldsymbol{e}_{t-1}$ という量の計算を避けるように計算式を変形する．

アルゴリズム **2.12** GBi-CG (s) 法 II

1: choose $\boldsymbol{x}_0 \in \mathbb{R}^N, R_0^\bullet \in \mathbb{R}^{N \times s}$
2: $\boldsymbol{r}_0 = \boldsymbol{b} - A\boldsymbol{x}_0$
3: $U_0 = [\boldsymbol{r}_0, A\boldsymbol{r}_0, \cdots, A^{s-1}\boldsymbol{r}_0]$
4: $k = 0$
5: **while** $\|\boldsymbol{r}_k\|_2 \geq \varepsilon \|\boldsymbol{b}\|_2$ **do**
6:     $\vec{\alpha}_k = \left((R_k^\bullet)^\mathsf{T} AU_k\right)^{-1} \left((R)_k^\bullet{}^\mathsf{T} \boldsymbol{r}_k\right)$
7:     $\boldsymbol{x}_{k+1} = \boldsymbol{x}_k + U_k \vec{\alpha}_k$
8:     $\boldsymbol{r}_{k+1} = \boldsymbol{r}_k - AU_k \vec{\alpha}_k$
9:     $R_{k+1}^\bullet = S_{k+1}(A^\mathsf{T}) R_0^\bullet$
10:     **for** $t = 1$ **to** s **do**
11:         **if** $t = 1$ **then**
12:             $\vec{\beta}_k^{(1)} = \left(\dfrac{\text{lc}(S_{k+1})}{\text{lc}(S_k)}(R_k^\bullet)^\mathsf{T} AU_k\right)^{-1} (R_{k+1}^\bullet)^\mathsf{T} \boldsymbol{r}_{k+1}$
13:             $U_{k+1}\boldsymbol{e}_1 = \boldsymbol{r}_{k+1} - U_k \vec{\beta}_k^{(1)}$
14:         **else**
15:             $\vec{\beta}_k^{(t)} = \Big[(R_{k+1}^\bullet)^\mathsf{T} \boldsymbol{r}_{k+1}, (R_{k+1}^\bullet)^\mathsf{T} AU_{k+1}[1:t-2],$
16:                   $\dfrac{\text{lc}(S_{k+1})}{\text{lc}(S_k)}(R_k^\bullet)^\mathsf{T} AU_k[t:s]\Big]^{-1} \left((R_{k+1}^\bullet)^\mathsf{T} AU_{k+1}\boldsymbol{e}_{t-1}\right)$
17:             $U_{k+1}\boldsymbol{e}_t = AU_{k+1}\boldsymbol{e}_{t-1} - [\boldsymbol{r}_{k+1},\ AU_{k+1}[1:t-2],\ U_k[t:s]]\,\vec{\beta}_k^{(t)}$
18:         **end if**
19:     **end for**
20:     $k = k + 1$
21: **end while**

$$\begin{aligned}\vec{\beta}_k^{(1)} &= \left((R_k^\bullet)^\top A U_k\right)^{-1} (R_k^\bullet)^\top A \boldsymbol{r}_{k+1} \\ &= \left((R_k^\bullet)^\top A U_k\right)^{-1} \frac{\mathrm{lc}(S_k)}{\mathrm{lc}(S_{k+1})} (R_{k+1}^\bullet)^\top \boldsymbol{r}_{k+1} \\ &= \left(\frac{\mathrm{lc}(S_{k+1})}{\mathrm{lc}(S_k)} (R_k^\bullet)^\top A U_k\right)^{-1} (R_{k+1}^\bullet)^\top \boldsymbol{r}_{k+1} \end{aligned} \tag{2.30}$$

$$\begin{aligned}\vec{\beta}_k^{(t)} &= \left[(R_k^\bullet)^\top A \boldsymbol{r}_{k+1}, (R_k^\bullet)^\top A^2 U_{k+1}[1:t-2], (R_k^\bullet)^\top A U_k[t:s]\right]^{-1} \\ &\quad \times \left((R_k^\bullet)^\top A^2 U_{k+1} \boldsymbol{e}_{t-1}\right) \\ &= \left[\frac{\mathrm{lc}(S_k)}{\mathrm{lc}(S_{k+1})} (R_{k+1}^\bullet)^\top \boldsymbol{r}_{k+1}, \frac{\mathrm{lc}(S_k)}{\mathrm{lc}(S_{k+1})} (R_{k+1}^\bullet)^\top A U_{k+1}[1:t-2], \right. \\ &\quad \left. (R_k^\bullet)^\top A U_k[t:s]\right]^{-1} \left(\frac{\mathrm{lc}(S_k)}{\mathrm{lc}(S_{k+1})} (R_{k+1}^\bullet)^\top A U_{k+1} \boldsymbol{e}_{t-1}\right) \\ &= \left[(R_{k+1}^\bullet)^\top \boldsymbol{r}_{k+1}, (R_{k+1}^\bullet)^\top A U_{k+1}[1:t-2], \frac{\mathrm{lc}(S_{k+1})}{\mathrm{lc}(S_k)} (R_k^\bullet)^\top A U_k[t:s]\right]^{-1} \\ &\quad \times \left((R_{k+1}^\bullet)^\top A U_{k+1} \boldsymbol{e}_{t-1}\right) \end{aligned} \tag{2.31}$$

この $\vec{\beta}_k^{(t)}$ の表現を取り入れた算法をアルゴリズム 2.12 に記す.

2.2.3 GBi-CGSTAB (s, L) 法

GBi-CG (s) 法 II に対して，Petrov–Galerkin 方式 Krylov 部分空間法 II から BiCGstab (l) 法を導いたときと同様に，**GBi-CGSTAB (s, L) 法**を導く.

まず，$\vec{\alpha}_k$，$\vec{\beta}_k^{(t)}$ の計算において，$(R)_k^{\bullet\top} = (S_k(A^\top) R_0^\bullet)^\top = (R_0^\bullet)^\top S_k(A)$ を利用して，$A^\top$ の計算が現れないようにする.

$$\begin{aligned}\vec{\alpha}_k &= \left((R_k^\bullet)^\top A U_k\right)^{-1} \left((R)_k^{\bullet\top} \boldsymbol{r}_k\right) \\ &= \left((R_0^\bullet)^\top A S_k(A) U_k\right)^{-1} \left((R_0^\bullet)^\top S_k(A) \boldsymbol{r}_k\right) \end{aligned} \tag{2.32}$$

$$\begin{aligned}\vec{\beta}_k^{(1)} &= \left(\frac{\mathrm{lc}(S_{k+1})}{\mathrm{lc}(S_k)} (R_k^\bullet)^\top A U_k\right)^{-1} (R_{k+1}^\bullet)^\top \boldsymbol{r}_{k+1} \\ &= \left(\frac{\mathrm{lc}(S_{k+1})}{\mathrm{lc}(S_k)} (R_0^\bullet)^\top S_k(A) A U_k\right)^{-1} (R_0^\bullet)^\top S_{k+1}(A) \boldsymbol{r}_{k+1} \end{aligned} \tag{2.33}$$

$$
\begin{aligned}
\vec{\beta}_k^{(t)} &= \left[(R_{k+1}^{\bullet})^{\mathsf{T}} \boldsymbol{r}_{k+1}, (R_{k+1}^{\bullet})^{\mathsf{T}} AU_{k+1}[1:t-2], \frac{\mathrm{lc}(S_{k+1})}{\mathrm{lc}(S_k)} (R_k^{\bullet})^{\mathsf{T}} AU_k[t:s] \right]^{-1} \\
&\quad \times \left((R_{k+1}^{\bullet})^{\mathsf{T}} AU_{k+1} \boldsymbol{e}_{t-1} \right) \\
&= \left[(R_0^{\bullet})^{\mathsf{T}} S_{k+1}(A) \boldsymbol{r}_{k+1}, (R_0^{\bullet})^{\mathsf{T}} AS_{k+1}(A) U_{k+1}[1:t-2] \right. \\
&\quad \left. \times \frac{\mathrm{lc}(S_{k+1})}{\mathrm{lc}(S_k)} (R_0^{\bullet})^{\mathsf{T}} AS_k(A) U_k[t:s] \right]^{-1} \left((R_0^{\bullet})^{\mathsf{T}} AS_{k+1}(A) U_{k+1} \boldsymbol{e}_{t-1} \right)
\end{aligned}
\tag{2.34}
$$

アルゴリズム **2.13** GBi-CG (s) 法 II の変形版 I

---

choose $\boldsymbol{x}_0 \in \mathbb{R}^N, R_0^{\bullet} \in \mathbb{R}^{N \times s}$

$\boldsymbol{r}_0 = \boldsymbol{b} - A\boldsymbol{x}_0$

$U_0 = [\boldsymbol{r}_0, A\boldsymbol{r}_0, \cdots, A^{s-1}\boldsymbol{r}_0]$

$\vec{\alpha}_0 = \left((R_0^{\bullet})^{\mathsf{T}} AU_0\right)^{-1} \left((R_0^{\bullet})^{\mathsf{T}} \boldsymbol{r}_0\right)$

$\boldsymbol{x}_1 = \boldsymbol{x}_0 + U_0 \vec{\alpha}_0$

$\boldsymbol{r}_1 = \boldsymbol{r}_0 - AU_0 \vec{\alpha}_0$

Set $\tilde{S}_1$

$k = 1$

while $\|\boldsymbol{r}_k\|_2 \geq \varepsilon \|\boldsymbol{b}\|_2$ **do**

  for $t = 1$ **to** s **do**

    if $t = 1$ **then**

      $\vec{\beta}_{k-1}^{(1)} = \left(\frac{\mathrm{lc}(S_k)}{\mathrm{lc}(S_{k-1})} (R_0^{\bullet})^{\mathsf{T}} AS_{k-1}(A) U_{k-1} \right)^{-1} \left((R_0^{\bullet})^{\mathsf{T}} S_k(A) \boldsymbol{r}_k \right)$

      $U_k \boldsymbol{e}_1 = \boldsymbol{r}_k - U_{k-1} \vec{\beta}_{k-1}^{(1)}$

    else

      $\vec{\beta}_{k-1}^{(t)} = \Bigg[(R_0^{\bullet})^{\mathsf{T}} S_k(A) \boldsymbol{r}_k,\ (R_0^{\bullet})^{\mathsf{T}} AS_k(A) U_k[1:t-2],$

      $\frac{\mathrm{lc}(S_k)}{\mathrm{lc}(S_{k-1})} (R_0^{\bullet})^{\mathsf{T}} AS_{k-1}(A) U_{k-1}[t:s] \Bigg]^{-1} \cdot \left((R_0^{\bullet})^{\mathsf{T}} AS_k(A) U_k \boldsymbol{e}_{t-1} \right)$

      $U_k \boldsymbol{e}_t = AU_k \boldsymbol{e}_{t-1} - [\boldsymbol{r}_k,\ AU_k[1:t-2],\ U_{k-1}[t:s]]\, \vec{\beta}_{k-1}^{(t)}$

    end if

  end for

  $\vec{\alpha}_k = \left((R_0^{\bullet})^{\mathsf{T}} AS_k(A) U_k\right)^{-1} \left((R_0^{\bullet})^{\mathsf{T}} S_k(A) \boldsymbol{r}_k\right)$

  $\boldsymbol{x}_{k+1} = \boldsymbol{x}_k + U_k \vec{\alpha}_k$

  $\boldsymbol{r}_{k+1} = \boldsymbol{r}_k - AU_k \vec{\alpha}_k$

  Set $S_{k+1}(\lambda)$

  $k = k + 1$

end while

そして，この $\vec{\alpha}_k$，$\vec{\beta}_k^{(t)}$ の表現を取り入れて，GBi-CG (s) 法 II を $\boldsymbol{r}_k$，$\boldsymbol{x}_k$ より先に U_k を計算する形に書き換える．その結果をアルゴリズム 2.13 に示す．

算法がかなり見難くなったので，いまさらに，補助変数

$$M_k = (R_0^\bullet)^\top A S_k(A) U_k, \qquad \vec{m}_k = (R_0^\bullet)^\top S_k(A) \boldsymbol{r}_k \tag{2.35}$$

を導入して算法をアルゴリズム 2.14 のように書き換える．

GBi-CGSTAB (s, L) 法では，BiCGstab (l) 法と同様に，$S_k(\lambda)$ を L 次多項式

アルゴリズム 2.14 GBi-CG (s) 法 II の変形版 II

choose $\boldsymbol{x}_0 \in \mathbb{R}^N, R_0^\bullet \in \mathbb{R}^{N\times s}$
$\boldsymbol{r}_0 = \boldsymbol{b} - A\boldsymbol{x}_0$
$U_0 = [\boldsymbol{r}_0, A\boldsymbol{r}_0, \cdots, A^{s-1}\boldsymbol{r}_0]$
$M_0 = (R_0^\bullet)^\top A U_0,\ \vec{m}_0 = (R_0^\bullet)^\top \boldsymbol{r}_0$
$\vec{\alpha}_0 = M_0^{-1}\vec{m}_0$
$\boldsymbol{x}_1 = \boldsymbol{x}_0 + U_0\vec{\alpha}_0$
$\boldsymbol{r}_1 = \boldsymbol{r}_0 - AU_0\vec{\alpha}_0$
Set $S_1(\lambda)$
$k = 1$
while $\|\boldsymbol{r}_k\|_2 \geq \varepsilon \|\boldsymbol{b}\|_2$ **do**
    $\vec{m}_k = (R_0^\bullet)^\top S_k(A)\boldsymbol{r}_k$
    for $t = 1$ **to** s **do**
        if $t = 1$ **then**
            $\vec{\beta}_{k-1}^{(1)} = \left(\dfrac{\mathrm{lc}(S_k)}{\mathrm{lc}(S_{k-1})} M_{k-1}\right)^{-1} \vec{m}_k$
            $U_k\boldsymbol{e}_1 = \boldsymbol{r}_k - U_{k-1}\vec{\beta}_{k-1}^{(1)}$
        else
            $\vec{\beta}_{k-1}^{(t)} = \left[\vec{m}_k,\ M_k[1:t-2],\ \dfrac{\mathrm{lc}(S_k)}{\mathrm{lc}(S_{k-1})} M_{k-1}[t:s]\right]^{-1} M_k\boldsymbol{e}_{t-1}$
            $U_k\boldsymbol{e}_t = AU_k\boldsymbol{e}_{t-1} - [\boldsymbol{r}_k,\ AU_k[1:t-2],\ U_{k-1}[t:s]]\,\vec{\beta}_{k-1}^{(t)}$
        end if
        $M_k\boldsymbol{e}_t = (R_0^\bullet)^\top A S_k(A) U_k \boldsymbol{e}_t$
    end for
    $\vec{\alpha}_k = M_k^{-1}\vec{m}_k$
    $\boldsymbol{x}_{k+1} = \boldsymbol{x}_k + U_k\vec{\alpha}_k$
    $\boldsymbol{r}_{k+1} = \boldsymbol{r}_k - AU_k\vec{\alpha}_k$
    Set $S_{k+1}(\lambda)$
    $k = k + 1$
end while

の積の形

$$S_k(\lambda) = \Bigl(1 - \sum_{i=1}^{L} \omega_{m-1,i}\lambda^i\Bigr)\Bigl(1 - \sum_{i=1}^{L} \omega_{m-2,i}\lambda^i\Bigr)\cdots\Bigl(1 - \sum_{i=1}^{L} \omega_{0,i}\lambda^i\Bigr) \quad (2.36)$$

とし，定数 $\omega_{m,i}$ $(i = 1, \cdots, L)$ は

$$\begin{aligned}\|S_{(m+1)L}(A)\boldsymbol{r}_{(m+1)L}\|_2 &= \Bigl\|\Bigl(I - \sum_{i=1}^{L} \omega_{m,i}A^i\Bigr)S_{mL}(A)\boldsymbol{r}_{(m+1)L}\Bigr\|_2 \\ &= \Bigl\|S_{mL}(A)\boldsymbol{r}_{(m+1)L} - \sum_{i=1}^{L} \omega_{m,i}A^i S_{mL}(A)\boldsymbol{r}_{(m+1)L}\Bigr\|_2\end{aligned} \quad (2.37)$$

が最小になるように定める．

算法の骨格は以下のようになる．

GBi-CGSTAB (s, L) 法の骨格

$m = 0, 1, 2, \cdots$ に対して，(1), (2) を繰り返す．

(1) Bi-CG PART
$S_{mL}(A)\boldsymbol{r}_{mL}$ から $A^i S_{mL}(A)\boldsymbol{r}_{(m+1)L}$ $(i = 0, 1, \cdots, L)$ を計算する．

(2) MR PART
式 (2.37) を最小化する $\omega_{m,i}$ $(i = 1, \cdots, L)$ を決定して，$S_{(m+1)L}(A)\boldsymbol{r}_{(m+1)L}$ を計算する．さらに，$S_{(m+1)L}(A)\boldsymbol{r}_{(m+1)L}$ を残差にもつ近似解 $\boldsymbol{x}_{(m+1)L}$ を計算する．

a. GBi-CG PART

ここで，記号

$$\widehat{\boldsymbol{r}}_{k,i}^{(m)} = A^i S_{mL}(A)\boldsymbol{r}_k, \quad \widehat{U}_{k,i}^{(m)} = A^i S_{mL}(A)U_k \quad (2.38)$$

$$\widehat{\boldsymbol{x}}_{k,i}^{(m)} = \widehat{\boldsymbol{r}}_{k,i}^{(m)} \text{ を残差にもつ近似解} \quad (2.39)$$

を定義する．

「GBi-CG (s) 法 II の変形版 II」から得られる漸化式にもとづいて，以下のように $\widehat{\boldsymbol{r}}_{mL+j,i}^{(m)} (= A^i S_{mL}(A)\boldsymbol{r}_{mL+j})$ $(0 \le i \le j \le L)$ を計算する．

for $j = 0$ **to** $L - 1$ **do**
　$\vec{m}_{mL+j} = (R_0^{\bullet})^{\mathsf{T}}[\![A^i S_{mL}(A)\boldsymbol{r}_{mL+j}]\!]$
　for $t = 1$ **to** s **do**
　　if $t = 1$ **then**

$$\vec{\beta}^{(1)}_{mL+j-1} = \begin{cases} \left(\dfrac{\mathrm{lc}(S_{mL})}{\mathrm{lc}(\lambda^{L-1}S_{(m-1)L})} M_{mL-1}\right)^{-1} \vec{m}_{mL} & (j=0) \\ \left(\dfrac{\mathrm{lc}(\lambda^{j}S_{mL})}{\mathrm{lc}(\lambda^{j-1}S_{mL})} M_{mL+j-1}\right)^{-1} \vec{m}_{mL+j} & (j \geq 1) \end{cases}$$

$$[\![A^i S_{mL}(A) U_{mL+j} \boldsymbol{e}_1]\!] = [\![A^i S_{mL}(A) \boldsymbol{r}_{mL+j}]\!] - [\![A^i S_{mL}(A) U_{mL+j-1}]\!] \vec{\beta}^{(1)}_{mL+j-1} \quad (i = 0, 1, \ldots, j)$$

else

$$\vec{\beta}^{(t)}_{mL+j-1} = \begin{cases} \left[\vec{m}_{mL},\ M_{mL}[1:t-2], \dfrac{\mathrm{lc}(S_{mL})}{\mathrm{lc}(\lambda^{L-1}S_{(m-1)L})} M_{mL-1}[t:s]\right]^{-1} M_{mL}\boldsymbol{e}_{t-1} & (j=0), \\ \left[\vec{m}_{mL+j},\ M_{mL+j}[1:t-2], \dfrac{\mathrm{lc}(\lambda^{j}S_{mL})}{\mathrm{lc}(\lambda^{j-1}S_{mL})} M_{mL+j-1}[t:s]\right]^{-1} M_{mL+j}\boldsymbol{e}_{t-1} & (j \geq 1) \end{cases}$$

$$[\![A^i S_{mL}(A) U_{mL+j} \boldsymbol{e}_t]\!] = [\![A^{i+1} S_{mL}(A) U_{mL+j} \boldsymbol{e}_{t-1}]\!] - \Big[[\![A^i S_{mL}(A) \boldsymbol{r}_{mL+j}]\!], [\![A^{i+1} S_{mL}(A) U_{mL+j}[1:t-2]]\!], [\![A^i S_{mL}(A) U_{mL+j-1}[t:s]]\!]\Big] \vec{\beta}^{(t)}_{mL+j-1} \quad (i = 0, 1, \ldots, j)$$

end if

$$[\![A^{j+1} S_{mL}(A) U_{mL+j} \boldsymbol{e}_t]\!] = A \cdot [\![A^j S_{mL}(A) U_{mL+j} \boldsymbol{e}_t]\!]$$
$$M_{mL+j}\boldsymbol{e}_t = (R_0^{\bullet})^{\mathsf{T}} [\![A^{j+1} S_{mL}(A) U_{mL+j} \boldsymbol{e}_t]\!]$$

end for

$$\vec{\alpha}_{mL+j} = M^{-1}_{mL+j} \vec{m}_{mL+j}$$
$$\widehat{\boldsymbol{x}}^{(m)} = \widehat{\boldsymbol{x}}^{(m)}_{mL+j,0} + [\![A^j S_{mL}(A) \boldsymbol{r}_{mL+j+1}]\!] \vec{\alpha}_{mL+j}$$
$$[\![A^i S_{mL}(A) \boldsymbol{r}_{mL+j+1}]\!] = [\![A^i S_{mL}(A) \boldsymbol{r}_{mL+j}]\!] - [\![A^{i+1} S_{mL}(A) U_{mL+j}]\!] \vec{\alpha}_{mL+j} \quad (i = 0, 1, \ldots, j)$$
$$[\![A^{j+1} S_{mL}(A) \boldsymbol{r}_{mL+j+1}]\!] = A \cdot [\![A^j S_{mL}(A) \boldsymbol{r}_{mL+j+1}]\!]$$

end for

ここでは，漸化式の導出が理解しやすいように，$[\![A^i S_{mL}(A)\boldsymbol{r}_{mL+j}]\!]$ のような書き方をしているが，実際の計算では $[\![\ ]\!]$ の部分に式 (2.38) の変数を割り当てることになる．

上記の $\vec{\beta}^{(t)}_{mL+j-1}$ の計算に現れる $\mathrm{lc}(\cdot)/\mathrm{lc}(\cdot)$ の部分は次のように計算される．$j \geq 1$ のときは明らかに $\mathrm{lc}(\lambda^j S_{mL})/\mathrm{lc}(\lambda^{j-1} S_{mL}) = 1$ となる．$j = 0$ のときは，

$$\frac{\mathrm{lc}(S_{mL})}{\mathrm{lc}(\lambda^{L-1}S_{(m-1)L})} = \frac{\mathrm{lc}\left(1 - \sum_{i=1}^{L}\omega_{m-1,i}\lambda^i\right)S_{(m-1)L}}{\mathrm{lc}(\lambda^{L-1}S_{(m-1)L})} = -\omega_{m-1,L} \quad (2.40)$$

と簡単に計算できる．

b. MR PART

式 (2.37) より

$$\min\left\|[\![S_{ml}(A)\boldsymbol{r}_{(m+1)l}]\!] - \sum_{i=1}^{L}\omega_{m,i}[\![A^i S_{mL}(A)\boldsymbol{r}_{(m+1)L}]\!]\right\|$$

を達成する $\omega_{m,i}$ ($i=1,\cdots,L$) を計算し，$[\![S_{(m+1)L}(A)\boldsymbol{r}_{(m+1)L}]\!]$，および，$[\![S_{(m+1)L}(A)U_{(m+1)L-1}]\!]$ を

$$[\![S_{(m+1)L}(A)\boldsymbol{r}_{(m+1)L}]\!] = [\![S_{mL}(A)\boldsymbol{r}_{(m+1)L}]\!] - \sum_{i=1}^{L}\omega_{m,i}[\![A^i S_{mL}(A)\boldsymbol{r}_{(m+1)L}]\!]$$

$$[\![S_{mL}(A)U_{(m+1)L-1}]\!] = [\![S_{mL}(A)U_{(m+1)L-1}]\!]$$
$$- \sum_{i=1}^{L}\omega_{m,i}[\![A^i S_{mL}(A)U_{(m+1)L-1}]\!]$$

に従って計算する．さらに，$S_{(m+1)L}(A)\boldsymbol{r}_{(m+1)L}$ を残差にもつような近似解 $\widehat{\boldsymbol{x}}^{(m+1)}_{(m+1)L,0}$ は

$$\widehat{\boldsymbol{x}}^{(m+1)}_{(m+1)L,0} = \widehat{\boldsymbol{x}}^{(m)}_{(m+1)L,0} + \sum_{i=1}^{L}\omega_{m,i}[\![A^{i-1}S_{mL}(A)\boldsymbol{r}_{(m+1)L}]\!]$$

によって計算する．

c. 算法 (原型)

以上の計算手順をまとめると，アルゴリズム 2.15 が得られる．

アルゴリズム **2.15**　GBi-CGSTAB (s, L) 法 (原型)

1: choose $\widehat{\boldsymbol{x}}^{(0)}_{0,0} \in \mathbb{R}^N, R_0^\bullet \in \mathbb{R}^{N\times s}$
2: $\widehat{\boldsymbol{r}}^{(0)}_{0,0} = \boldsymbol{b} - A\widehat{\boldsymbol{x}}^{(0)}_{0,0}$
3: $\widehat{U}^{(0)}_{0,0} = [\widehat{\boldsymbol{r}}^{(0)}_{0,0}, A\widehat{\boldsymbol{r}}^{(0)}_{0,0}, \cdots, A^{s-1}\widehat{\boldsymbol{r}}^{(0)}_{0,0}]$
4: $\widehat{U}^{(0)}_{0,1} = A\widehat{U}^{(0)}_{0,0}$
5: $M_0 = (R_0^\bullet)^\mathsf{T}\widehat{U}^{(0)}_{0,1}, \vec{m}_0 = (R_0^\bullet)^\mathsf{T}\widehat{\boldsymbol{r}}^{(0)}_{0,0}$

6: $\vec{\alpha}_0 = M_0^{-1} \vec{m}_0$
7: $\widehat{\boldsymbol{r}}_{1,0}^{(0)} = \widehat{\boldsymbol{r}}_{0,0}^{(0)} - \widehat{U}_{0,1}^{(0)} \vec{\alpha}_0, \widehat{\boldsymbol{x}}_{1,0}^{(0)} = \widehat{\boldsymbol{x}}_{0,0}^{(0)} + \widehat{U}_{0,0}^{(0)} \vec{\alpha}_0$
8: $\widehat{\boldsymbol{r}}_{1,1}^{(0)} = A \widehat{\boldsymbol{r}}_{1,0}^{(0)}$
9: $m = 0$
10: **while** $\left\| \widehat{\boldsymbol{r}}_{mL,0}^{(m)} \right\|_2 \geq \varepsilon \|\boldsymbol{b}\|_2$ **do**
11:    {GBi-CG PART}
12:    **for** $j = 0$ to $L - 1$ **do**
13:      **if**$(m = 0) \wedge (j = 0)$ 計算をスキップ
14:      $\vec{m}_{mL+j} = (R_0^{\bullet})^{\mathsf{T}} \widehat{\boldsymbol{r}}_{mL+j,j}^{(m)}$
15:      **for** $t = 1$ to s **do**
16:         **if** $(t = 1)$ **then**
17:            $\vec{\beta}_{mL+j-1}^{(1)} = \begin{cases} (-\omega_{m-1,L} M_{mL-1})^{-1} \vec{m}_{mL} & (j = 0), \\ M_{mL+j-1}^{-1} \vec{m}_{mL+j} & (j \geq 0) \end{cases}$
18:            $\widehat{U}_{mL+j,i}^{(m)} \boldsymbol{e}_t = \widehat{\boldsymbol{r}}_{mL+j,i}^{(m)} - \widehat{U}_{mL+j-1,i}^{(m)} \vec{\beta}_{mL+j-1}^{(1)}$ $(i = 0, \cdots, j)$
19:         **else**
20:            $\vec{\beta}_{mL+j-1}^{(t)} = \begin{cases} \left[\vec{m}_{mL}, \ M_{mL}[1:t-2], \ -\omega_{m-1,L} M_{mL-1}[t:s] \right]^{-1} M_{mL} \boldsymbol{e}_{t-1} & (j = 0), \\ \left[\vec{m}_{mL+j}, \ M_{mL+j}[1:t-2], \ M_{mL+j-1}[t:s] \right]^{-1} M_{mL+j} \boldsymbol{e}_{t-1} & (j \geq 1) \end{cases}$
21:            $\widehat{U}_{mL+j,i}^{(m)} \boldsymbol{e}_t = \widehat{U}_{mL+j,i+1}^{(m)} \boldsymbol{e}_{t-1}$
22:                $- \left[\widehat{\boldsymbol{r}}_{mL+j,i}^{(m)}, \ \widehat{U}_{mL+j,i+1}^{(m)}[1:t-2], \ \widehat{U}_{mL+j-1,i}^{(m)}[t:s] \right] \vec{\beta}_{mL+j-1}^{(t)}$
23:                $(i = 0, \cdots, j)$
24:         **end if**
25:         $\widehat{U}_{mL+j,j+1}^{(m)} \boldsymbol{e}_t = A \widehat{U}_{mL+j,j}^{(m)} \boldsymbol{e}_t$
26:         $M_{mL+j} \boldsymbol{e}_t = (R_0^{\bullet})^{\mathsf{T}} \widehat{U}_{mL+j,j+1}^{(m)} \boldsymbol{e}_t$
27:      **end for**
28:      $\vec{\alpha}_{mL+j} = M_{mL+j}^{-1} \vec{m}_{mL+j}$
29:      $\widehat{\boldsymbol{r}}_{mL+j+1,i}^{(m)} = \widehat{\boldsymbol{r}}_{mL+j,i}^{(m)} - \widehat{U}_{mL+j,i+1}^{(m)} \vec{\alpha}_{mL+j}$ $(i = 0, \cdots, j)$
30:      $\widehat{\boldsymbol{x}}^{(m)} = \widehat{\boldsymbol{x}}_{mL+j,0}^{(m)} + \widehat{U}_{mL+j,0}^{(m)} \vec{\alpha}_{mL+j}$
31:      $\widehat{\boldsymbol{r}}_{mL+j+1,j+1}^{(m)} = A \widehat{\boldsymbol{r}}_{mL+j+1,j}^{(m)}$
32:    **end for**
33:    {MR PART}
34:    $\min \left\| \widehat{\boldsymbol{r}}_{(m+1)L,0}^{(m)} - \sum_{i=1}^{L} \omega_{m,i} \widehat{\boldsymbol{r}}_{(m+1)L,i}^{(m)} \right\|_2$ を達成する $\omega_{m,i}$

$(i = 1, \cdots, l)$ を計算する．

$\widehat{U}^{(m+1)}_{(m+1)L-1,0} = \widehat{U}^{(m)}_{(m+1)L-1,0} - \sum_{i=1}^{L} \omega_{m,i} \widehat{U}^{(m)}_{(m+1)L-1,i}$

$\widehat{\boldsymbol{r}}^{(m+1)}_{(m+1)L,0} = \widehat{\boldsymbol{r}}^{(m)}_{(m+1)L,0} - \sum_{i=1}^{L} \omega_{m,i} \widehat{\boldsymbol{r}}^{(m)}_{(m+1)L,i}$

$\widehat{\boldsymbol{x}}^{(m+1)}_{(m+1)L,0} = \widehat{\boldsymbol{x}}^{(m)}_{(m+1)L,0} + \sum_{i=1}^{L} \omega_{m,i} \widehat{\boldsymbol{r}}^{(m)}_{(m+1)L,i-1}$

$m = m + 1$

end while

ここで，1 反復あたりの演算量 (行列–ベクトル積の演算数) に関して注意しておきたい．まず，GBi-CGSTAB(s, L) 法のもとになった GBi-CG (s) 法においては，1 反復の計算で，行列–ベクトル積の演算は，U の更新に s 回，$R^{\bullet}$ の更新に s 回[*13]の計 $2s$ 回必要である．一方，GBi-CGSTAB(s, L) 法では，GBi-CG (s) 法における 1 反復に対応する計算部分において，行列–ベクトル積の演算は，$\widehat{U}$ の更新に s 回，$\widehat{\boldsymbol{r}}$ の更新に 1 回，計 $s + 1$ 回で済んでいることがわかる．式 (2.32), (2.33), (2.34) において，$R^{\bullet}$ に掛かっていた $S_k(A)$ を $\boldsymbol{r}$ に掛けるように変形したことによって，このような演算量の軽減が達成されたのである．

d. 算 法 (実 装 版)

最後に上書きも意識して，k, m などの添字を排除した算法をアルゴリズム 2.16 に示す．

アルゴリズム **2.16**　GBi-CGSTAB (s, L) 法 (実装版)

choose $\boldsymbol{x}_0 \in \mathbb{R}^N, R_0^{\bullet} \in \mathbb{R}^{N \times s}$
$\boldsymbol{r}_0 = \boldsymbol{b} - A\boldsymbol{x}_0$
for $i = 1, \ldots, s$ **do**
　if $i = 1$ **then**
　　$U_0 \boldsymbol{e}_1 = \boldsymbol{r}_0$
　else
　　$U_0 \boldsymbol{e}_i = U_1 \boldsymbol{e}_{i-1}$
　　$\vec{c} = (U_0[1 : i-1])^{\mathsf{T}} U_0 \boldsymbol{e}_i$
　　$U_0 \boldsymbol{e}_i = U_0 \boldsymbol{e}_i - U_0[1 : i-1]\vec{c}$
　end if
　$U_0 \boldsymbol{e}_i = \dfrac{U_0 \boldsymbol{e}_i}{\|U_0 \boldsymbol{e}_i\|_2}$
　$U_1 \boldsymbol{e}_i = AU_0 \boldsymbol{e}_i$
end for

*13　$S_k(\lambda)$ の具体形を指定しないと決まらないが，行列 A を掛ける演算でも s 回必要であるのでこのように見積もった．

14: $M = (R_0^\bullet)^\mathsf{T} U_1, \vec{m} = (R_0^\bullet)^\mathsf{T} \boldsymbol{r}_0$
15: $\vec{\alpha} = M^{-1}\vec{m}$
16: $\boldsymbol{r}_0 = \boldsymbol{r}_0 - U_1\vec{\alpha}, \boldsymbol{x}_0 = \boldsymbol{x}_0 + U_0\vec{\alpha}$
17: $\boldsymbol{r}_1 = A\boldsymbol{r}_0$
18: $m = 0, \omega = -1$
19: **while** $\|\boldsymbol{r}_0\|_2 \geq \varepsilon \|\boldsymbol{b}\|_2$ **do**
20: $\quad M = -\omega M$
21: $\quad$ {GBi-CG PART}
22: $\quad$ **for** $j = 0$ to $L-1$ **do**
23: $\quad\quad$ **if** $(m=0) \wedge (j=0)$ 計算をスキップ
24: $\quad\quad \vec{m} = (R_0^\bullet)^\mathsf{T} \boldsymbol{r}_j$
25: $\quad\quad$ **for** $t = 1$ to s **do**
26: $\quad\quad\quad$ **if** $(t=1)$ **then**
27: $\quad\quad\quad\quad \vec{\beta} = M^{-1}\vec{m}$
28: $\quad\quad\quad\quad U_i \boldsymbol{e}_t = \boldsymbol{r}_i - U_i\vec{\beta} \; (i=0,\cdots,j)$
29: $\quad\quad\quad$ **else**
30: $\quad\quad\quad\quad \vec{\beta} = [\vec{m}, \; M[1:t-2], \; M[t:s]]^{-1} M \boldsymbol{e}_{t-1}$
31: $\quad\quad\quad\quad U_i \boldsymbol{e}_t = U_{i+1}\boldsymbol{e}_{t-1} - [\boldsymbol{r}_i, \; U_{i+1}[1:t-2], \; U_k[t:s]] \vec{\beta}$
32: $\quad\quad\quad\quad\quad\quad\quad\quad\quad\quad\quad\quad (i=0,\cdots,j)$
33: $\quad\quad\quad$ **end if**
34: $\quad\quad\quad U_{j+1}\boldsymbol{e}_t = AU_j \boldsymbol{e}_t$
35: $\quad\quad\quad M\boldsymbol{e}_t = (R_0^\bullet)^\mathsf{T} U_{j+1}\boldsymbol{e}_t$
36: $\quad\quad$ **end for**
37: $\quad\quad \vec{\alpha} = M^{-1}\vec{m}$
38: $\quad\quad \boldsymbol{r}_i = \boldsymbol{r}_i - U_{i+1}\vec{\alpha} \; (i=0,\cdots,j)$
39: $\quad\quad \boldsymbol{x}_0 = \boldsymbol{x}_0 + U_0\vec{\alpha}$
40: $\quad\quad \boldsymbol{r}_{j+1} = A\boldsymbol{r}_j$
41: $\quad$ **end for**
42: $\quad$ {MR PART}
43: $\quad$ **for** $j = 1, 2, \ldots, L$ **do**
44: $\quad\quad \tau_{ij} = (\boldsymbol{r}_i, \boldsymbol{r}_j)/\sigma_i, \; \boldsymbol{r}_j = \boldsymbol{r}_j - \tau_{ij}\boldsymbol{r}_i \; (i=1,2,\cdots,j-1)$
45: $\quad\quad \sigma_j = (\boldsymbol{r}_j, \boldsymbol{r}_j), \; \gamma'_j = (\boldsymbol{r}_j, \boldsymbol{r}_0)/\sigma_j$
46: $\quad$ **end for**
47: $\quad \gamma_L = \gamma'_L, \; \omega = \gamma_L$
48: $\quad \gamma_j = \gamma'_j - \sum_{i=j+1}^{L} \tau_{ji}\gamma_i \; (j=L-1,\cdots,1)$
49: $\quad \gamma''_j = \gamma_{j+1} + \sum_{i=j+1}^{L-1} \tau_{ji}\gamma_{i+1} \; (j=1,\cdots,L-1)$
50: $\quad \boldsymbol{x}_0 = \boldsymbol{x}_0 + \gamma_1\boldsymbol{r}_0, \; \boldsymbol{r}_0 = \boldsymbol{r}_0 - \gamma'_L\boldsymbol{r}_L, \; U_0 = U_0 - \gamma_L U_L$
51: $\quad U_0 = U_0 - \gamma_j U_j \; (j=1,\cdots,L-1)$
52: $\quad \boldsymbol{x}_0 = \boldsymbol{x}_0 + \gamma''_j\boldsymbol{r}_j, \; \boldsymbol{r}_0 = \boldsymbol{r}_0 - \gamma'_j\boldsymbol{r}_j \; (j=1,\cdots,L-1)$
53: $\quad m = m + L$
54: **end while**

初期方向ベクトル U_0 は GBi-CG (s) 法において

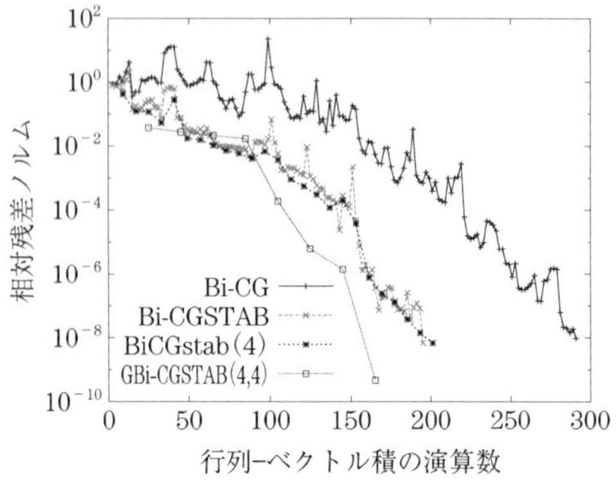

図 2.6　Bi-CG 法，Bi-CGSTAB 法，BiCGstab (4) 法，GBi-CGSTAB (4,4) 法を問題 2.1 (Sherman4) に適用した場合の収束履歴

$$U_0 = [\boldsymbol{r}_0, A\boldsymbol{r}_0, \ldots, A^{s-1}\boldsymbol{r}_0]$$

としていた．しかし，実際の数値計算では，数値誤差を減らすため U_0 を正規直交化する．以下ではこの直交化も含む．なお，U_0 を正規直交化しても生成される残差 $\boldsymbol{r}_k$ は丸め誤差がないという仮定の下では変化しない．MR PART については，BiCGstab (l) 法のときと同様，修正 Gram–Schmidt 直交化法を用いた工夫

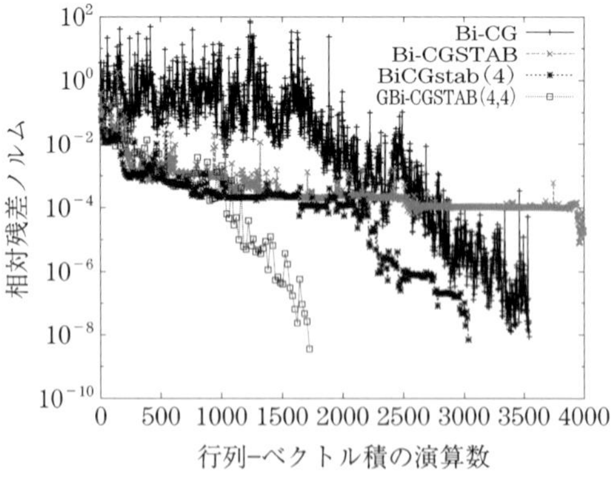

図 2.7　Bi-CG 法，Bi-CGSTAB 法，BiCGstab (4) 法，GBi-CGSTAB (4,4) 法を問題 2.3 (Sherman5) に適用した場合の収束履歴

が組み込まれている．

以下，これまで出てきたBi-CG 法，Bi-CGSTAB 法，BiCGstab (l) 法 (l はあまり大きくない値 4 とする)，GBi-CGSTAB (s, L) 法 (s, L もあまり大きくない値 4, 4 とする) をいくつかの問題に適用した結果を示す．

まず，図 2.6 に問題 2.1 (Sherman4) に適用した結果を示す．図 2.7 に，問題 2.1 (Sherman4) において行列サイズが大きい次の問題に適用した結果を示す．

問題 2.3

$$A\boldsymbol{x} = \boldsymbol{b}$$

A : Matrix Market にある行列 Sherman5 (油層シミュレーション)

(サイズ：3312×3312，非ゼロ要素数：20793)

$$\boldsymbol{b} = A\mathbf{1} (\Longleftrightarrow \text{解 } \boldsymbol{x} = \mathbf{1}) \tag{2.41}$$

最後に，問題 2.2 (3 次元移流拡散問題) に適用した結果を図 2.8 に示す．いずれの場合も，GBi-CGSTAB (4,4) 法がよい収束性を示していることが見てとれる．

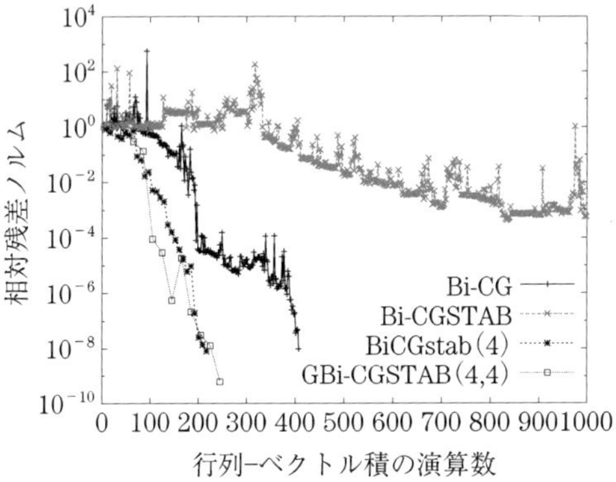

図 2.8 Bi-CG 法，Bi-CGSTAB 法，BiCGstab (4) 法，GBi-CGSTAB (4,4) 法を問題 2.2 (3 次元移流拡散問題) に適用した場合の収束履歴

2.3　補　　足

2.3.1　本章における算法導出の流れ

従来，本章のような内容を書く場合，Bi-CG 法から議論を始め，影の残差 $\boldsymbol{r}_k^\bullet$ を自由度をもったベクトル $\boldsymbol{s}_k^\bullet = S_k(A^\mathsf{T})\boldsymbol{r}_0^\bullet$ ($S_k(\lambda)$ は任意の k 次多項式) で置き換えてもよいことを示し，その任意性を用いて BiCGSTAB 法などの算法を導出するのが普通である．しかし，GBi-CGSTAB(s, L) 法の導出を最終目的とする場合，アルゴリズム 2.1 ($S_k(\lambda)$ の任意性を取り込んだ算法) を所与のものとし，この算法が Petrov–Galerkin 方式の Krylov 部分空間法になっていることを証明して，それを出発点とする方が算法導出の全体の流れが素直になると思われたので，本章では，そのような方針で算法を導出した (図 2.9)[*14]．これによって，通常の議論と違って，逆に Bi-CG 法が導かれることになっている．

ただし，アルゴリズム 2.1 がいかにも天下り的であることは否めない．そこで，補足として，以下，Petrov–Galerkin 方式の Krylov 部分空間法がアルゴリズム 2.1 の形となることを示そう．基本は，Petrov–Galerkin 方式の Krylov 部分空間法が残差の 3 項漸化式となることを主張する次の定理である．

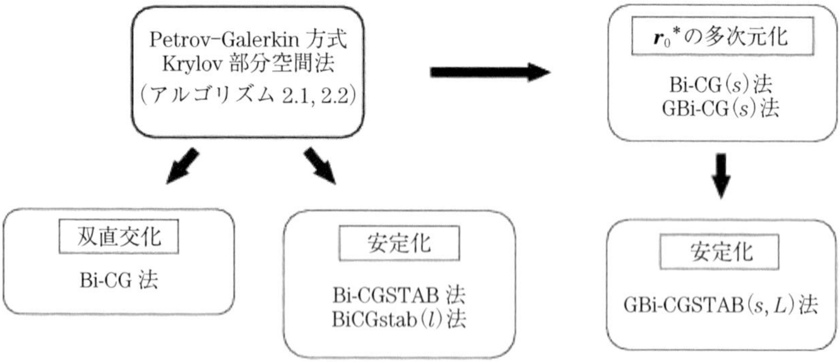

図 **2.9**　本章における算法導出の流れ

*14　このような算法導出の流れは，前章や文献 [38, 39, 66] にも見られる．本章はその流れを踏まえ，それをより徹底的にしたものである．

定理 2.4 A を (対称とは限らない) 行列，$\hat{k}$ を自然数，$R_k(\lambda), S_k(\lambda)$ を k 次多項式 $(k=0,1,\cdots,\hat{k})$ とし，$\boldsymbol{r}_0$, $\boldsymbol{r}_0^\bullet$ をベクトルとする．$\boldsymbol{r}_k = R_k(A)\boldsymbol{r}_0$, $\boldsymbol{r}_k^\bullet = S_k(A^\mathsf{T})\boldsymbol{r}_0^\bullet$ $(k=0,1,\cdots,\hat{k})$ が直交条件

$$\boldsymbol{r}_i \perp \boldsymbol{r}_{i-1}^\bullet, \boldsymbol{r}_{i-2}^\bullet, \cdots, \boldsymbol{r}_0^\bullet \quad (0 < i \le \hat{k})^{*15}, \quad (\boldsymbol{r}_i^\bullet, \boldsymbol{r}_i) \neq 0 \quad (0 \le i \le \hat{k}-1)$$

を満たし，かつ $\boldsymbol{r}_k \neq \boldsymbol{0}$, $\boldsymbol{r}_k^\bullet \neq \boldsymbol{0}$ $(k=0,1,\cdots,\hat{k}-1)$ ならば[*16]，ある実数 $\xi_k \neq 0, \eta_k, \zeta_k$ が存在して，3 項漸化式

$$R_{k+1}(\lambda) = \xi_k \lambda R_k(\lambda) + \eta_k R_k(\lambda) + \zeta_k R_{k-1}(\lambda) \qquad (k=0,1,\cdots,\hat{k}-1) \quad (2.42)$$

が成り立つ．ただし，$R_0(\lambda)=1$, $R_{-1}(\lambda)=0$ とする．

(証明) $k \le \hat{k}-1$ のとき，ある $\xi_k \neq 0, \eta_k, \zeta_k, c_{kj}$ $(0 \le j \le k-2)$ を用いて

$$R_{k+1}(\lambda) = \xi_k \lambda R_k(\lambda) + \eta_k R_k(\lambda) + \zeta_k R_{k-1}(\lambda) + \sum_{j=0}^{k-2} c_{kj} R_j(\lambda)$$

と展開できる．このとき，

$$\boldsymbol{r}_{k+1} = \xi_k A R_k(A)\boldsymbol{r}_0 + \eta_k \boldsymbol{r}_k + \zeta_k \boldsymbol{r}_{k-1} + \sum_{j=0}^{k-2} c_{kj}\boldsymbol{r}_j$$

であり，ここで，直交性 $(\boldsymbol{r}_j^\bullet, \boldsymbol{r}_{k+1}) = 0$ $(0 \le j \le k-2)$ が成り立つための条件を考える．まず，$j=0$ に対して，直交条件より，

$$0 = (\boldsymbol{r}_0^\bullet, \boldsymbol{u}_{k+1}) = \xi_k(\boldsymbol{r}_0^\bullet, AR_k(A)\boldsymbol{r}_0) + c_{k0}(\boldsymbol{r}_0^\bullet, \boldsymbol{r}_0)$$

を得る．ここで，

$$(\boldsymbol{r}_0^\bullet, AR_k(A)\boldsymbol{r}_0) = (A^\mathsf{T}\boldsymbol{r}_0^\bullet, R_k(A)\boldsymbol{r}_0) = (A^\mathsf{T}\boldsymbol{r}_0^\bullet, \boldsymbol{r}_k)$$

が成り立ち，$A^\mathsf{T}\boldsymbol{r}_0^\bullet$ は $\boldsymbol{r}_1^\bullet, \boldsymbol{r}_0^\bullet$ の線形結合で書けるから，最右辺の値は 0 である．さらに，$(\boldsymbol{r}_0^\bullet, \boldsymbol{r}_0) \neq 0$ であるから，$c_{k0}=0$ である．以下，$j=1,2,\cdots,k-2$ について，同様に $c_{k1}=0, c_{k2}=0, \cdots, c_{k,k-2}=0$ が導かれ，結局，

$$R_{k+1}(\lambda) = \xi_k \lambda R_k(\lambda) + \eta_k R_k(\lambda) + \zeta_k R_{k-1}(\lambda)$$

*15　双直交条件ではなく，片方のみの直交条件であることに注意．

*16　$\boldsymbol{r}_{\hat{k}} = \boldsymbol{0}$ や $\boldsymbol{r}_{\hat{k}}^\bullet = \boldsymbol{0}$ の可能性は許す．

を得る． ■

Krylov 部分空間法の定義 (2.2), (2.3) より，残差 $\boldsymbol{r}_k$ は k 次多項式 $R_k(\lambda)$ を用いて $\boldsymbol{r}_k = R_k(A)\boldsymbol{r}_0$ と表現され，さらに， $R_k(0) = 1$ $(k = 0, 1, \cdots)$ を満たす．Petrov–Galerkin 方式の Krylov 部分空間法については，前定理によって，$R_k(\lambda)$ に対して (2.42) の形の 3 項漸化式が成り立つが，このとき，$R_k(0) = 1$ により $\eta_k + \zeta_k = 1$ である．したがって， 次の式が成立する．

$$R_{k+1}(\lambda) = \xi_k \lambda R_k(\lambda) + (1 - \zeta_k) R_k(\lambda) + \zeta_k R_{k-1}(\lambda) \tag{2.43}$$

さらに，この 3 項漸化式を以下のように書き換える．

$$\frac{R_{k+1}(\lambda) - R_k(\lambda)}{\xi_k \lambda} = R_k(\lambda) - \frac{\zeta_k \xi_{k-1}}{\xi_k} \cdot \frac{R_k(\lambda) - R_{k-1}(\lambda)}{\xi_{k-1}\lambda}$$

ここで，

$$U_k(\lambda) = \frac{R_{k+1}(\lambda) - R_k(\lambda)}{\xi_k \lambda}, \quad \alpha_k = -\xi_k, \quad \beta_{k-1} = \frac{-\zeta_k \xi_{k-1}}{\xi_k}$$

とおくと，連立の 2 項漸化式

$$U_k(\lambda) = R_k(\lambda) + \beta_{k-1} U_{k-1}(\lambda) \tag{2.44}$$

$$R_{k+1}(\lambda) = R_k(\lambda) - \alpha_k \lambda U_k(\lambda) \tag{2.45}$$

が得られ，ベクトル $\boldsymbol{u}_k = U_k(A)\boldsymbol{r}_0$ と $\boldsymbol{r}_{k+1} = R_{k+1}(A)\boldsymbol{r}_0$ の漸化式にすると，

$$\boldsymbol{u}_k = \boldsymbol{r}_k + \beta_{k-1} \boldsymbol{u}_{k-1} \tag{2.46}$$

$$\boldsymbol{r}_{k+1} = \boldsymbol{r}_k - \alpha_k \boldsymbol{u}_k \tag{2.47}$$

と表せる．近似解 $\boldsymbol{x}_k$ は

$$\boldsymbol{x}_{k+1} = \boldsymbol{x}_k - A^{-1}[R_{k+1}(A) - R_k(A)]\boldsymbol{r}_0 \tag{2.48}$$

が成り立つので，(2.45) より

$$\boldsymbol{x}_{k+1} = \boldsymbol{x}_k + \alpha_k U_k(A)\boldsymbol{r}_0 = \boldsymbol{x}_k + \alpha_k \boldsymbol{u}_k \tag{2.49}$$

によって計算できる．ここで，$U_k(\lambda), R_k(\lambda)$ の定義より，$\boldsymbol{u}_k$ と $\boldsymbol{r}_{k+1}$ に対して

$$A\boldsymbol{u}_k \perp \boldsymbol{r}^{\bullet}_{k-1}, \quad \boldsymbol{r}_{k+1} \perp \boldsymbol{r}^{\bullet}_k$$

が成り立つ．これらの直交性から α_k, β_{k-1} が決まる．以上を，算法の形にまとめたものがアルゴリズム 2.1 である．

2.3.2 GBi-CGSTAB (s, L) 法の導出について

GBi-CGSTAB (s, L) 法の導出に関して少し補足する[*17]. GBi-CGSTAB (s, L) 法は，当初，GIDR (s, L) 法という名前で提案された[69]. それは次のような理由による．まず，**IDR** (s) **法**は，次のように定義される空間列に関する **IDR 定理**を基礎に導かれる (1 章および文献 [48,67] 参照).

$$\mathcal{G}_{j+1} = (I - \omega_j A)(\mathcal{G}_j \cap (R_0^\bullet)^\perp) \quad (j = 0, 1, ...).$$

これに対して，**GIDR** (s, L) **法**は，上記の空間列を一般化した次の空間列に対する (IDR 定理の一般化にあたる) 一般化 IDR 定理を基礎に導かれる．

$$\mathcal{G}_{j+1}^L := (I - \omega_{j,1} A \cdots - \omega_{j,L} A^L)(\mathcal{G}_j^L \cap (\mathcal{K}_L(A^\mathsf{T}, R_0^\bullet)^\perp) \quad (j = 0, 1, \cdots)$$

このため，GIDR 法という名が適切と考え，この名前を付けるに至った．

しかし，上記の空間列の取り方には大きな自由度があり，GIDR 法の算法導出は手探り的な面が多かった．そのような折，Sleijpen, Sonneveld, van Gijzen による文献 [66] が出て，IDR 法が Krylov 部分空間法として理解できることが指摘された．その議論にもとづけば，GIDR 法も Krylov 部分空間法として理解できる (Krylov 部分空間法として導出できる) ことがわかり，手探り的な面が少なくなることが判明した．それ以降[70, 71]は，GIDR 法を Krylov 部分空間法と位置づけ，名前も導出過程と示唆する GBi-CGSTAB 法に変更し，現在に至った．なお，本章での GBi-CGSTAB 法の導出は，文献 [68] における BiCGstab (l) 法の導出を多次元化したもので，文献 [71] で与えた導出より理解しやすくなっている．

*17　個人的話になるが，それなりに価値があると思われるのでここに記しておく．

3 前　処　理　1

3.1 前処理つき CG 法

CG 法は収束性を向上させるために前処理が併用されることが多い．**前処理**とは，線形方程式

$$A\boldsymbol{x} = \boldsymbol{b} \tag{3.1}$$

を解くかわりに，行列 A を近似するような前処理行列 M を考え，その行列の逆行列を式 (3.1) の両辺の左から掛け，方程式を

$$M^{-1}A\boldsymbol{x} = M^{-1}\boldsymbol{b} \tag{3.2}$$

と変換して方程式を解くことを指す．一般に，式 (3.2) の行列 $M^{-1}A$ は対称正定値行列ではない．M^{-1} を直接計算することは計算量の面から好ましくない．そこで，行列 M を

$$M = U^{\mathsf{T}}U \tag{3.3}$$

と分解し，上三角行列 U，U^{T} の逆行列を式 (3.1) に作用させ，

$$(U^{-\mathsf{T}}AU^{-1})(U\boldsymbol{x}) = U^{-\mathsf{T}}\boldsymbol{b} \tag{3.4}$$

に CG 法を適用する．前処理を適用した方程式に CG 法を用いる方法を**前処理つき CG 法**という．実際には，行列 $U^{-\mathsf{T}}AU^{-1}$ を求めた後，CG 法を適用するのではなく，反復計算の中で $U^{-\mathsf{T}}AU^{-1}$ の演算を適用する．前処理つき CG 法の算法をアルゴリズム 3.1 に示す．

アルゴリズム 3.1　前処理つき CG 法

$\boldsymbol{r}_0 = \boldsymbol{b} - A\boldsymbol{x}_0,\ \boldsymbol{p}_0 = (U^\top U)^{-1}\boldsymbol{r}_0$
for $k = 0$ to k **do**
　$\alpha_k = (\boldsymbol{r}_k, (U^\top U)^{-1}\boldsymbol{r}_k)/(\boldsymbol{p}_k, A\boldsymbol{p}_k)$
　$\boldsymbol{x}_{k+1} = \boldsymbol{x}_k + \alpha_k \boldsymbol{p}_k$
　$\boldsymbol{r}_{k+1} = \boldsymbol{r}_k - \alpha_k A\boldsymbol{p}_k$
　if $\|\boldsymbol{r}_{k+1}\|_2/\|\boldsymbol{r}_0\|_2 \leq \varepsilon$ **stop**
　$\beta_k = (\boldsymbol{r}_{k+1}, (U^\top U)^{-1}\boldsymbol{r}_{k+1})/(\boldsymbol{r}_k, (U^\top U)^{-1}\boldsymbol{r}_k)$
　$\boldsymbol{p}_{k+1} = (U^\top U)^{-1}\boldsymbol{r}_{k+1} + \beta_k \boldsymbol{p}_k$
end for

3.2　不完全 Cholesky 分解

前処理行列 M の生成について述べる．

$$M = U^\top U \tag{3.5}$$

広く用いられている不完全 Cholesky 分解は，上三角行列 U と分解の不完全さを表す上三角行列 R を用いて，次のように分解する方法である．

$$A = U^\top U - R - R^\top \tag{3.6}$$

不完全 Cholesky 分解には 2 種類の方式がある．

(1) 平方根の計算が不要な分解

$$A \simeq U^\top DU$$

(2) 平方根の計算が必要だが，robust 分解の対角項の修正量の決め方が簡単な

$$A \simeq U^\top U$$

(1) の方式にもとづく分解に，Meijerink 流のフィルイン (fill-in) を考慮しない IC 分解がある．使用メモリ量が少なくかつ行列が M 行列のとき有効な前処理である．一方，(2) の方式にもとづく分解に，閾値による IC 分解，RIC 分解，シフトつき IC 分解などがある．特に，RIC 分解のとき効果的である．

3.3 フィルインを考慮しない IC 分解

フィルインを考慮しない不完全 Cholesky 分解 [IC(0) 分解と略す] は以下のように表される.

$$A = U^{\mathsf{T}} DU - R - R^{\mathsf{T}} \tag{3.7}$$

ここで, 行列 U は上三角行列, 行列 D は対角行列である. 行列 R は行列 U のスパース (疎) 性の保持のための形式的な上三角行列を表し, 算法中には現れない. 上三角行列 U の疎性を保つため, 係数行列 A の非零要素が存在する場所以外は 0 とおいて分解を行う. そのとき, 前処理行列 M は

$$\begin{aligned} M &= U^{\mathsf{T}} DU \\ &= (I + U_A^{\mathsf{T}} D^{-1}) D (I + D^{-1} U_A) \\ &= (D + U_A^{\mathsf{T}}) D^{-1} (D + U_A) \\ &= (D^{1/2} + U_A^{\mathsf{T}} D^{1/2})(D^{1/2} + D^{1/2} U_A) \end{aligned} \tag{3.8}$$

と表せる. ただし, U_A は係数行列 A の対角項を含まない狭義上三角行列, I は単位行列とする. ここで, D の各要素 d_{ii} の計算は以下の式で計算できる.

$$d_{ii} = a_{ii} - \sum_{k=i}^{n} \frac{{a_{ik}}^2}{d_{kk}} \qquad (1 \leq i \leq n) \tag{3.9}$$

前処理行列 M はその対角行列 D の要素の値がすべて正であれば上の式の中からどの形を選んでもよい. しかし, 係数行列 A の性質が悪い場合, 対角行列 D に負の値の要素が現れることがある. この現象を**破綻**とよぶ.

3.4 加速係数つき IC 分解

IC(0) 分解では, 対角行列 D に負の要素が現れた場合, 元の係数行列 A に修正を加えて分解を始めからやり直す. 修正の方法として, 1 以上の定数 c を用いて係数行列 A の対角成分を大きくする方法がある. 定数 c は CG 法の収束を加速さ

せる働きをもつため**加速係数**とよばれる．このとき，式 (3.9) は

$$d_{ii} = c \times a_{ii} - \sum_{k=i}^{n} \frac{{a_{ik}}^2}{d_{kk}} \qquad (1 \leq i \leq n) \tag{3.10}$$

となる．式 (3.10) は**加速係数つき IC 分解**とよばれ，対角行列 D の要素の値がすべて正となるまで計算が続行される．

3.5 閾値による IC 分解

閾値 (tolerance) による **IC 分解**(IC(tol) 分解と略す) は次のように表される．

$$A = U^{\mathsf{T}} U - R - R^{\mathsf{T}} \tag{3.11}$$

行列 U と R はおのおの上三角行列とする．行列 U は PCG 法の算法中においてその転置との積 $U^{\mathsf{T}}U$ の形で現れる．一方，行列 R は，形式的な行列を意味する．IC(tol) 分解 (3.11) のとき，あらかじめ閾値 tol を決め，分解の対象の要素の大きさが閾値 tol よりも大きいときその要素の計算を実行し，小さいときは要素の値を零とおき計算を進める．その手順を以下に示す．

[IC (tol) 分解の手順]

$$a_{ij}^{*} = a_{ij} - \sum_{k=1}^{i-1} u_{ki} u_{kj} \qquad (j = i+1, \cdots, n) \tag{3.12}$$

$$u_{ii} = \sqrt{\overline{a_{ii}} - \sum_{k=1}^{i-1} {u_{ki}}^2} \tag{3.13}$$

$$u_{ij} = \begin{cases} a_{ij}^{*} \ / \ u_{ii} & \dfrac{|a_{ij}^{*}|}{\sqrt{(\overline{a_{ii}})(\overline{a_{jj}})}} > \text{tol のとき} \\ 0 & \dfrac{|a_{ij}^{*}|}{\sqrt{(\overline{a_{ii}})(\overline{a_{jj}})}} \leq \text{tol のとき} \end{cases} \qquad (j = i+1, \cdots, n) \tag{3.14}$$

要素 a_{ij}^{*} は，分解過程において作業用配列として使われ，分解が終了した後は行列 U の非対角要素になる要素を表す．一方，対角要素 $\overline{a_{ii}}$ は，通常の IC (tol) 分解では，(i) 対角要素 $\overline{a_{ii}} = a_{ii}$ とおかれる．しかし，式 (3.13) の右辺の平方根の中の式の値が負になり，分解が破綻することがある．

そこで，後述の RIC 分解では，(ii) 対角要素 $\overline{a_{ii}} = a_{ii}$ と置き，式 (3.14) において要素 u_{ij} が棄却されるごとに対角要素 $\overline{a_{ii}}$ に適当な修正を加えることで，式 (3.13) での分解の破綻を防ぐ．

3.6 RIC 分 解

IC(tol) 分解途中で分解の破綻が起きないことが理論的に保証された **R** (Robust) **IC 分解**について述べる[78, 79]．RIC 分解では，行列 A を

$$A = U^{\mathsf{T}}U - R - R^{\mathsf{T}} - D \tag{3.15}$$

と分解する．行列 R は分解手順の説明用の形式的な行列を表す．一方，対角行列 D は，行列 U の要素が棄却されたとき対角項の符号が負にならないように対角項を修正する役割を果たすが，前処理つき CG 法の算法中には出てこない．

3.6.1 RIC分解の算法

RIC 分解の算法をアルゴリズム 3.2 に示す．ただし，要素 $\overline{a_{ii}}$，$\overline{a_{jj}}$ は行列 A の第 i，j 行の対角要素におのおの対応し，分解過程において更新される．一方，a^*_{ij} は最終的に上三角行列 U の非対角要素 u_{ij} になる要素を表す．tol は要素 u_{ij} の棄却判定用の閾値とする．

3.6.2 形式的行列 R と行列 D の要素の値

行列 $R = (r_{ij})$ および対角項を修正する行列 $D = (d_{kk})$ の要素の値は次のように表される．ただし $\xi = |a^*_{ij}|/\sqrt{(\overline{a_{ii}})(\overline{a_{jj}})}$ とする．

(i) $\xi \leq \mathrm{tol}$ のとき (閾値より小さい要素を棄却)

$$r_{ij} = a^*_{ij} \tag{3.16}$$

$$d_{kk} = \begin{cases} \sqrt{\dfrac{(\overline{a_{ii}})}{(\overline{a_{jj}})}}a^*_{ij} & (k = i \text{ のとき}) \\ \sqrt{\dfrac{(\overline{a_{jj}})}{(\overline{a_{ii}})}}a^*_{ij} & (k = j \text{ のとき}) \\ 0 & (k \neq i, j \text{ のとき}) \end{cases} \tag{3.17}$$

アルゴリズム **3.2**　RIC 分解

```
 1: for i = 1 to n do
 2:     $\overline{a_{ii}} = a_{ii}$
 3: end for
 4: for i = 1 to n do
 5:     for j = i + 1 to n do
 6:         $a^*_{ij} = a_{ij}$
 7:     end for
 8:     for k = 1 to i − 1 do
 9:         for j = i + 1 to n do
10:             $a^*_{ij} = a^*_{ij} - u_{ki}u_{kj}$　（非対角項の計算）
11:         end for
12:     end for
13:     for j = i + 1 to n do
14:         $\xi = |a^*_{ij}|/\sqrt{(\overline{a_{ii}})(\overline{a_{jj}})}$
15:         if $\xi \leq$ tol then
16:             $a^*_{ij} = 0$　（閾値より小さい要素を棄却）
17:             $\overline{a_{ii}} = (1 + \xi)\overline{a_{ii}}$　（対角項の修正）
18:             $\overline{a_{jj}} = (1 + \xi)\overline{a_{jj}}$　（対角項の修正）
19:         end if
20:     end for
21:     $u_{ii} = \sqrt{\overline{a_{ii}}}$　（対角項を求める）
22:     for j = i + 1 to n do
23:         $u_{ij} = a^*_{ij}/u_{ii}$　（非対角項を求める）
24:         $\overline{a_{jj}} = \overline{a_{jj}} - u_{ij}^2$　（対角項の計算）
25:     end for
26: end for
```

(ii) $\xi >$ tol のとき　　　$r_{ij} = 0, \ d_{ii} = 0$

3.6.3　RIC 分解の頑強性

RIC 分解が頑強性 (robust) をもつための対角項の修正量の大きさを考える．

a.　頑強性の保持と対角項の修正

分解の計算途中で現れる要素 a^*_{ij} の絶対値の大きさがあらかじめ設定した閾値よりも小さいとき，その要素を棄却する行列 R を次のように表す．

$$R = \begin{pmatrix} 0 & \cdots & \cdots & 0 \\ \vdots & 0 & a_{ij}^* & \vdots \\ \vdots & 0 & 0 & \vdots \\ 0 & \cdots & \cdots & 0 \end{pmatrix} \tag{3.18}$$

要素 a_{ij}^* が棄却のとき，行列 A の第 i 行と第 j 行の対角項に加えられる未確定の修正量をおのおの d_i, d_j とする．修正対角行列 D は次のようになる．

$$D = \begin{pmatrix} 0 & \cdots & \cdots & 0 \\ \vdots & d_i & 0 & \vdots \\ \vdots & 0 & d_j & \vdots \\ 0 & \cdots & \cdots & 0 \end{pmatrix} \tag{3.19}$$

$S = R + R^{\mathsf{T}} + D$ で表される行列 S を導入すると，行列 S は次のようになる．

$$S = \begin{pmatrix} 0 & \cdots & \cdots & 0 \\ \vdots & d_i & a_{ij}^* & \vdots \\ \vdots & a_{ij}^* & d_j & \vdots \\ 0 & \cdots & \cdots & 0 \end{pmatrix} \tag{3.20}$$

行列 A が正定値行列かつ行列 S が非負定値行列のとき，行列 $(A+S)$ は正定値行列となり式 (3.15) で表される RIC 分解では破綻が起きない．そこで，行列 S が非負定値行列になるように行列 D の対角要素 d_i, d_j の決め方を考える．

b. 対角要素 d_i, d_j の決定

RIC 分解の対角要素 d_i, d_j を導出法を述べる．

行列 S が非負定値行列になる条件について考える上で，簡単のために，行列 S の第 i 行と第 j 行の非零要素を取り出した 2×2 の行列 S' を考える．行列 S' は対称行列であるので，固有値がすべて実数であることに注意すると，行列 S' が非負定値行列となるための必要十分条件は，以下の 2 つの性質を同時に満足することである．ただし，$\mathrm{tr}(S')$ は行列 S' の対角要素の総和を，$\det(S')$ は行列 S' の行列式を，λ_1，λ_2 は行列 S' の 2 つの固有値をおのおの表す．

- **条件 1:** $\lambda_1\lambda_2 = \det(S') = d_i d_j - {a^*_{ij}}^2 \geq 0$
- **条件 2:** $\lambda_1 + \lambda_2 = \mathrm{tr}(S') = d_i + d_j \geq 0$

したがって，行列 S' を拡大した行列 S についても同様に，上の 2 つの性質を満たすように d_i, d_j を選べば非負定値行列となる．ここで，**条件 1** について，修正量 d_i, d_j が $d_i d_j - {a^*_{ij}}^2 > 0$ を満たす場合，過剰な修正量から，前処理行列として用いる行列 $U^\mathsf{T}U$ の係数行列 A への近似の度合いが悪化することがある．そのため，条件 1 の特別な場合

- **条件 1a:** $d_i d_j - {a^*_{ij}}^2 = 0$

を考える．RIC 分解では要素 a^*_{ij} が棄却されるとき，対角項の修正量 d_i, d_j は条件 1a と条件 2 を同時に満たし，かつ d_i, d_j が分解中での係数行列の対角項 $\overline{a_{ii}}$, $\overline{a_{jj}}$ の大きさと比例するように定められる．すなわち，次の 3 つの関係式

$$d_i d_j - {a^*_{ij}}^2 = 0 \tag{3.21}$$

$$d_i + d_j \geq 0 \tag{3.22}$$

$$d_i : d_j = \overline{a_{ii}} : \overline{a_{jj}} \tag{3.23}$$

が成り立つように定めると，結局 d_i, d_j は

$$d_i = \sqrt{\frac{(\overline{a_{ii}})}{(\overline{a_{jj}})}}|a^*_{ij}|, \qquad d_j = \sqrt{\frac{(\overline{a_{jj}})}{(\overline{a_{ii}})}}|a^*_{ij}|$$

となり，対角項に対する修正行列 D は次の式で与えられる．

$$D = \begin{pmatrix} 0 & \cdots & \cdots & 0 \\ \vdots & \sqrt{\frac{(\overline{a_{ii}})}{(\overline{a_{jj}})}}|a^*_{ij}| & 0 & \vdots \\ \vdots & 0 & \sqrt{\frac{(\overline{a_{jj}})}{(\overline{a_{ii}})}}|a^*_{ij}| & \vdots \\ 0 & \cdots & \cdots & 0 \end{pmatrix} \tag{3.24}$$

以上より，RIC 分解の算法中の線で挟んだ部分が得られる．

3.7 RIC 分解の収束性向上

対角緩和つき準 **RIC** 分解について述べる.

3.7.1 対角緩和つき準 RIC 分解の算法

修正行列 D を可変パラメータ $\omega(0 < \omega \leq 1)$ を用いて次式 (3.25) で表す.

$$D = \begin{pmatrix} 0 & \cdots & \cdots & 0 \\ \vdots & \omega\overline{a_{ii}} & 0 & \vdots \\ \vdots & 0 & \omega\overline{a_{jj}} & \vdots \\ 0 & \cdots & \cdots & 0 \end{pmatrix} \tag{3.25}$$

修正行列 D は，パラメータ ω を付加したことにより，理論的頑強性はなくなるが，修正行列 D の第 i 行と第 j 行の要素の大きさは，分解中の係数行列 A の対角項の $\overline{a_{ii}}$, $\overline{a_{jj}}$ の大きさに比例する．対角項の修正量を緩和させるこの処理を**対角緩和**(diagonal relaxation)，パラメータ ω を**対角緩和係数**とよぶ．さらに，対角緩和つき準 RIC 分解を前処理として用いる CG 法を**対角緩和つき準 RICCG 法**とよぶ．対角緩和の処理は，アルゴリズム 3.2 中の 13–20 行目の部分を以下のように書き直す.

---

for $j = i + 1$ to n **do**
  $\xi = |a^*_{ij}| / \sqrt{(\overline{a_{ii}})(\overline{a_{jj}})}$
  if $\xi \leq$ tol **then**
    $a^*_{ij} = 0$
    $\overline{a_{ii}} = (1 + \omega)\overline{a_{ii}}$
    $\overline{a_{jj}} = (1 + \omega)\overline{a_{jj}}$
  end if
end for

3.8 Eisenstat-SSOR (m) 前処理

解くべき連立1次方程式 $A\boldsymbol{x}=\boldsymbol{b}$ を SSOR 型前処理つき CG 法で解く[81, 84, 90]. SSOR 型前処理では行列 A を $A=L+D+L^{\mathsf{T}}$ と分離し，前処理行列 M を

$$M=(L^{\mathsf{T}}+D/\omega)(D/\omega)^{-1}(L+D/\omega) \tag{3.26}$$

とする．ただし，L，D はおのおの係数行列の下三角行列，対角行列を意味する．この前処理行列を用いて，解くべき方程式に両側前処理を施すと，前処理後の係数行列 $\tilde{A}$，解ベクトル $\tilde{\boldsymbol{x}}$，右辺項ベクトル $\tilde{\boldsymbol{b}}$ はおのおの

$$\begin{aligned}
\tilde{A}&=(D/\omega)(L^{\mathsf{T}}+D/\omega)^{-1}A(L+D/\omega)^{-1}\\
\tilde{\boldsymbol{x}}&=(L+D/\omega)\boldsymbol{x}\\
\tilde{\boldsymbol{b}}&=(D/\omega)(L^{\mathsf{T}}+D/\omega)^{-1}\boldsymbol{b}
\end{aligned} \tag{3.27}$$

と表され，前処理後の残差ベクトル $\boldsymbol{r}=\boldsymbol{b}-A\boldsymbol{x}$ は，

$$\begin{aligned}
\tilde{\boldsymbol{r}}&=\tilde{\boldsymbol{b}}-\tilde{A}\tilde{\boldsymbol{x}}\\
&=(D/\omega)(L^{\mathsf{T}}+D/\omega)^{-1}\boldsymbol{b}\\
&\quad-(D/\omega)(L^{\mathsf{T}}+D/\omega)^{-1}A(L+D/\omega)^{-1}(L+D/\omega)\boldsymbol{x}\\
&=(D/\omega)(L^{\mathsf{T}}+D/\omega)^{-1}(\boldsymbol{b}-A\boldsymbol{x})\\
&=(D/\omega)(L^{\mathsf{T}}+D/\omega)^{-1}\boldsymbol{r}
\end{aligned} \tag{3.28}$$

である．以下では，前処理後の残差ベクトル $\tilde{\boldsymbol{r}}$ を**変換残差**とよぶことにする．前処理を適用するとき，CG 法における反復1回あたりの計算量は，もともと必要な行列ベクトル積1回に加えて，前進・後退代入が各1回さらに必要となる．

一方，Eisenstat は，前処理行列が式 (3.26) の形のとき，**Eisenstat 技法**とよばれる計算量削減の巧妙な方法を提案した．Eisenstat 技法では，前処理後の係数行列を以下のように変形する．

$$\tilde{A}=(D/\omega)(L^{\mathsf{T}}+D/\omega)^{-1}A(L+D/\omega)^{-1}$$

$$
\begin{aligned}
&= (D/\omega)(L^{\mathsf{T}} + D/\omega)^{-1}(L^{\mathsf{T}} + D/\omega + L + D/\omega + D - 2D/\omega) \\
&\times (L + D/\omega)^{-1} \\
&= (D/\omega)\{((L + D/\omega)^{-1} + (L^{\mathsf{T}} + D/\omega)^{-1} \\
&\times (I + (1 - 2/\omega)D(L + D/\omega)^{-1})\}
\end{aligned}
\tag{3.29}
$$

次に，行列 $\tilde{A}$ とベクトル $\boldsymbol{p}$ の積 $\tilde{A}\boldsymbol{p}$ の計算を以下の手順で計算する．

(1) $\boldsymbol{y} = (L + D/\omega)^{-1}\boldsymbol{p}$

(2) $\boldsymbol{z} = \boldsymbol{p} + (1 - 2/\omega)D\boldsymbol{y}$

(3) $\boldsymbol{w} = (L^{\mathsf{T}} + D/\omega)^{-1}\boldsymbol{z}$

(4) $\tilde{A}\boldsymbol{p} = (D/\omega)(\boldsymbol{y} + \boldsymbol{w})$

この算法では，$\tilde{A}\boldsymbol{p}$ の積の計算を前進・後退代入各 1 回，対角行列とベクトルの積 1 回，ベクトルどうしの和の計 2 回で行う．通常，積 $\tilde{A}\boldsymbol{p}$ の計算には行列ベクトル積 1 回と前進・後退代入がおのおの 1 回必要である．Eisenstat 型前処理つき CG 法の算法をアルゴリズム 3.3 に示す．

アルゴリズム 3.3 Eisenstat 型前処理つき CG 法

Let $\boldsymbol{x}_0$ be an initial guess
set $\boldsymbol{r}_0 = \boldsymbol{b} - A\boldsymbol{x}_0$
compute $\tilde{\boldsymbol{r}}_0 = (D/\omega)(L^{\mathsf{T}} + D/\omega)^{-1}\boldsymbol{r}_0$
$\boldsymbol{p}_0 = \tilde{\boldsymbol{r}}_0$
for $k = 0, 1, \cdots$ **do**
  compute $(L + D/\omega)^{-1}\boldsymbol{p}_k$
  $\boldsymbol{q}_k = \boldsymbol{p}_k + (1 - 2/\omega)D(L + D/\omega)^{-1}\boldsymbol{p}_k$
  compute $(L^{\mathsf{T}} + D/\omega)^{-1}\boldsymbol{q}_k$
  $\tilde{A}\boldsymbol{p}_k = (D/\omega)\{(L + D/\omega)^{-1}\boldsymbol{p}_k + (L^{\mathsf{T}} + D/\omega)^{-1}\boldsymbol{q}_k\}$
  $\alpha_k = \frac{(\tilde{\boldsymbol{r}}_k, \tilde{\boldsymbol{r}}_k)}{(\boldsymbol{p}_k, \tilde{A}\boldsymbol{p}_k)}$
  $\boldsymbol{x}_{k+1} = \boldsymbol{x}_k + \alpha_k(L + D/\omega)^{-1}\boldsymbol{p}_k$
  $\tilde{\boldsymbol{r}}_{k+1} = \tilde{\boldsymbol{r}}_k - \alpha_k\tilde{A}\boldsymbol{p}_k$
  compute $\boldsymbol{r}_{k+1} = (L^{\mathsf{T}} + D/\omega)(D/\omega)^{-1}\tilde{\boldsymbol{r}}_{k+1}$
  if $\|\boldsymbol{r}_{k+1}\|_2/\|\boldsymbol{r}_0\|_2 \le \epsilon$ **stop**
  $\beta_k = \frac{(\tilde{\boldsymbol{r}}_{k+1}, \tilde{\boldsymbol{r}}_{k+1})}{(\tilde{\boldsymbol{r}}_k, \tilde{\boldsymbol{r}}_k)}$
  $\boldsymbol{p}_{k+1} = \tilde{\boldsymbol{r}}_{k+1} + \beta_k\boldsymbol{p}_k$
end for

アルゴリズム 3.3 中では，6 行目と 8–9 行目および 13 行目の前進・後退代入計算に該当し，おのおの行列ベクトルの積の計算の 1/2 回分の計算量に相当する．しかし，13 行目の変換残差から残差の計算は収束判定のためだけに必要な処理で，すべての反復回で求める必要がないので，以下の計算量削減の手順が考えられる．

(1) **手順 1：** 2 種類の要求誤差を用意する．すなわち，通常の収束判定用の要求誤差 ϵ と，それより少し大きい値の要求誤差の ϵ_d の 2 種類である．

(2) **手順 2：** 反復の初回から $||\tilde{\boldsymbol{r}}_{k+1}||_2/||\tilde{\boldsymbol{r}}_0||_2 \leq \epsilon_d$ までの間の反復回では，変換残差 $\tilde{\boldsymbol{r}}_{k+1}$ からもとの残差 $\boldsymbol{r}_{k+1}$ を求める計算を省く．

(3) **手順 3：** 仮の収束判定の $||\tilde{\boldsymbol{r}}_{k+1}||_2/||\tilde{\boldsymbol{r}}_0||_2 \leq \epsilon_d$ を満した後の反復回では，計算量削減のために収束判定を m 回ごとに行う．

(4) **手順 4：** 最終的に，もとの相対残差の 2 ノルム $\|\boldsymbol{r}_{k+1}\|_2/\|\boldsymbol{r}_0\|_2 \leq \epsilon$ の条件を満たしたとき，反復計算を終了する．

アルゴリズム **3.4**　実用版 Eisenstat 型前処理つき CG 法

Let $\boldsymbol{x}_0$ be an initial guess
set $\boldsymbol{r}_0 = \boldsymbol{b} - A\boldsymbol{x}_0$
compute $\tilde{\boldsymbol{r}}_0 = (D/\omega)(L^{\mathsf{T}} + D/\omega)^{-1}\boldsymbol{r}_0$
$\boldsymbol{p}_0 = \tilde{\boldsymbol{r}}_0$
for $k = 0$ **to** k **do**
　compute $(L + D/\omega)^{-1}\boldsymbol{p}_k$
　$\boldsymbol{q}_k = \boldsymbol{p}_k + (1 - 2/\omega)D(L + D/\omega)^{-1}\boldsymbol{p}_k$
　compute $(L^{\mathsf{T}} + D/\omega)^{-1}\boldsymbol{q}_k$
　$\tilde{A}\boldsymbol{p}_k = (D/\omega)\{(L + D/\omega)^{-1}\boldsymbol{p}_k + (L^{\mathsf{T}} + D/\omega)^{-1}\boldsymbol{q}_k\}$
　$\alpha_k = \frac{(\tilde{\boldsymbol{r}}_k \tilde{\boldsymbol{r}}_k)}{(\boldsymbol{p}_k, \tilde{A}\boldsymbol{p}_k)}$
　$\boldsymbol{x}_{k+1} = \boldsymbol{x}_k + \alpha_k(L + D/\omega)^{-1}\boldsymbol{p}_k$
　$\tilde{\boldsymbol{r}}_{k+1} = \tilde{\boldsymbol{r}}_k - \alpha_k\tilde{A}\boldsymbol{p}_k$
　if $\|\tilde{\boldsymbol{r}}_{k+1}\|_2/\|\tilde{\boldsymbol{r}}_0\|_2 \leq \epsilon_d$ **then**
　　if $\mathrm{mod}(k, m) = 0$ **then**
　　　compute $\boldsymbol{r}_{k+1} = (L^{\mathsf{T}} + D/\omega)(D/\omega)^{-1}\tilde{\boldsymbol{r}}_{k+1}$
　　　if $\|\boldsymbol{r}_{k+1}\|_2/\|\boldsymbol{r}_0\|_2 \leq \epsilon$ **stop**
　　end if
　end if
　$\beta_k = \frac{(\tilde{\boldsymbol{r}}_{k+1}, \tilde{\boldsymbol{r}}_{k+1})}{(\tilde{\boldsymbol{r}}_k, \tilde{\boldsymbol{r}}_k)}$
　$\boldsymbol{p}_{k+1} = \tilde{\boldsymbol{r}}_{k+1} + \beta_k\boldsymbol{p}_k$
end for

上記の計算量の削減手順による実用的な前処理を**実用版 Eisenstat 型前処理**とよぶ．実用版 Eisenstat 型前処理つき CG 法の算法をアルゴリズム 3.4 示す．

3.9 IC 前処理つき CG 法の並列化

線形方程式 $A\boldsymbol{x} = \boldsymbol{b}$ を IC 前処理つき CG 法で解く．IC 前処理つき CG 法の算法をアルゴリズム 3.5 に示す．前処理行列 M は $M = LL^{\mathsf{T}} \approx A$ と定義される．行列 L は係数行列 A を IC 分解することによって得られる．算法中の演算 $(LL^{\mathsf{T}})^{-1}\boldsymbol{r}$ は，$(LL^{\mathsf{T}})\boldsymbol{y} = \boldsymbol{r}$ を用いて求める．アルゴリズム 3.5 は**前進 (後退) 代入計算**とよばれる．

アルゴリズム **3.5** 前進 (後退) 代入計算

$\boldsymbol{x}_0$ is an initial solution
$\boldsymbol{r}_0 = \boldsymbol{b} - A\boldsymbol{x}_0$, $\boldsymbol{p}_0 = (LL^{\mathsf{T}})^{-1}\boldsymbol{r}_0$
for $k = 0$ to k **do**
  $\alpha_k = (\boldsymbol{r}_k, (LL^{\mathsf{T}})^{-1}\boldsymbol{r}_k)/(\boldsymbol{p}_k; A\boldsymbol{p}_k)$
  $\boldsymbol{x}_{k+1} = \boldsymbol{x}_k + \alpha_k \boldsymbol{p}_k$
  $\boldsymbol{r}_{k+1} = \boldsymbol{r}_k - \alpha_k A\boldsymbol{p}_k$
  if $\|\boldsymbol{r}_{k+1}\|_2/\|\boldsymbol{r}_0\|_2 \le \epsilon$ stop **then**
    $\beta_k = (\boldsymbol{r}_{k+1}, (LL^{\mathsf{T}})^{-1}\boldsymbol{r}_{k+1})/(\boldsymbol{r}_k, (LL^{\mathsf{T}})^{-1}\boldsymbol{r}_k)$
    $\boldsymbol{p}_{k+1} = (LL^{\mathsf{T}})^{-1}\boldsymbol{r}_{k+1} + \beta_k \boldsymbol{p}_k$
  end if
end for

ICCG 法には 1 回の反復計算で次の 4 種類の処理が必要となる．

(a) 行列とベクトルの積，(b) 内積，(c) ベクトルの加減，(d) 前進 (後退) 代入．ここで，(a) 行列とベクトルの積 $A\boldsymbol{p}$ は，行列 A を行ごとに分割し，ベクトル $\boldsymbol{p}$ を各プロセッサで共有し，並列計算は容易にできる．同様に，(b) と (c) も並列化は容易である．一方，$(LL^{\mathsf{T}})^{-1}\boldsymbol{r}$ を求めるための (d) 前進 (後退) 代入は逐次計算

アルゴリズム **3.6**

---

for $i = 1$ to n **do**
  $z_i = \left(r_i - \sum_{k=1}^{i-1} l_{ik} z_k\right) \Big/ l_{ii}$
end for

のため並列化は難しい．$(LL^{\mathsf{T}})\boldsymbol{y} = \boldsymbol{r}$ において $\boldsymbol{z} = L^{\mathsf{T}}\boldsymbol{y}$ とおくと，$\boldsymbol{z} = L^{-1}\boldsymbol{r}$ の前進代入計算はアルゴリズム 3.6 のように表される．

3.9.1 前進 (後退) 代入計算の並列化手法

ここでは，ABRB 法による代入計算の並列化，ABRB 法を適用した行列のブロック構造を利用し収束性を向上させた PBF 分解，フィルインの考慮領域を拡大した AMB 法について述べる．

a. 代数ブロック化赤–黒順序付け (ABRB) 法

ABRB 法は，行列 A の非零要素の行と列番号だけの情報をもとに未知変数を赤と黒の 2 色のブロックに分け，同色のブロック間では互いに依存関係がないように並べ替え，各色でブロックごとに前進 (後退) 代入計算を並列化した技法である．2 並列の場合の ABRB 法を考える．順番を並べ替えた方程式を $\tilde{A}\tilde{\boldsymbol{x}} = \tilde{\boldsymbol{b}}$ とするとき，解ベクトル $\tilde{\boldsymbol{x}}$ を

$$\tilde{\boldsymbol{x}} = (\tilde{\boldsymbol{x}}_{r_1}\ \tilde{\boldsymbol{x}}_{r_2}\ \tilde{\boldsymbol{x}}_{b_1}\ \tilde{\boldsymbol{x}}_{b_2}) \tag{3.30}$$

と分割すると，行列 $\tilde{A}$ は

$$\tilde{A} = \left(\begin{array}{cc|cc} \tilde{A}_{r_1,r_1} & \mathbf{0} & \multicolumn{2}{c}{\tilde{A}_{r_1,B}} \\ \mathbf{0} & \tilde{A}_{r_2,r_2} & \multicolumn{2}{c}{\tilde{A}_{r_2,B}} \\ \hline \multicolumn{2}{c|}{\tilde{A}_{b_1,R}} & \tilde{A}_{b_1,b_1} & \mathbf{0} \\ \multicolumn{2}{c|}{\tilde{A}_{b_2,R}} & \mathbf{0} & \tilde{A}_{b_2,b_2} \end{array}\right) \tag{3.31}$$

と表される．ただし，下付添字 R, B, r_j, b_j は赤ブロック全体，黒ブロック全体，j 番目の赤ブロック，j 番目の黒ブロックをおのおの表す．また，$\tilde{A}_{r_i,r_i}$ は解ベクトル $\tilde{x}_{r_i}$ と同ベクトル $\tilde{x}_{r_i}$ の関係を表す小行列とする．このとき，行列 $\tilde{A}$ についてフィルインを考慮しない IC(0) 分解を考える．得られた下三角行列 $\tilde{L}$ は次のように表される．

$$\tilde{L} = \left(\begin{array}{cc|cc} \tilde{L}_{r_1,r_1} & \mathbf{0} & \multicolumn{2}{c}{\multirow{2}{*}{$\mathbf{0}$}} \\ \mathbf{0} & \tilde{L}_{r_2,r_2} & & \\ \hline \multicolumn{2}{c|}{\tilde{L}_{b_1,R}} & \tilde{L}_{b_1,b_1} & \mathbf{0} \\ \multicolumn{2}{c|}{\tilde{L}_{b_2,R}} & \mathbf{0} & \tilde{L}_{b_2,b_2} \end{array}\right)$$

これより j 番目の赤ブロックにおける前進代入は

$$\boldsymbol{z}_{r_j} = \tilde{L}_{r_j}\boldsymbol{r}_{r_j} \tag{3.32}$$

で与えられる．すべての赤ブロックを各プロセッサに割り当て，プロセッサ間で式 (3.32) の前進代入計算を並列に実行する．次に各プロセッサによって得られた結果をすべてのプロセッサに送信して共有し，その後，黒ブロックにおける前進代入についても，赤ブロックのときと同様に，並列して計算する．同様に，後退代入計算についても，$\boldsymbol{z} = \tilde{L}^{\mathsf{T}}\boldsymbol{y}$ を用いて，黒ブロック，赤ブロックの順で並列化できる．そして，各代入計算における同期は 1 回である．

b. PBF 分 解

フィルインを考慮する並列版 PBF 分解について述べる[72]．この分解では行列 A を次のように分解する．

$$A = LL^{\mathsf{T}} + R + R^{\mathsf{T}} - D \tag{3.33}$$

行列 L は下三角行列，行列 R は代入計算の並列化および行列 L の疎性を保つための形式的な行列をおのおの表す．行列 D は対角行列を表し，行列 L の要素が棄却されたとき，対角要素が負にならないように対角要素を修正する行列とする．

次に，並列台数が M の場合を考える．ABRB 法によって並び替えられた行列 A は一般にブロック構造をもつ．ブロック構造に含まれる添字 (i, j) の集合を P_{B_M} とする．ABRB 法により解ベクトル $\tilde{\boldsymbol{x}}$ が式 (3.30) のように分割されるとき，集合 P_{B_M} は

$$\begin{aligned} P_{B_M} =& \{(i,j) | i \in r_k \wedge j \in r_k, k = 1, \cdots, M\} \\ & \cup \{(i,j) | i \in b_k \wedge j \in b_k, k = 1, \cdots, M\} \\ & \cup \{(i,j) | i \in R \wedge j \in B\} \cup \{(i,j) | i \in B \wedge j \in R\} \end{aligned} \tag{3.34}$$

と表される．PBF 分解では，分解過程で現れたフィルインのうち，集合 P_{B_M} に含まれるフィルインは閾値による判定処理の後閾値より大きなフィルインだけが採用される．一方，集合 P_{B_M} に含まれないフィルインはすべて棄却される．図 3.1 に，2 並列の場合の PBF 分解においてフィルインを考慮する領域とフィルインをすべて棄却する領域の模式図を示す．図中の ∘ 印は元の行列 A の非零要素，• 印

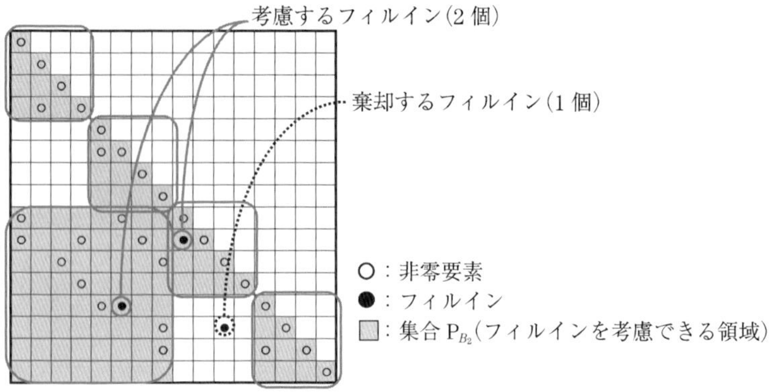

図 3.1　PBF 分解においてフィルインを考慮する領域とフィルインをすべて棄却する領域の模式図 (2 並列の場合)

は分解過程で発生したフィルインをおのおの表す．灰色で塗ったブロックは，式 (3.34) で表した集合 P_{B_2} で発生したフィルインを考慮できる領域を表す．

さらに，PBF 分解におけるフィルインの l_{ij}^* に対する棄却処理手順をアルゴリズム 3.7 に示す．tol は閾値を，$\bar{a}_{ii}$ と $\bar{a}_{ii}$ はともに分解過程における対角要素を表す．

アルゴリズム 3.7

1: $\xi = |l_{ij}^*|/\sqrt{\bar{a}_{ii}\bar{a}_{jj}}$
2: **if** $((i,j) \notin P_{B_2}) \vee (\xi \leq \mathrm{tol})$ **then**
3: 　$l_{ij} = 0$
4: 　$\bar{a}_{ii} = (1+\xi)\bar{a}_{ii}$
5: 　$\bar{a}_{jj} = (1+\xi)\bar{a}_{jj}$
6: **end if**

3.9.2　代数マルチブロック (AMB) 順序つけ法

ABRB 法において，並列度を増やすために，ブロックサイズを小さくするときを考える[89]．n を方程式の次元数，並列台数を M としたとき，ABRB 法における最適なブロックサイズ：BS は，$BS = n/(2M)$ で与えられる．図 3.2 に，2, 8 並列のときの，PBF 分解におけるフィルインの考慮領域を示す．ABRB 法にお

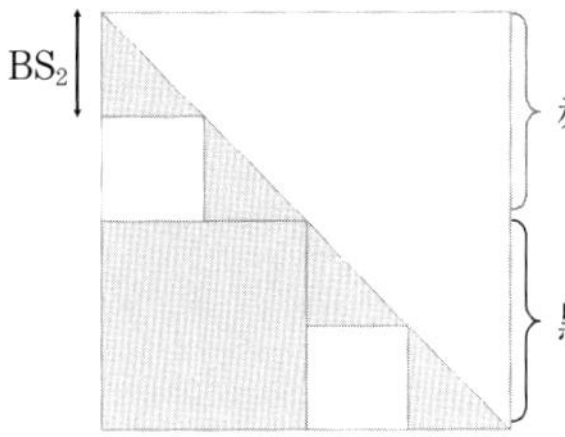

(a) 2 並列

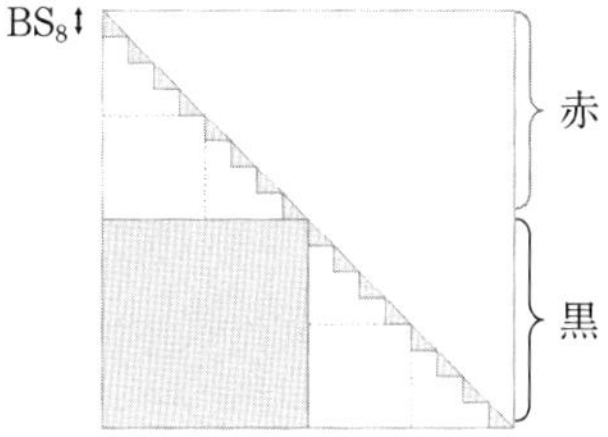

(b) 8 並列

図 3.2 PBF 分解におけるフィルインの考慮領域 (2 並列および 8 並列の場合)

いて並列台数を増やしたとき，PBF 分解でフィルインを考慮できるブロックの面積が狭くなる．たとえば，2 並列のときのフィルインの考慮領域 (図 3.2a 中の薄灰色の領域) の面積を 1 とすると，並列台数が 8 並列のとき図 3.2b の考慮領域の面積は約 0.63 と狭くなる．このため，前処理行列の近似の度合が低下する．

AMB 法では並列の同期コストを軽減するため，前処理行列 M の要素の中で，図 3.2 の下三角行列 L の灰色の領域 (考慮領域) を除く残りの領域 (以下，**除外領域**とよぶ) にある要素は並替えの対象の要素から一部の要素は除外する．この処理は前処理行列だけに限った選択で，得られた近似解は同じである．ブロックの大きさ BS は，色数 N_{color}，並列台数 M のとき，$BS = n/(M \times N_{\mathrm{color}})$ で与えられる．また，AMB 法 4 色の場合，前述のブロック構造に含まれる添字 (i, j) の集合 P_{B_M} は，

$$
\begin{aligned}
P_{B_M} = &\{(i,j)|i,j \in \mathrm{color}(1,k), k=1,\cdots,M\} \\
&\cup \{(i,j)|i,j \in \mathrm{color}(2,k), k=1,\cdots,M\} \\
&\cup \{(i,j)|i,j \in \mathrm{color}(3,k), k=1,\cdots,M\} \\
&\cup \{(i,j)|i,j \in \mathrm{color}(4,k), k=1,\cdots,M\} \\
&\cup \{(i,j)|i \in C(1) \wedge j \notin C(1)\} \cup \{(i,j)|i \in C(2) \wedge j \notin C(2)\} \\
&\cup \{(i,j)|i \in C(3) \wedge j \notin C(3)\} \cup \{(i,j)|i \in C(4) \wedge j \notin C(4)\} \qquad (3.35)
\end{aligned}
$$

と表される．ただし，$\mathrm{color}(i,k)$ は k 番目の $\mathrm{color}(i)$ ブロック，$C(i)$ は $\mathrm{color}(i)$ ブロック全体を表す．図 3.3 に，8 並列の場合で AMB 法 4 色のときのフィルインを考慮する拡大された領域 (濃灰色) と元の領域 (薄灰色) を示す．

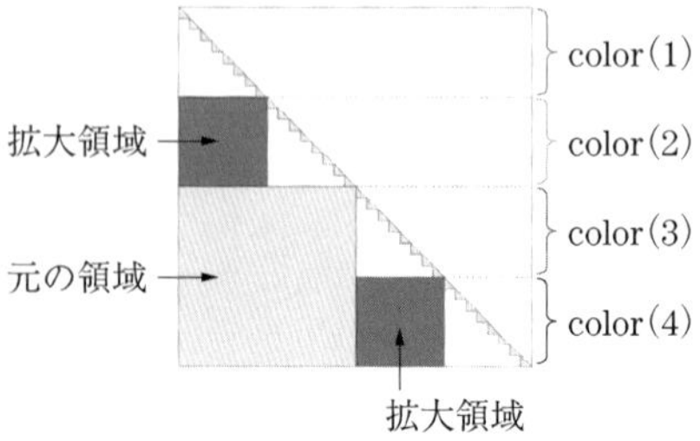

図 3.3　AMB 法 4 色 (8 並列の場合) のときのフィルインを考慮する (元 + 拡大) 領域

図 3.2 に示した ABRB 法 8 並列の場合でのフィルインの考慮領域の面積を 1 とすると，図 3.3 の AMB 法 4 色 8 並列での領域の面積は 25/18 (=約 1.39) に広がる．これにより，前処理行列の近似精度が高まり，ICCG 法の収束性が向上する．ABRB 法と同様に，前進代入計算は各色ごとに並列化して行うことができるが，1 回の代入計算ごとに $N_{\mathrm{color}} - 1$ 回の同期を必要とする．

4 Bi-CGSafe 法系統の反復法と前処理 2

4.1 一般化積型 Bi-CG 法の復習

2 つのパラメータ ζ_k と η_k を導入し，以下の 3 項漸化式を満たすように多項式列 $\{H_{k+1}(\lambda)\}$ をつくる．

$$H_0(\lambda) = 1, \quad H_1(\lambda) = (1 - \zeta_0\lambda)H_0(\lambda) \tag{4.1}$$

$$H_{k+1}(\lambda) = (1 + \eta_k - \zeta_k\lambda)H_k(\lambda) - \eta_k H_{k-1}(\lambda) \quad (k = 1, 2, \cdots) \tag{4.2}$$

一方，式 (4.1)–(4.2) によって生成された多項式列 $\{H_{k+1}(\lambda)\}$ は $H_{k+1}(0) = 1$ の関係を満たす．ここで，

$$G_k(\lambda) = -(H_{k+1}(\lambda) - H_k(\lambda))/\lambda \tag{4.3}$$

で定義される多項式列 $\{G_k(\lambda)\}$ を導入する．式 (4.3) を用いて，式 (4.1)–(4.2) を以下の交代漸化式で表す．

$$H_0(\lambda) = 1, \ G_0(\lambda) = \zeta_0 \tag{4.4}$$

$$H_k(\lambda) = H_{k-1}(\lambda) - \lambda G_{k-1}(\lambda) \tag{4.5}$$

$$G_k(\lambda) = \zeta_k H_k(\lambda) + \eta_k G_{k-1}(\lambda) \quad (k = 1, 2, \cdots) \tag{4.6}$$

を R_k, P_k, H_k, G_k と略す．以下では，紙面の関係で多項式 $R_k(\lambda)$，$P_k(\lambda)$，$H_k(\lambda)$，$G_k(\lambda)$ を R_k, P_k, H_k, G_k と略す．式 (4.4)–(4.6) より，残差ベクトルの多項式 $H_{k+1}R_{k+1}$ を次のように展開する．

$$
\begin{aligned}
H_{k+1}R_{k+1} &= (H_k - \lambda G_k)R_{k+1} && (4.7)\\
&= (H_k - \eta_k \lambda G_{k-1} - \zeta_k \lambda H_k)R_{k+1}\\
&= H_k R_{k+1} - \eta_k \lambda G_{k-1} R_{k+1} - \zeta_k \lambda H_k R_{k+1} && (4.8)\\
H_k R_{k+1} &= H_k(R_k - \alpha_k \lambda P_k)\\
&= H_k R_k - \alpha_k \lambda H_k P_k && (4.9)\\
\lambda G_k R_{k+2} &= (H_k - H_{k+1})(R_{k+1} - \alpha_{k+1}\lambda P_{k+1})\\
&= H_k R_{k+1} - H_{k+1}R_{k+1} - \alpha_{k+1}\lambda H_k P_{k+1} + \alpha_{k+1}\lambda H_{k+1}P_{k+1}\\
& && (4.10)\\
H_{k+1}P_{k+1} &= H_{k+1}(R_{k+1} + \beta_k P_k)\\
&= H_{k+1}R_{k+1} + \beta_k(H_k P_k - \lambda G_k P_k) && (4.11)\\
\lambda H_k P_{k+1} &= \lambda H_k(R_{k+1} + \beta_k P_k)\\
&= \lambda H_k R_{k+1} + \beta_k \lambda H_k P_k && (4.12)\\
\lambda G_k P_k &= (\zeta_k \lambda H_k + \eta_k \lambda G_{k-1})P_k\\
&= \zeta_k \lambda H_k P_k + \eta_k(H_{k-1}R_k - H_k R_k + \beta_{k-1}\lambda G_{k-1}P_{k-1}) && (4.13)\\
G_k R_{k+1} &= G_k(R_k - \alpha_k \lambda P_k)\\
&= \zeta_k H_k R_k + \eta_k G_{k-1} R_k - \alpha_k \lambda G_k P_k && (4.14)
\end{aligned}
$$

ここで，以下の補助ベクトルを導入する．

$$
\begin{aligned}
\boldsymbol{t}_k &:= H_k(A)R_{k+1}(A)\boldsymbol{r}_0, \quad \boldsymbol{y}_k := AG_{k-1}(A)R_{k+1}(A)\boldsymbol{r}_0\\
\boldsymbol{p}_k &:= H_k(A)P_k(A)\boldsymbol{r}_0, \quad \boldsymbol{w}_k := AH_k(A)P_{k+1}(A)\boldsymbol{r}_0\\
\boldsymbol{u}_k &:= AG_k(A)P_k(A)\boldsymbol{r}_0, \quad \boldsymbol{z}_k := G_k(A)R_{k+1}(A)\boldsymbol{r}_0
\end{aligned}
$$

これらの補助ベクトルを式 (4.8)–(4.14) に代入すると，

$$
\begin{aligned}
\boldsymbol{r}_{k+1} &= \boldsymbol{t}_k - \eta_k \boldsymbol{y}_k - \zeta_k A\boldsymbol{t}_k && (4.15)\\
\boldsymbol{t}_k &= \boldsymbol{r}_k - \alpha_k A\boldsymbol{p}_k && (4.16)\\
\boldsymbol{y}_{k+1} &= \boldsymbol{t}_k - \boldsymbol{r}_{k+1} - \alpha_{k+1}\boldsymbol{w}_k + \alpha_{k+1}A\boldsymbol{p}_{k+1} && (4.17)
\end{aligned}
$$

$$\boldsymbol{p}_{k+1} = \boldsymbol{r}_{k+1} + \beta_k(\boldsymbol{p}_k - \boldsymbol{u}_k) \tag{4.18}$$

$$\boldsymbol{w}_k = A\boldsymbol{t}_k + \beta_k A\boldsymbol{p}_k \tag{4.19}$$

$$\boldsymbol{u}_k = \zeta_k A\boldsymbol{p}_k + \eta_k(\boldsymbol{t}_{k-1} - \boldsymbol{r}_k + \beta_{k-1}\boldsymbol{u}_{k-1}) \tag{4.20}$$

$$\boldsymbol{z}_k = \zeta_k \boldsymbol{r}_k + \eta_k \boldsymbol{z}_{k-1} - \alpha_k \boldsymbol{u}_k \tag{4.21}$$

が得られる．近似解ベクトル $\boldsymbol{x}_{k+1}$ は，

$$\begin{aligned}\boldsymbol{b} - A\boldsymbol{x}_{k+1} = \boldsymbol{r}_{k+1} &= \boldsymbol{r}_k - \alpha_k A\boldsymbol{p}_k - A\boldsymbol{z}_k \\ &= \boldsymbol{b} - A\boldsymbol{x}_k - \alpha_k A\boldsymbol{p}_k - A\boldsymbol{z}_k \end{aligned} \tag{4.22}$$

と表されるので，

$$\boldsymbol{x}_{k+1} = \boldsymbol{x}_k + \alpha_k \boldsymbol{p}_k + \boldsymbol{z}_k \tag{4.23}$$

となる．パラメータ ζ_k, η_k の値は残差ベクトル $\boldsymbol{r}_{k+1}$ の 2 ノルム

$$||\boldsymbol{r}_{k+1}||_2 = ||\boldsymbol{t}_k - \eta_k \boldsymbol{y}_k - \zeta_k A\boldsymbol{t}_k||_2 \tag{4.24}$$

が局所的に最小になるように決定される．

4.2 Bi-CGSafe 法

一般化積型 Bi-CG 法では残差ベクトルの多項式において，多項式 $H_{k+1}(\lambda)$ を最初に展開したが，Bi-CGSafe 法では多項式 $R_{k+1}(\lambda)$ を最初に展開する[73]．すなわち，残差ベクトルの多項式 $H_{k+1}R_{k+1}$ を次のように展開する．

$$\begin{aligned}H_{k+1}R_{k+1} &= H_{k+1}(R_k - \alpha_k \lambda P_k) \\ &= (H_k - \lambda G_k)R_k - \alpha_k(H_k - \lambda G_k)\lambda P_k \\ &= H_k R_k - \alpha_k \lambda H_k P_k - \lambda(\zeta_k H_k R_k + \eta_k G_{k-1} R_k - \alpha_k \lambda G_k P_k)\end{aligned} \tag{4.25}$$

$$H_{k+1}P_{k+1} = H_{k+1}R_{k+1} + \beta_k(H_k P_k - \lambda G_k P_k) \tag{4.26}$$

$$\begin{aligned}\lambda G_k P_k &= \lambda(\zeta_k H_k + \eta_k G_{k-1})P_k \\ &= \zeta_k \lambda H_k P_k + \eta_k(\lambda G_{k-1} R_k + \beta_{k-1} \lambda G_{k-1} P_{k-1})\end{aligned} \tag{4.27}$$

$$G_k R_{k+1} = G_k(R_k - \alpha_k \lambda P_k)$$
$$= \zeta_k H_k R_k + \eta_k G_{k-1} R_k - \alpha_k \lambda P_k \tag{4.28}$$

ここで，以下の補助ベクトルを導入する．

$$\boldsymbol{p}_k := H_k(A) P_k(A) \boldsymbol{r}_0, \quad \boldsymbol{u}_k := A G_k(A) P_k(A) \boldsymbol{r}_0$$
$$\boldsymbol{z}_k := G_k(A) R_{k+1}(A) \boldsymbol{r}_0, \quad \boldsymbol{y}_{k+1} := A \boldsymbol{z}_k$$

これらの補助ベクトルを式 (4.25)–(4.28) に代入すると，

$$\boldsymbol{p}_k = \boldsymbol{r}_k + \beta_{k-1}(\boldsymbol{p}_{k-1} - \boldsymbol{u}_{k-1}) \tag{4.29}$$
$$\boldsymbol{u}_k = \zeta_k A \boldsymbol{p}_k + \eta_k(\boldsymbol{y}_k + \beta_{k-1} \boldsymbol{u}_{k-1}) \tag{4.30}$$
$$\boldsymbol{z}_k = \zeta_k \boldsymbol{r}_k + \eta_k \boldsymbol{z}_{k-1} - \alpha_k \boldsymbol{u}_k \tag{4.31}$$
$$\boldsymbol{y}_{k+1} = A \boldsymbol{z}_k \tag{4.32}$$
$$\boldsymbol{r}_{k+1} = \boldsymbol{r}_k - \alpha_k A \boldsymbol{p}_k - \boldsymbol{y}_{k+1} \tag{4.33}$$

が得られる．近似解ベクトル $\boldsymbol{x}_{k+1}$ の更新は，式 (4.33) より，

$$\boldsymbol{b} - A \boldsymbol{x}_{k+1} = \boldsymbol{r}_{k+1} = \boldsymbol{r}_k - \alpha_k A \boldsymbol{p}_k - \boldsymbol{y}_{k+1}$$
$$= \boldsymbol{b} - A \boldsymbol{x}_k - \alpha_k A \boldsymbol{p}_k - \boldsymbol{y}_{k+1}$$

となり，近似解ベクトル $\boldsymbol{x}_{k+1}$ は次のように表される．

$$\boldsymbol{x}_{k+1} = \boldsymbol{x}_k + \alpha_k \boldsymbol{p}_k + \boldsymbol{z}_k \tag{4.34}$$

一般化積型 Bi-CG 法では ζ_k, η_k を残差ベクトルの 2 ノルムの最小化から決定したが，Bi-CGSafe 法の残差の式 (4.33) にはそれらが含まれない．そこで，

$$H_{k+1} R_k = H_k R_k - \zeta_k \lambda H_k R_k - \eta_k \lambda G_{k-1} R_k$$

の関係より，次のベクトル $\boldsymbol{a\_r}_k := H_{k+1}(A) R_k(A) \boldsymbol{r}_0$ を導入する．

$$\boldsymbol{a\_r}_k = \boldsymbol{r}_k - \zeta_k A \boldsymbol{r}_k - \eta_k \boldsymbol{y}_k \tag{4.35}$$

アルゴリズム 4.1 Bi-CGSafe 法

1: x_0 is an initial guess, $r_0 = b - Ax_0$
2: Choose r_0^* such that $(r_0^*, r_0) \neq 0$, $\beta_{-1} = 0$
3: **for** $k = 0, 1, \cdots$ **until** $\|r_k\| \leq \varepsilon \|r_0\|$
4: $\quad p_k = r_k + \beta_{k-1}(p_{k-1} - u_{k-1})$
5: $\quad Ap_k = Ar_k + \beta_{k-1}(Ap_{k-1} - Au_{k-1})$
6: $\quad \alpha_k = (r_0^*, r_k)/(r_0^*, Ap_k)$
7: $\quad a_k = r_k,\ b_k = y_k,\ c_k = Ar_k$
8: $\quad \zeta_k = \dfrac{(b_k, b_k)(c_k, a_k) - (b_k, a_k)(c_k, b_k)}{(c_k, c_k)(b_k, b_k) - (b_k, c_k)(c_k, b_k)}$
9: $\quad \eta_k = \dfrac{(c_k, c_k)(b_k, a_k) - (b_k, c_k)(c_k, a_k)}{(c_k, c_k)(b_k, b_k) - (b_k, c_k)(c_k, b_k)}$
10: $\quad$ (**if** $k = 0$ **then** $\zeta_k = (c_k, a_k)/(c_k, c_k), \eta_k = 0$)
11: $\quad u_k = \zeta_k Ap_k + \eta_k(y_k + \beta_{k-1}u_{k-1})$
12: $\quad z_k = \zeta_k r_k + \eta_k z_{k-1} - \alpha_k u_k$
13: $\quad y_{k+1} = \zeta_k Ar_k + \eta_k y_k - \alpha_k Au_k$
14: $\quad x_{k+1} = x_k + \alpha_k p_k + z_k$
15: $\quad r_{k+1} = r_k - \alpha_k Ap_k - y_{k+1}$
16: $\quad \beta_k = \dfrac{\alpha_k}{\zeta_k} \cdot \dfrac{(r_0^*, r_{k+1})}{(r_0^*, r_k)}$
17: **end for**

補助ベクトル a_r_k に ζ_k, η_k が含まれることに注目してほしい.補助ベクトル a_r_k を准残差(associate)ベクトルとよぶ.パラメータ ζ_k, η_k を,准残差ベクトル a_r_k の 2 ノルム,すなわち,

$$\|a\_r_k\|_2 = \|r_k - \zeta_k Ar_k - \eta_k y_k\|_2 \tag{4.36}$$

が局所的に最小になるように決定する.Bi-CGSafe 法の算法をアルゴリズム 4.1 に示す.

4.3 変形版 Bi-CGSafe 法の導出

Bi-CGSafe 法の算法の補助ベクトルを構成する多項式 (以下,補助多項式とよぶ) の展開順序について考える[80,87].Bi-CGSafe 法の補助多項式は $H_{k+1}P_{k+1}$, $\lambda G_k P_k$, $G_k R_{k+1}$ の 3 種類である.補助多項式の 1 つ $\lambda G_k P_k$ の展開において,Bi-CGSafe 法の $\lambda G_k P_k$ の式 (4.27) では多項式 G_k を最初に展開したが,ここで

は多項式 P_k を最初に展開する．すなわち，

$$\begin{aligned}\lambda G_k P_k &= \lambda G_k (R_k + \beta_{k-1} P_{k-1}) \\ &= \lambda G_k R_k + \beta_{k-1} \lambda (\zeta_k H_k + \eta_k G_{k-1}) P_{k-1} \\ &= \lambda G_k R_k + \beta_{k-1} (\zeta_k \lambda H_k P_{k-1} + \eta_k \lambda G_{k-1} P_{k-1}) \end{aligned} \tag{4.37}$$

補助多項式 $\lambda G_k R_k$，$\lambda H_k P_{k-1}$ は以下のように展開する．

$$\begin{aligned}\lambda G_k R_k &= \lambda(\zeta_k H_k + \eta_k G_{k-1} R_k \\ &= \zeta_k \lambda H_k R_k + \eta_k \lambda G_{k-1} R_k \end{aligned} \tag{4.38}$$

$$\begin{aligned}\lambda H_k P_{k-1} &= \lambda (H_{k-1} - \lambda G_{k-1}) P_{k-1} \\ &= \lambda H_{k-1} P_{k-1} - \lambda (\lambda G_{k-1} P_{k-1}) \end{aligned} \tag{4.39}$$

ここで，以下の補助ベクトルを導入する．

$$\boldsymbol{p}_k : = H_k(A) P_k(A) \boldsymbol{r}_0, \quad \boldsymbol{u}_k := A G_k(A) P_k(A) \boldsymbol{r}_0 \tag{4.40}$$

$$\boldsymbol{z}_k : = G_k(A) R_{k+1}(A) \boldsymbol{r}_0, \quad \boldsymbol{y}_{k+1} := A G_k(A) R_{k+1}(A) \boldsymbol{r}_0 \tag{4.41}$$

$$\boldsymbol{q}_k : = A G_k(A) R_k(A) \boldsymbol{r}_0,\ \boldsymbol{t}_k := A H_k(A) P_{k-1}(A) \boldsymbol{r}_0 \tag{4.42}$$

補助ベクトル $\boldsymbol{q}_k$，$\boldsymbol{t}_k$ と Bi-CGSafe 法で導入した補助ベクトルを式 (4.37)-(4.39) に代入すると，

$$\boldsymbol{u}_k = \boldsymbol{q}_k + \beta_{k-1} (\zeta_k \boldsymbol{t}_k + \eta_k \boldsymbol{u}_{k-1}) \tag{4.43}$$

$$\boldsymbol{q}_k = \zeta_k A \boldsymbol{r}_k + \eta_k \boldsymbol{y}_k \tag{4.44}$$

$$\boldsymbol{t}_k = A \boldsymbol{p}_{k-1} - A \boldsymbol{u}_{k-1} \tag{4.45}$$

が得られる．さらに，アルゴリズム 4.1 中の 5 行目と 13 行目は補助ベクトル $\boldsymbol{q}_k$，$\boldsymbol{t}_k$ を用いて以下のように変形することができる．

$$\begin{aligned} A \boldsymbol{p}_k &= A \boldsymbol{r}_k + \beta_{k-1} (A \boldsymbol{p}_{k-1} - A \boldsymbol{u}_{k-1}) \\ &= A \boldsymbol{r}_k + \beta_{k-1} \boldsymbol{t}_k \end{aligned} \tag{4.46}$$

$$\begin{aligned} \boldsymbol{y}_{k+1} &= \zeta_k A \boldsymbol{r}_k + \eta_k \boldsymbol{y}_k - \alpha_k A \boldsymbol{u}_k \\ &= \boldsymbol{q}_k - \alpha_k A \boldsymbol{u}_k \end{aligned} \tag{4.47}$$

また，残差ベクトルの更新式 (4.33) も補助ベクトル $\boldsymbol{q}_k$，$\boldsymbol{t}_k$ を用いて以下のように変形することができる．

$$\boldsymbol{r}_{k+1} = \boldsymbol{r}_k - \alpha_k A\boldsymbol{p}_k - \boldsymbol{y}_{k+1} \tag{4.48}$$

$$= \boldsymbol{r}_k - \alpha_k \boldsymbol{t}_k - \boldsymbol{q}_k \tag{4.49}$$

パラメータ ζ_k, η_k は，準残差ベクトル $\boldsymbol{a\_r}_k := H_{k+1}(A)R_k(A)\boldsymbol{r}_0$ を導入し，

$$H_{k+1}R_k = H_kR_k - \zeta_k\lambda H_kR_k - \eta_k\lambda G_{k-1}R_k \tag{4.50}$$

から，準残差ベクトルの 2 ノルム

$$||\boldsymbol{a\_r}_k||_2 = ||\boldsymbol{r}_k - \zeta_k A\boldsymbol{r}_k - \eta_k\boldsymbol{y}_k||_2 \tag{4.51}$$

アルゴリズム **4.2** Bi-CGSafe_v1 (同_v2) 法の両算法

$\boldsymbol{x}_0$ is an initialguess $\boldsymbol{r}_0 = \boldsymbol{b} - A\boldsymbol{x}_0$
Choose $\boldsymbol{r}_0^*$ such that $(\boldsymbol{r}_0^*, \boldsymbol{r}_0) \neq 0,\ \beta_{-1} = 0$
$k = 0, 1, \cdots$ **until** $\|\boldsymbol{r}_k\| \leq \varepsilon\|\boldsymbol{r}_0\|$
  $\boldsymbol{p}_k = \boldsymbol{r}_k + \beta_{k-1}(\boldsymbol{p}_{k-1} - \boldsymbol{u}_{k-1})$
  Compute $A\boldsymbol{r}_k$
  $\underline{A\boldsymbol{p}_k = A\boldsymbol{r}_k + \beta_{k-1}\boldsymbol{t}_k}$
  $\alpha_k = (\boldsymbol{r}_0^*, \boldsymbol{r}_k)/(\boldsymbol{r}_0^*, A\boldsymbol{p}_k)$
  $\boldsymbol{a}_k = \boldsymbol{r}_k,\ \boldsymbol{b}_k = \boldsymbol{y}_k,\ \boldsymbol{c}_k = A\boldsymbol{r}_k$
  $\zeta_k = \dfrac{(\boldsymbol{b}_k, \boldsymbol{b}_k)(\boldsymbol{c}_k, \boldsymbol{a}_k) - (\boldsymbol{b}_k, \boldsymbol{a}_k)(\boldsymbol{c}_k, \boldsymbol{b}_k)}{(\boldsymbol{c}_k, \boldsymbol{c}_k)(\boldsymbol{b}_k, \boldsymbol{b}_k) - (\boldsymbol{b}_k, \boldsymbol{c}_k)(\boldsymbol{c}_k, \boldsymbol{b}_k)}$
  $\eta_k = \dfrac{(\boldsymbol{c}_k, \boldsymbol{c}_k)(\boldsymbol{b}_k, \boldsymbol{a}_k) - (\boldsymbol{b}_k, \boldsymbol{c}_k)(\boldsymbol{c}_k, \boldsymbol{a}_k)}{(\boldsymbol{c}_k, \boldsymbol{c}_k)(\boldsymbol{b}_k, \boldsymbol{b}_k) - (\boldsymbol{b}_k, \boldsymbol{c}_k)(\boldsymbol{c}_k, \boldsymbol{b}_k)}$
  (**if** $k = 0$ **then** $\zeta_k = (\boldsymbol{c}_k, \boldsymbol{a}_k)/(\boldsymbol{c}_k, \boldsymbol{c}_k), \eta_k = 0$)
  $\underline{\boldsymbol{q}_k = \zeta_k A\boldsymbol{r}_k + \eta_k\boldsymbol{y}_k}$
  $\underline{\boldsymbol{u}_k = \boldsymbol{q}_k + \beta_{k-1}(\zeta_k\boldsymbol{t}_k + \eta_k\boldsymbol{u}_{k-1})}$
  $\boldsymbol{z}_k = \zeta_k\boldsymbol{r}_k + \eta_k\boldsymbol{z}_{k-1} - \alpha_k\boldsymbol{u}_k$
  Compute $A\boldsymbol{u}_k$
  $\underline{\boldsymbol{y}_{k+1} = \boldsymbol{q}_k - \alpha_k A\boldsymbol{u}_k}$
  $\underline{\boldsymbol{t}_{k+1} = A\boldsymbol{p}_k - A\boldsymbol{u}_k}$
  $\boldsymbol{x}_{k+1} = \boldsymbol{x}_k + \alpha_k\boldsymbol{p}_k + \boldsymbol{z}_k$
  $\boldsymbol{r}_{k+1} = \boldsymbol{r}_k - \alpha_k A\boldsymbol{p}_k - \boldsymbol{y}_{k+1}\ (= \boldsymbol{r}_k - \alpha_k\boldsymbol{t}_k - \boldsymbol{q}_k)$
  $\beta_k = \dfrac{\alpha_k}{\zeta_k} \cdot \dfrac{(\boldsymbol{r}_0^*, \boldsymbol{r}_{k+1})}{(\boldsymbol{r}_0^*, \boldsymbol{r}_k)}$
end for

が局所的に最小になるように決定される．残差ベクトルの更新で式 (4.48) を用いる解法を **Bi-CGSafe_v1 法**とよび，残差ベクトルの更新で式 (4.49) を用いる解法を **Bi-CGSafe_v2 法**とよぶ．アルゴリズム 4.2 に両算法を示す．下線部分は，もとの Bi-CGSafe 法の算法と異なることを意味する．"compute $A\boldsymbol{r}_k$" などは定義通りに行列とベクトルの積の演算を行うことを意味する．

4.4　積型 Bi-CG 法系統の演算量比較

表 4.1 に積型 Bi-CG 法での反復 1 回あたりの演算量を示す．表の "nnz" は非零要素数，$A\boldsymbol{v}$ は行列–ベクトル積の演算，$(\boldsymbol{u}, \boldsymbol{v})$ はベクトルの内積演算，$\boldsymbol{u} \pm \boldsymbol{v}$ はベクトルどうしの加減算，$\alpha\boldsymbol{v}$ はベクトルの定数倍を意味する．

表 4.1　4 種類の積型 Bi-CG 法における反復 1 回あたりの演算量

解　　法	$A\boldsymbol{v}$ $(\times 2nnz)$	$(\boldsymbol{u}, \boldsymbol{v})$ $(\times 2n)$	$\boldsymbol{u} \pm \boldsymbol{v}$ $(\times n)$	$\alpha\boldsymbol{v}$ $(\times n)$
GPBi-CG	2	7	16	13
Bi-CGSafe	2	7	14	13
Bi-CGSafe_v1(同_v2)	2	7	14	13

4.5　同期回数を削減した新しい積型反復法

4.5.1　Bi-CGStar 法

残差多項式に文献 [5] で GPBi-CG 法の変形版 1–2 に使用された多項式を用いて，解法を設計する[31, 82, 83]．残差多項式を構成する Lanczos 多項式は補助多項式 $P_k(\lambda)$ とともに以下の漸化式により更新する．

$$\left.\begin{aligned} R_0(\lambda) &= 1, \quad P_0(\lambda) = 1 \\ R_{k+1}(\lambda) &= R_k(\lambda) - \alpha_k P_k(\lambda) \\ P_{k+1}(\lambda) &= R_{k+1}(\lambda) - \beta_k P_k(\lambda) \quad (k = 1, 2, \cdots) \end{aligned}\right\} \tag{4.52}$$

一方，安定化多項式は次の 3 項漸化式を用いる．

$$\left.\begin{aligned} &H_0(\lambda)=1, \quad H_1(\lambda)=(1-\zeta_0\lambda)H_0(\lambda)\\ &H_{k+1}(\lambda)=(1+\eta_k-\zeta_k\lambda)H_k(\lambda)-\eta_k H_{k-1}(\lambda)\\ &(k=1,2,\cdots) \end{aligned}\right\} \tag{4.53}$$

式 (4.52), (4.53) より，残差 $\boldsymbol{r}_k$ と補助ベクトル $\boldsymbol{p} := H_k(A)P_k(A)\boldsymbol{r}_0$ を更新し，$\boldsymbol{r}_{k+1}$，$\boldsymbol{p}_{k+1}$ を導く．以下，$R_k(\lambda)$，$H_k(\lambda)$ をおのおの R_k，H_k とする．

まず，$H_{k+1}R_{k+1}$ の R_{k+1} を展開すると，

$$H_{k+1}R_{k+1}=H_{k+1}R_k-\alpha_k\lambda H_{k+1}P_k \tag{4.54}$$

が得られる．次に，$H_{k+1}R_k$ の H_{k+1} を展開すると

$$H_{k+1}R_k=(1+\eta_k)H_kR_k-\zeta_k\lambda H_kR_k-\eta_kH_{k-1}R_k \tag{4.55}$$

となる．$H_{k+1}P_k$ についても同様に，

$$H_{k+1}P_k=(1+\eta_k)H_kP_k-\zeta_k\lambda H_kP_k-\eta_kH_{k-1}P_k \tag{4.56}$$

式 (4.55), (4.56) より，H_kR_{k+1}，H_kP_{k+1} を更新する必要がある．R_{k+1}，P_{k+1} を展開することで，

$$H_kR_{k+1}=H_kR_k-\alpha_k\lambda H_kP_k \tag{4.57}$$

$$H_kP_{k+1}=H_kR_{k+1}-\beta_kH_kP_k \tag{4.58}$$

式 (4.54)–(4.58) より，H_kR_k，H_kP_k から $H_{k+1}R_{k+1}$ が得られることがわかる．また，$H_{k+1}P_{k+1}$ は次式で得られる．

$$H_{k+1}P_{k+1}=H_kR_{k+1}-\beta_kH_{k+1}P_k \tag{4.59}$$

補助ベクトルを $\boldsymbol{w}_k := H_{k+1}(A)P_k(A)\boldsymbol{r}_0$，$\boldsymbol{u}_k := H_k(A)R_{k+1}(A)\boldsymbol{r}_0$，$\boldsymbol{q}_k := H_k(A)P_{k+1}(A)\boldsymbol{r}_0$ と定義する．式 (4.54)–(4.58) より，次の更新式が得られる．

$$\boldsymbol{a\_r}_k=(1+\eta_k)\boldsymbol{r}_k-\zeta_kA\boldsymbol{r}_k-\eta_k\boldsymbol{u}_{k-1} \tag{4.60}$$

$$\boldsymbol{w}_k=(1+\eta_k)\boldsymbol{p}_k-\zeta_kA\boldsymbol{p}_k-\eta_k\boldsymbol{q}_{k-1} \tag{4.61}$$

$$\boldsymbol{u}_k = \boldsymbol{r}_k - \alpha_k A\boldsymbol{p}_k \tag{4.62}$$

$$\boldsymbol{r}_{k+1} = \boldsymbol{a\_r}_k - \alpha_k A\boldsymbol{w}_k \tag{4.63}$$

$$\boldsymbol{q}_k = \boldsymbol{u}_k - \beta_k \boldsymbol{p}_k \tag{4.64}$$

$$\boldsymbol{p}_{k+1} = \boldsymbol{r}_{k+1} - \beta_k \boldsymbol{w}_k \tag{4.65}$$

更新には $A\boldsymbol{r}_k$，$A\boldsymbol{p}_k$，$A\boldsymbol{w}_k$ の 3 回の行列–ベクトル積を必要とするが，漸化式

$$A\boldsymbol{p}_{k+1} = A\boldsymbol{r}_{k+1} - \beta_k A\boldsymbol{w}_k \tag{4.66}$$

により $A\boldsymbol{p}_{k+1}$ を更新することで，行列–ベクトル積 1 回が不要となる．ここで，残差の更新式 (4.60), (4.61), (4.63) に対応する近似解の更新式を求める．式 (4.60) に対応する更新式は，$\boldsymbol{t}_k$ を $\boldsymbol{b} - A\boldsymbol{t}_k = \boldsymbol{a\_r}_k$ を満たすベクトルとすると，

$$\boldsymbol{b} - A\boldsymbol{t}_k = (1+\eta_k)\boldsymbol{r}_k - \zeta_k A\boldsymbol{r}_k - \eta_k \boldsymbol{u}_{k-1} \tag{4.67}$$

$$\boldsymbol{t}_k = (1+\eta_k)\boldsymbol{x}_k + \zeta_k \boldsymbol{r}_k - \eta_k(\boldsymbol{x}_{k-1} + \alpha_{k-1}\boldsymbol{p}_{k-1}) \tag{4.68}$$

と得られる．同様に，式 (4.61), (4.63) に対応する更新式は，次のようになる．

$$\boldsymbol{v}_k = \boldsymbol{x}_k + \alpha_k \boldsymbol{p}_k \tag{4.69}$$

$$\boldsymbol{x}_{k+1} = \boldsymbol{t}_k + \alpha_k \boldsymbol{w}_k \tag{4.70}$$

次に，Lanczos 多項式のパラメータ α_k，β_k，および安定化多項式の ζ_k，η_k について考える．ζ_k，η_k は準残差のノルム $||\boldsymbol{a\_r}_k||$ を局所的に最小化するように決定する．式 (4.60) より，$\boldsymbol{y}_k = \boldsymbol{u}_{k-1} - \boldsymbol{r}_k$ とおくと，準残差は

$$\boldsymbol{a\_r}_k = \boldsymbol{r}_k - \zeta_k A\boldsymbol{r}_k - \eta_k \boldsymbol{y}_k \tag{4.71}$$

と表される．式 (4.71) より，ζ_k，η_k は，正規方程式

$$(A\boldsymbol{r}_k \ \boldsymbol{y}_k)^\mathsf{T}(A\boldsymbol{r}_k \ \boldsymbol{y}_k)\begin{pmatrix} \zeta_k \\ \eta_k \end{pmatrix} = (A\boldsymbol{r}_k \ \boldsymbol{y}_k)^\mathsf{T}\boldsymbol{r}_k \tag{4.72}$$

を解くことにより，以下で与えられる．

$$\zeta_k = \frac{(\boldsymbol{y}_k, \boldsymbol{y}_k)(A\boldsymbol{r}_k, \boldsymbol{r}_k) - (A\boldsymbol{r}_k, \boldsymbol{y}_k)(\boldsymbol{y}_k, \boldsymbol{r}_k)}{(A\boldsymbol{r}_k, A\boldsymbol{r}_k)(\boldsymbol{y}_k, \boldsymbol{y}_k) - (A\boldsymbol{r}_k, \boldsymbol{y}_k)(\boldsymbol{y}_k, A\boldsymbol{r}_k)} \tag{4.73}$$

$$\eta_k = \frac{(A\boldsymbol{r}_k, A\boldsymbol{r}_k)(\boldsymbol{y}_k, \boldsymbol{r}_k) - (A\boldsymbol{r}_k, \boldsymbol{y}_k)(A\boldsymbol{r}_k, \boldsymbol{r}_k)}{(A\boldsymbol{r}_k, A\boldsymbol{r}_k)(\boldsymbol{y}_k, \boldsymbol{y}_k) - (A\boldsymbol{r}_k, \boldsymbol{y}_k)(\boldsymbol{y}_k, A\boldsymbol{r}_k)} \tag{4.74}$$

α_k，β_k は，双直交条件より $H_k(A)R_{k+1}(A)\boldsymbol{r}_0$ と $AH_k(A)P_{k+1}(A)\boldsymbol{r}_0$ が初期シャドウ残差 $\tilde{\boldsymbol{r}}_0$ と直交するように決定する．

$$\boldsymbol{u}_k = \boldsymbol{r}_k - \alpha_k A\boldsymbol{p}_k \ \perp \ \tilde{\boldsymbol{r}}_0 \tag{4.75}$$

$$A\boldsymbol{q}_k = A\boldsymbol{u}_k - \beta_k A\boldsymbol{p}_k \ \perp \ \tilde{\boldsymbol{r}}_0 \tag{4.76}$$

より，α_k，β_k は次式で与えられる．

$$\alpha_k = (\tilde{\boldsymbol{r}}_0, \boldsymbol{r}_k)/(\tilde{\boldsymbol{r}}_0, A\boldsymbol{p}_k), \quad \beta_k = (\tilde{\boldsymbol{r}}_0, A\boldsymbol{u}_k)/(\tilde{\boldsymbol{r}}_0, A\boldsymbol{p}_k) \tag{4.77}$$

式 (4.77) による β_k の更新は行列–ベクトル積 $A\boldsymbol{u}_k$ を必要とする．行列–ベクトル積の演算を避けるため β_k の計算法として以下の 2 通りを考える．

(1) $(\tilde{\boldsymbol{r}}_0, A\boldsymbol{u}_k) = (A^{\mathsf{T}}\tilde{\boldsymbol{r}}_0, \boldsymbol{u}_k)$ より，

$$\beta_k = (A^{\mathsf{T}}\tilde{\boldsymbol{r}}_0, \boldsymbol{u}_k)/(\tilde{\boldsymbol{r}}_0, A\boldsymbol{p}_k) \tag{4.78}$$

とする．$A^{\mathsf{T}}\tilde{\boldsymbol{r}}_0$ は反復開始前に 1 度だけ計算する．

(2) 次式で計算する．

$$\beta_k = -(\alpha_k/\zeta_k)(\tilde{\boldsymbol{r}}_0, \boldsymbol{r}_{k+1})/(\tilde{\boldsymbol{r}}_0, \boldsymbol{r}_k) \tag{4.79}$$

Bi-CGStar 法における β_k を方法 (1) で計算するとき，$\boldsymbol{u}_k = \boldsymbol{r}_k - \alpha_k A\boldsymbol{p}_k$ より，

$$\begin{aligned}\beta_k &= (A^{\mathsf{T}}\tilde{\boldsymbol{r}}_0, \boldsymbol{r}_k - \alpha_k A\boldsymbol{p}_k)/(\tilde{\boldsymbol{r}}_0, A\boldsymbol{p}_k) \\ &= ((A^{\mathsf{T}}\tilde{\boldsymbol{r}}_0, \boldsymbol{r}_k) - \alpha_k(A^{\mathsf{T}}\tilde{\boldsymbol{r}}_0, A\boldsymbol{p}_k))/(\tilde{\boldsymbol{r}}_0, A\boldsymbol{p}_k)\end{aligned} \tag{4.80}$$

と式変形できる．式 (4.80) を用いると，β_k の演算に必要なベクトルは $\boldsymbol{r}_k$ と $A\boldsymbol{p}_k$ であるため，α_k を求めた直後の β_k の演算で，α_k，β_k，ζ_k，η_k を一度に計算できる．収束判定のための内積を同時に計算すると，各反復で必要な内積演算をすべて 1 箇所にまとめることができ，反復法を並列化する際の同期回数の少ない解法が得られる．以上より得られる解法を安定化多項式により準残差を求めた Bi-CG 法 (Bi-CG method using STabilized Associate Residual，**Bi-CGStar 法**と略す) とよぶ．アルゴリズム 4.3 に Bi-CGStar 法の算法をに示す．算法中では準残差 $\boldsymbol{a}\_\boldsymbol{r}_k$ を $\boldsymbol{s}_k$ と表記した．

アルゴリズム 4.3　Bi-CGStar 法

Let $\boldsymbol{x}_0$ be an initial guess, Compute $\boldsymbol{r}_0 = \boldsymbol{b} - A\boldsymbol{x}_0$
Choose $\tilde{\boldsymbol{r}}_0$ such that $(\tilde{\boldsymbol{r}}_0, \boldsymbol{r}_0) \neq 0$
Compute $A\boldsymbol{r}_0,\ A^\top\tilde{\boldsymbol{r}}_0,\ \boldsymbol{p}_0 = \boldsymbol{r}_0,\ A\boldsymbol{p}_0 = A\boldsymbol{r}_0$
$\boldsymbol{u}_{-1} = \boldsymbol{q}_{-1} = \boldsymbol{v}_{-1} = \boldsymbol{0}$
for $k = 0$ **to** k **do**
　$\boldsymbol{y}_k = \boldsymbol{u}_k - \boldsymbol{r}_k$
　if $\|\boldsymbol{r}_k\|/\|\boldsymbol{r}_0\| \leq \epsilon$ **stop**
　$\alpha_k = (\tilde{\boldsymbol{r}}_0,\ \boldsymbol{r}_k)/(\tilde{\boldsymbol{r}}_0, A\boldsymbol{p}_k)$
　$\beta_k = \frac{(A^\top\tilde{\boldsymbol{r}}_0,\ \boldsymbol{r}_k) - \alpha_k(A^\top\tilde{\boldsymbol{r}}_0,\ A\boldsymbol{p}_k)}{(\tilde{\boldsymbol{r}}_0, A\boldsymbol{p}_k)}$
　$\zeta_k = \dfrac{(\boldsymbol{y}_k,\ \boldsymbol{y}_k)(A\boldsymbol{r}_k, \boldsymbol{r}_k) - (A\boldsymbol{r}_k, \boldsymbol{y}_k)(\boldsymbol{y}_k,\ \boldsymbol{r}_k)}{(A\boldsymbol{r}_k, A\boldsymbol{r}_k)(\boldsymbol{y}_k, \boldsymbol{y}_k) - (A\boldsymbol{r}_k,\ \boldsymbol{y}_k)(\boldsymbol{y}_k,\ A\boldsymbol{r}_k)}$
　$\eta_k = \dfrac{(A\boldsymbol{r}_k, A\boldsymbol{r}_k)(\boldsymbol{y}_k,\ \boldsymbol{r}_k) - (A\boldsymbol{r}_k, \boldsymbol{y}_k)(A\boldsymbol{r}_k,\ \boldsymbol{r}_k)}{(A\boldsymbol{r}_k, A\boldsymbol{r}_k)(\boldsymbol{y}_k,\ \boldsymbol{y}_k) - (A\boldsymbol{r}_k, \boldsymbol{y}_k)(\boldsymbol{y}_k,\ A\boldsymbol{r}_k)}$
　if $k = 0$ **then** $\zeta_k = (A\boldsymbol{r}_k,\ \boldsymbol{r}_k)/(A\boldsymbol{r}_k,\ A\boldsymbol{r}_k),\ \eta_k = 0)$
　$\boldsymbol{s}_k = (1 + \eta_k)\boldsymbol{r}_k - \zeta_k A\boldsymbol{r}_k - \eta_k \boldsymbol{u}_{k-1}$
　$\boldsymbol{t}_k = (1 + \eta_k)\boldsymbol{x}_k + \zeta_k \boldsymbol{r}_k - \eta_k \boldsymbol{v}_{k-1}$
　$\boldsymbol{w}_k = (1 + \eta_k)\boldsymbol{p}_k - \zeta_k A\boldsymbol{p}_k - \eta_k \boldsymbol{q}_{k-1}$
　Compute $A\boldsymbol{w}_k$
　$\boldsymbol{u}_k = \boldsymbol{r}_k - \alpha_k A\boldsymbol{p}_k$
　$\boldsymbol{v}_k = \boldsymbol{x}_k + \alpha_k \boldsymbol{p}_k$
　$\boldsymbol{r}_{k+1} = \boldsymbol{s}_k - \alpha_k A\boldsymbol{w}_k$
　$\boldsymbol{x}_{k+1} = \boldsymbol{t}_k + \alpha_k \boldsymbol{w}_k$
　Compute $A\boldsymbol{r}_{k+1}$
　$\boldsymbol{q}_k = \boldsymbol{u}_k - \beta_k \boldsymbol{p}_k$
　$\boldsymbol{p}_{k+1} = \boldsymbol{r}_{k+1} - \beta_k \boldsymbol{w}_k$
　$A\boldsymbol{p}_{k+1} = A\boldsymbol{r}_{k+1} - \beta_k A\boldsymbol{w}_k$
end for

4.5.2 Rutishuser の交代漸化式を用いた Bi-CGStar 法

ここでは，Bi-CGStar 法で用いた安定化多項式のかわりに，文献 [5] で使用された **Rutishauser の漸化式**[31] で同期 1 回版の Bi-CGStar 法を導出する[82, 83]．図 4.1a に，ETH の Stiefel, Rutishauser 両教授の写真を示す．Stiefel 教授は CG 法の考案者の一人である．さらに，ETH では反復法の研究が昔から盛んであり，図 4.1b に，ETH の学問研究を最近まで率いてきた Gutknecht 教授の SIAM での IDR 法紹介の講演スライドの表紙を示す．

Rutishauser の交代漸化式は式 (4.53) に補助多項式 $\tilde{G}_k(\lambda)$ を導入する．

(a)

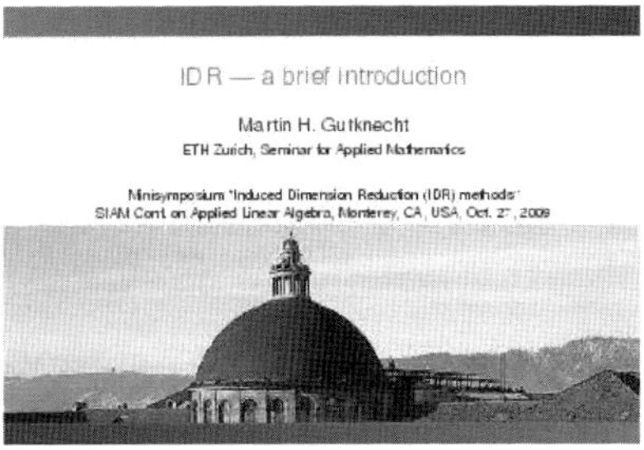

(b)

図 4.1 (a) ETH の Stiefel，Rutishauser 両教授 (後列左端と 2 人目)，(b) ETH の Gutknecht 教授の SIAM での IDR 紹介のスライドの表紙．
`http://www.sam.math.ethz.ch/~mhg/talks/IDRintro.pdf`

$$\left.\begin{aligned} \tilde{G}_0(\lambda) &= 0, \quad H_0(\lambda) = 1 \\ \tilde{G}_{k+1}(\lambda) &= \zeta_k \lambda H_k(\lambda) + \eta_k \tilde{G}_k(\lambda) \\ H_{k+1}(\lambda) &= H_k(\lambda) - \tilde{G}_{k+1}(\lambda), \quad (k = 0, 1, \cdots) \end{aligned}\right\} \tag{4.81}$$

ただし，補助多項式 $\tilde{G}_k(\lambda)$ は次式で定義される．

$$\tilde{G}_k(\lambda) := H_k(\lambda) - H_{k+1}(\lambda), \quad (k = 0, 1, \cdots) \tag{4.82}$$

Bi-CGStar 法の導出と同様に，$H_k R_k$，$H_k P_k$，$\tilde{G}_k R_k$，$\tilde{G}_k P_k$ から $H_{k+1} R_{k+1}$，$H_{k+1} P_{k+1}$，$\tilde{G}_{k+1} R_{k+1}$，$\tilde{G}_{k+1} P_{k+1}$ を得る手順を示す．式 (4.53) を用いる場合との違いは，H_{k-1} が現れない点と，$\tilde{G}_k R_k$，$\tilde{G}_k P_k$ の更新が必要となる点である．Lanczos 多項式を優先的に展開すると，以下の式が得られる．

$$\begin{aligned} H_{k+1} R_{k+1} &= H_{k+1} R_k - \alpha_k \lambda H_{k+1} P_k, \quad H_{k+1} R_k = H_k R_k - \tilde{G}_{k+1} R_k \\ \tilde{G}_{k+1} R_k &= \zeta_k \lambda H_k R_k + \eta_k \tilde{G}_k R_k, \quad H_{k+1} P_k = H_k P_k - \tilde{G}_k P_k \\ \tilde{G}_k P_k &= \zeta_k \lambda H_k P_k + \eta_k \tilde{G}_k P_k, \quad H_{k+1} P_{k+1} = H_{k+1} R_{k+1} - \beta_k H_{k+1} P_k \\ \tilde{G}_{k+1} R_{k+1} &= \tilde{G}_{k+1} R_k - \alpha_k \lambda \tilde{G}_{k+1} P_k, \quad \tilde{G}_{k+1} P_{k+1} = \tilde{G}_{k+1} R_{k+1} - \beta_k \tilde{G}_{k+1} P_k \end{aligned}$$

ここで，新たに補助ベクトルを $\boldsymbol{y}_k := \tilde{G}_k(A)R_k(A)\boldsymbol{r}_0$，$\boldsymbol{z}_k := \tilde{G}_{k+1}(A)R_k(A)\boldsymbol{r}_0$，$\boldsymbol{s}_k := \tilde{G}_k(A)P_k(A)\boldsymbol{r}_0$，$\boldsymbol{c}_k := \tilde{G}_{k+1}(A)P_k(A)\boldsymbol{r}_0$ と定義する．このとき，ベクトルに関する以下の更新式が得られる．

$$\boldsymbol{z}_k = \zeta_k A\boldsymbol{r}_k + \eta_k \boldsymbol{y}_k, \quad \boldsymbol{c}_k = \zeta_k A\boldsymbol{p}_k + \eta_k \boldsymbol{s}_k$$

$$\boldsymbol{w}_k = \boldsymbol{p}_k - \boldsymbol{c}_k, \quad A\boldsymbol{w}_k = A\boldsymbol{p}_k - A\boldsymbol{c}_k$$

$$\boldsymbol{y}_{k+1} = \boldsymbol{z}_k - \alpha_k A\boldsymbol{c}_k, \quad \boldsymbol{r}_{k+1} = \boldsymbol{r}_k - \boldsymbol{z}_k - \alpha_k A\boldsymbol{w}_k$$

アルゴリズム **4.4**　Bi-CGStar-plus 法

Let $\boldsymbol{x}_0$ be an initial guess, Compute $\boldsymbol{r}_0 = \boldsymbol{b} - A\boldsymbol{x}_0$
Choose $\tilde{\boldsymbol{r}}_0$ such that $(\tilde{\boldsymbol{r}}_0, \boldsymbol{r}_0) \neq 0$
Compute $A\boldsymbol{r}_0,\ A^{\mathsf{T}}\tilde{\boldsymbol{r}}_0,\ \boldsymbol{p}_0 = \boldsymbol{r}_0,\ A\boldsymbol{p}_0 = A\boldsymbol{r}_0$
$\boldsymbol{y}_0 = \boldsymbol{s}_0 = \boldsymbol{t}_0 = \boldsymbol{0}$
for $k = 0$ to k **do**
　if $\|\boldsymbol{r}_k\|/\|\boldsymbol{r}_0\| \leq \epsilon$ **stop**
　$\alpha_k = (\tilde{\boldsymbol{r}}_0,\ \boldsymbol{r}_k)/(\tilde{\boldsymbol{r}}_0,\ A\boldsymbol{p}_k)$
　$\beta_k = \dfrac{(A^{\mathsf{T}}\tilde{\boldsymbol{r}}_0,\ \boldsymbol{r}_k) - \alpha_k(A^{\mathsf{T}}\tilde{\boldsymbol{r}}_0,\ A\boldsymbol{p}_k)}{(\tilde{\boldsymbol{r}}_0, A\boldsymbol{p}_k)}$
　$\zeta_k = \dfrac{(\boldsymbol{y}_k,\ \boldsymbol{y}_k)(A\boldsymbol{r}_k,\ \boldsymbol{r}_k) - (A\boldsymbol{r}_k, \boldsymbol{y}_k)(\boldsymbol{y}_k,\ \boldsymbol{r}_k)}{(A\boldsymbol{r}_k, A\boldsymbol{r}_k)(\boldsymbol{y}_k, \boldsymbol{y}_k) - (A\boldsymbol{r}_k,\ \boldsymbol{y}_k)(\boldsymbol{y}_k,\ A\boldsymbol{r}_k)}$
　$\eta_k = \dfrac{(A\boldsymbol{r}_k, A\boldsymbol{r}_k)(\boldsymbol{y}_k,\ \boldsymbol{r}_k) - (A\boldsymbol{r}_k,\ \boldsymbol{y}_k)(A\boldsymbol{r}_k,\ \boldsymbol{r}_k)}{(A\boldsymbol{r}_k,\ A\boldsymbol{r}_k)(\boldsymbol{y}_k,\ \boldsymbol{y}_k) - (A\boldsymbol{r}_k,\ \boldsymbol{y}_k)(\boldsymbol{y}_k,\ A\boldsymbol{r}_k)}$
　(**if** $k = 0$ **then** $\zeta_k = (A\boldsymbol{r}_k,\ \boldsymbol{r}_k)/(A\boldsymbol{r}_k,\ A\boldsymbol{r}_k),\ \eta_k = 0$)
　$\boldsymbol{v}_k = \zeta_k \boldsymbol{r}_k + \eta_k \boldsymbol{t}_k$
　$\boldsymbol{z}_k = \zeta_k A\boldsymbol{r}_k + \eta_k \boldsymbol{y}_k$
　$\boldsymbol{c}_k = \zeta_k A\boldsymbol{p}_k + \eta_k \boldsymbol{s}_k$
　Compute $A\boldsymbol{c}_k$
　$\boldsymbol{w}_k = \boldsymbol{p}_k - \boldsymbol{c}_k$
　$A\boldsymbol{w}_k = A\boldsymbol{p}_k - A\boldsymbol{c}_k$
　$\boldsymbol{t}_{k+1} = \boldsymbol{v}_k - \alpha_k \boldsymbol{c}_k$
　$\boldsymbol{y}_{k+1} = \boldsymbol{z}_k - \alpha_k A\boldsymbol{c}_k$
　$\boldsymbol{x}_{k+1} = \boldsymbol{x}_k + \boldsymbol{v}_k + \alpha_k \boldsymbol{w}_k$
　$\boldsymbol{r}_{k+1} = \boldsymbol{r}_k - \boldsymbol{z}_k - \alpha_k A\boldsymbol{w}_k$
　Compute $A\boldsymbol{r}_{k+1}$
　$\boldsymbol{s}_{k+1} = \boldsymbol{y}_{k+1} - \beta_k \boldsymbol{c}_k$
　$\boldsymbol{p}_{k+1} = \boldsymbol{r}_{k+1} - \beta_k \boldsymbol{w}_k$
　$A\boldsymbol{p}_{k+1} = A\boldsymbol{r}_{k+1} - \beta_k A\boldsymbol{w}_k$
end for

表 4.2　積型反復法の 1 反復あたりの演算量と同期回数

方　法	Mv	Dot	AXPY	Sync
GPBi-CG	2	8	14.0	3
GPBi-CG 変形版 1	2	9(8)	14.5	2
GPBi-CG 変形版 2	2	9(8)	14.0	2
GPBi-CG 変形版 3	2	9(8)	13.0	2
GPBi-CG 変形版 4	2	9(8)	13.5	2
Bi-CGSafe	2	8	13.5	2
Bi-CGStar	2	10	14.5	1
Bi-CGStar-plus	2	10	13.5	1

$$\boldsymbol{s}_{k+1} = \boldsymbol{y}_{k+1} - \beta_k \boldsymbol{c}_k, \quad \boldsymbol{p}_{k+1} = \boldsymbol{r}_{k+1} - \beta_k \boldsymbol{w}_k$$

パラメータ ζ_k，η_k，および α_k，β_k は Bi-CGStar 法と同じ更新式で更新できる．以上より得られる Rutishauser の交代漸化式を用いた Bi-CGStar 法を Bi-CGStar-plus 法とよぶ．Bi-CGStar-plus 法の算法をアルゴリズム 4.4 に示す．

表 4.2 に積型反復法の 1 反復あたりの演算量と同期回数を示す．表中の “Mv” は行列–ベクトル積，“AXPY” はベクトルどうしの積和演算 ($\boldsymbol{y} = \alpha\boldsymbol{x} + \boldsymbol{y}$)，“Dot” は内積を表す．“Sync” は同期の回数を意味する．また，AXPY の演算回数についてはベクトルどうしの加減算とベクトルとスカラーの積をおのおの 0.5 回とした．括弧内の数字は β_k の計算を式 (4.79) で行った場合を表す．

4.5.3　数　値　実　験

数値実験は九州大学に設置された Fujitsu PRIMERGY CX400 で行った．CPU は Intel Xeon E5-2680 (クロック 2.7 GHz)，主記憶は 128 GB，OS は Red Hat Enterprise Linux Server release 6.1 である．Fortran90 を使用し，プロセス並列化を MPI，スレッド並列化を OpenMP を用いた．コンパイラは Fujitsu 製 Fortran を用い，最適化は “-Kfast, openmp” とした．演算はすべて倍精度浮動小数点演算で行った．時間は C 言語の関数 `gettimeofday` を使用した．計測は各ケース 5 回行い，最大値と最小値を除く 3 回の平均時間を結果とした．

収束判定条件は相対残差の 2 ノルム：$||\boldsymbol{r}_{k+1}||_2/||\boldsymbol{r}_0||_2 \leq 10^{-8}$ とした．最大反復回数は 2 万回，初期近似解 $\boldsymbol{x}_0$ はすべて 0 とした．行列はあらかじめ対角スケーリ

ングで正規化した．真の解 $\hat{\boldsymbol{x}}$ がすべて 1 のベクトルとなるように $\boldsymbol{b} = A(1, \cdots, 1)^{\mathsf{T}}$ と作成した．初期シャドウ残差は初期残差と同じベクトルを用いた．プロセス数は 1, 2, 4, 8, 16, 32 の 5 通りしらべ，1 プロセスあたり 8 スレッドとした．行列は各プロセスの担当する非零要素数が均等となるように行単位でブロック分割を行った．行列 7 個に対してテストを行った．表 4.3 に行列 epb3 (他の 6 個の特徴は割愛) の特徴を示す．

表 4.3　行列 epb3 の特徴

行列	次元	非零要素数	平均非零数	解析分野
epb3	84,617	463,625	5.5	thermal

表 4.4 に 4 種類の積型反復法の収束性比較を示す．表 4.5 に 7 個の行列に対する GPBi-CG 法の経過時間に対する比の平均値を示す．表 4.5 より，逐次の場合では全体として Bi-CGSafe 法が最も高速であるのに対して，256 並列の場合に Bi-CGStar-plus 法が最速であることがわかる．

表 4.4　4 種類の積型反復法の収束性比較 (行列 epb3)

方　法	nPE	Mv 数	時間 [s]	比	TRR	方　法	nPE	Mv 数	時間 [s]	比	TRR
GPBi-CG	1	3,852	5.676	—	-8.0	Bi-CGSafe	1	3,764	4.644	0.82	−8.0
	16	3,902	0.497	—	−8.0		16	4,076	0.463	0.93	−8.0
	32	3,938	0.324	-	−8.0		32	3,882	0.287	0.89	−8.0
	64	3,948	0.224	—	−8.0		64	3,514	0.173	0.77	−8.2
	128	4,116	0.192	—	−8.0		128	3,618	0.145	0.76	−8.0
	256	3,950	0.184	—	−8.0		256	3,768	0.147	0.80	−8.0
GPBi-CG_v4	1	3,816	5.225	0.92	−8.0	Bi-CGStar+	1	3,548	4.525	0.80	−8.0
	16	3,762	0.463	0.93	−8.0		16	3,770	0.434	0.87	−8.0
	32	3,826	0.300	0.93	−8.0		32	3,858	0.280	0.86	−8.0
	64	4,038	0.214	0.96	−8.0		64	3,830	0.176	0.79	−8.0
	128	3,898	0.168	0.88	−8.0		128	3,944	0.142	0.74	−8.0
	256	3,828	0.152	0.83	−8.0		256	4,006	**0.127**	0.69	−8.0

表 4.5 7 個の行列に対する GPBi-CG 法の経過時間に対する比の平均値

方 法		GPBi-CG	GPBi-CG_v4	Bi-CGSafe	Bi-CGStar+
ave.	1PE	1.00	0.89	**0.80**	0.82
ratio	256PE	1.00	0.86	0.81	**0.77**

4.6 非対称行列用前処理

4.6.1 不完全 LU 分解前処理

ILU 分解は下三角行列 L と上三角行列 U を用いて，行列 A を $A = LU + R$ と分解する方法である[76]．行列 R は L と U の疎性を保つための誤差行列とする．

a. ILU 分解と ILUT 分解

ILUT 分解のもとになる ILU 分解の分をアルゴリズム 4.5 に示す．行列 A の非零要素の集合を P，$P \equiv \{(i,j)|a_{ij} \neq 0\}$ と定義する．ILU 分解では，行列 L の i 行目と同 U の i 行目を同時に更新し，このとき行列 U については 1 行目から $i-1$ 行目までの要素を参照し，行列 L については i 行目の要素を参照する．図 4.2 に ILU 分解における i 行目の更新の様子を示す．図中の下向きの大きな矢印は分解処理が進行する方向を示す．灰色部分は更新処理の完了個所，黒く塗った行は更新対象の第 i 行目を表し，灰色部分と同じ第 i 行目の中で更新が完了した左側の列の要素が使用され更新処理がなされる．

閾値による棄却処理を行う **ILUT 分解** (dual Threshold ILU decomposition)

アルゴリズム 4.5 ILU 分解 1

do $i = 2, n$
  do $k = 1, i-1$ **and if** $(i,k) \notin P$
    $a_{ik} = a_{ik}/a_{kk}$
    do $j = k+1, n$ **and if** $(i,j) \notin P$
      $a_{ij} = a_{ij} - a_{ik}a_{kj}$
    end do
  end do
end do

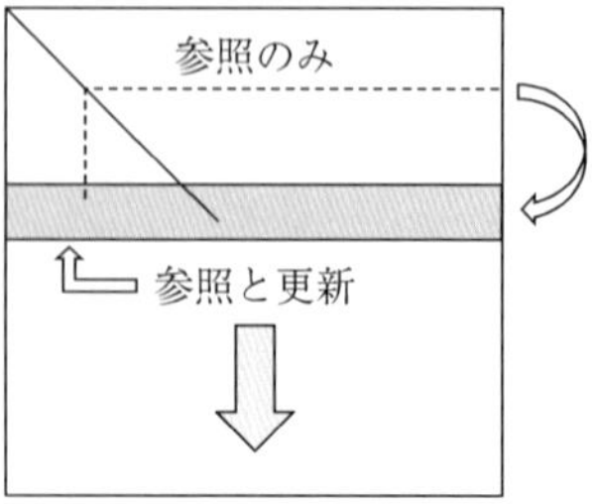

図 **4.2** ILUT 前処理における前処理行列の生成の様子

の手順をアルゴリズム 4.6 に示す．ベクトル $\boldsymbol{w}$ は大きさ n の作業用配列，一番外側の i のループごとに 13 行目で 0 が代入される．

棄却 (dropping) 処理とは，分解過程で現れるフィルインに対して，あらかじめ定めた閾値と判定し，小さなフィルインを棄却し，大きなフィルインだけを前処理行列の要素として採用することを指す．ILUT 分解では以下に示す 2 つの棄却処理で i 行目のフィルインを棄却または保存する．

- **棄却処理 1：** 要素 w_k が閾値 τ よりも小さいとき棄却する．
- **棄却処理 2：** $\boldsymbol{w}$ の要素の中で，行列 L の各列 (行列 U の各行) に対してフィルインの最大個数：Lfil を決めておき，絶対値の大きい方から最大で Lfil 個の

アルゴリズム **4.6** ILUT 分解 2

1: **do** $i = 1, n$
2: $\quad w_j = a_{ij}\ (j = 1, \cdots, n)$
3: $\quad$ **do** $k = 1, i-1$ **and when** $w_k \neq 0$
4: $\quad\quad w_k = w_k / a_{kk}$
5: $\quad\quad$ **dropping procedure 1 to** w_k
6: $\quad\quad$ **if** $w_k \neq 0$ **then**
7: $\quad\quad\quad \boldsymbol{w} = \boldsymbol{w} - w_k u_{kj}\ (j = k+1, \cdots, n)$
8: $\quad\quad$ **end if**
9: $\quad$ **end do**
10: $\quad$ **dropping procedure 2 to row** $\boldsymbol{w}$
11: $\quad l_{ij} = w_j\ (j = 1, \cdots, i-1)$
12: $\quad u_{ij} = w_j\ (j = i, \cdots, n)$
13: $\quad \boldsymbol{w} = \boldsymbol{0}$
14: **end do**

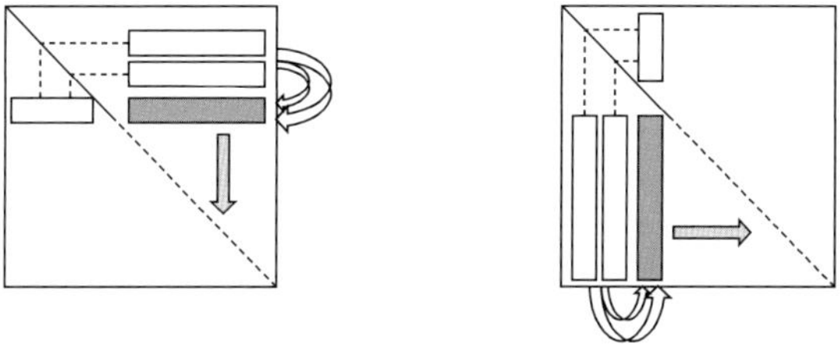

(a) 上三角行列 U　　(b) 下三角行列 L

図 4.3　ILUC 前処理における上三角行列 (a) と下三角行列 (b) の生成の様子

フィルインだけを保存し，残りを棄却する．

なお，ILUT 分解では行列 L と行列 U ともに 0 でない要素はメモリ上で連続した番地に配置する **CRS 格納形式** (Compressed Row Storage) が利用される．

b. Crout 版 ILU 分解の更新処理

図 4.3a,b に **Crout 版 ILU 分解**の下三角行列 L の第 k 行目と上三角行列 U の

アルゴリズム **4.7**　ILUC 分解

$u_{kk} = a_{kk}\ (k = 1, \cdots, n)$
$l_{kk} = 1.0\ (k = 1, \cdots, n)$
do $k = 1, \cdots, n$
　$z_k = u_{kk}$
　$z_j = a_{kj}\ (j = k+1, \cdots, n)$
　do $i = 1, \cdots, k-1; l_{ki} \neq 0$
　　$z_j = z_j - l_{ki} u_{ij}\ (j = k, \cdots, n; u_{ij} \neq 0)$
　end do
　dropping procedure to row z
　$w_j = a_{jk}\ (j = k+1, \cdots, n)$
　do $i = 1, \cdots, k-1; u_{ik} \neq 0$
　　$w_j = w_j - l_{ji} u_{ik}\ (j = k+1, \cdots, n; l_{ji} \neq 0)$
　end do
　dropping procedure to column w
　$u_{kk} = z_k$
　do $j = k+1, \cdots, n$
　　$u_{kj} = z_j,\ l_{jk} = w_j / u_{kk}$
　end do
end do

第 k 列目の更新処理の概念図を示す．図 4.3a に更新対象の第 k 行，図 4.3b に同じく更新対象の第 k 列の場合を示す．更新対象の第 k 行と第 k 列を灰色で塗り潰した．細い線の矢印は参照と更新処理の対応関係を表す．上三角行列 U の要素は第 k 行よりも上方の第 $1 \sim k-1$ 行の要素を使って，一方下三角行列 L の要素は第 k 列よりも左側の第 $1 \sim k-1$ 列の要素を使って更新される．大きな矢印は処理の進行方向を表す．すなわち，上三角行列 U では分解は**上から下に進み**，一方下三角行列 L では分解は**左から右に進む**．ILUC 分解では，行列 U は行方向にフィルインが格納され，行列 L は列方向にフィルインが格納される．このため ILUC 分解の実装において，行列 U の零でない要素はメモリ上で連続した番地に配置する CRS 形式で格納し，一方行列 L の 0 でない要素はメモリ上で連続した番地に配置する **CCS 格納形式** (Compressed Column Storage) で格納される

アルゴリズム 4.7 に ILUC 分解を示す．行列の対角要素 a_{kk} はあらかじめ対角スケーリングで 1 に正規化済みとする．

4.6.2　対角要素を補償する ILUC 分解

ILUC 分解のアルゴリズム 4.7 の中のフィルイン z_j 行に対する**棄却処理** (dropping)(9 行目) とフィルイン w_j 列に対する棄却処理 (14 行目) において対角要素を補償する分解法を紹介する[76]．

ILUC 分解のアルゴリズム 4.7 の中で z 行に対する棄却処理 (9 行目) は以下のように表せる．

1: **do** $j = k+1, \cdots, n$
2: 　$\zeta = |z_j| / \sqrt{z_k}$
3: 　**if** $\zeta <$ tol **then**
4: 　　$z_j = 0,\ z_k = (1+\zeta) z_k$
5: 　**end if**
6: **end do**

フィルイン z_j に対する修正量の算出を 2 行目に，その修正量とあらかじめ定めた閾値 tol との判定を 3 行目に，そして対応する対角要素 z_k を補償する式を 4 行目におのおの示す．修正量 ζ の大きさはフィルイン z_j を対角要素の平方根で割り正規化した．変数 z_k はアルゴリズム 4.7 の 4 行目と 15 行目からわかるように上三角行列 U の対角要素 u_{kk} の作業用の一時的変数を表す．

同様に，ILUC 分解のアルゴリズム 4.7 の中 w 列に対する棄却処理 (14 行目) は以下のように表せる．

```
1: do j = k+1, ..., n
2:    ζ = |w_j| / sqrt(l_kk)
3:    if ζ < tol then
4:       w_j = 0, l_kk = (1+ζ) l_kk
5:    end if
6: end do
```

フィルイン w_j に対する修正量の算出を 2 行目に，その修正量とあらかじめ定めた閾値 tol との判定を 3 行目に，対応する対角要素 l_{kk} を補償する式を 4 行目におのおの示す．修正量 ζ の大きさはフィルイン w_j を対角要素の平方根で割り正規化した．

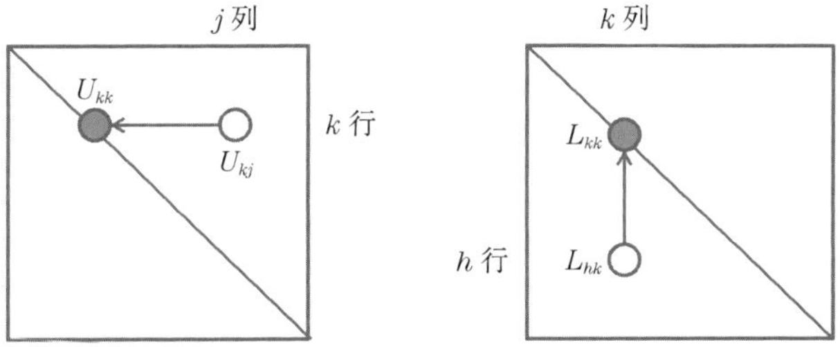

(a)　上三角行列 U 中のフィルイン　　(b)　下三角行列 L 中のフィルイン

図 4.4　棄却フィルインとそれに対応する対角要素との関係の模式図

図 4.4 に棄却 フィルインと対応する対角要素との関係を示す．(a) は，上三角行列 U のフィルイン u_{kj} (○印) が棄却されたとき，U の対角項である u_{kk} (●印) が修正される様子を表す．同様に，(b) は下三角行列 L のフィルイン l_{hk} (○印) が棄却されたとき，下三角行列 L の対角要素である l_{kk} (●印) が修正される様子を表す．1 つのフィルインにつき対角要素 1 個を修正する分解を単一補償 (single compensated) ILUC 分解 (以下，**sc_ILUC 分解**と略す) とよぶ．

4.6.3　Eisenstat-SSOR (m) 前処理

行列 A が対称行列の場合と同様に，

$$A = L + D + U \tag{4.83}$$

と分離する．L と U は行列 A の狭義の上 (下) 三角行列とする．前処理行列を，

$$M = (U + D/\omega)(D/\omega)^{-1}(L + D/\omega) \tag{4.84}$$

とおくとき，両側前処理後の行列は次のように変形される．

$$\begin{aligned}\tilde{A} &= (D/\omega)(U + D/\omega)^{-1}A(L + D/\omega)^{-1} \\ &= (D/\omega)\{(L + D/\omega)^{-1} + (U + D/\omega)^{-1}(I + (1 - 2/\omega) \\ &\quad \times D(L + D/\omega)^{-1})\}\end{aligned} \tag{4.85}$$

5 事例研究

5.1 シェル要素を使った有限要素構造解析への応用

有限要素法による構造解析システムを用いて作成した2つの行列をテストした．表 5.1 にテスト行列の主な特徴を示す[78, 79]．

- 行列 BEAM は橋梁間にトラックによる荷重を課したときの応力解析の問題で，離散化はシェル要素のみで行った．一般に，シェル要素による離散化行列の解析は難しく，収束までに多くの反復回数が必要になる．
- 行列 BRIDGE は長さ約 100m のコンクリート橋上に複数台のトラックを載せたときの応力解析の問題である．縦断面での対称性を利用して解析モデルは端の片側半分，離散化はシェル要素とソリッド要素の両方使用した．

図 5.1 に線形方程式を解き変位を計算した後に求めた **Mises 応力** (von Mises stress) 分布を濃淡図で表す．Mises 応力とは材料のあらゆる応力を測定し，材料が破断または変形する条件を測定する上で用いる応力である．

表 5.1 テスト行列の特徴

項目	行列	
	BEAM	BRIDGE
次元数	10,626	341,055
非零要素数	233,268	11,302,638
平均バンド幅	214	1,510
総要素数	2,832	91,802

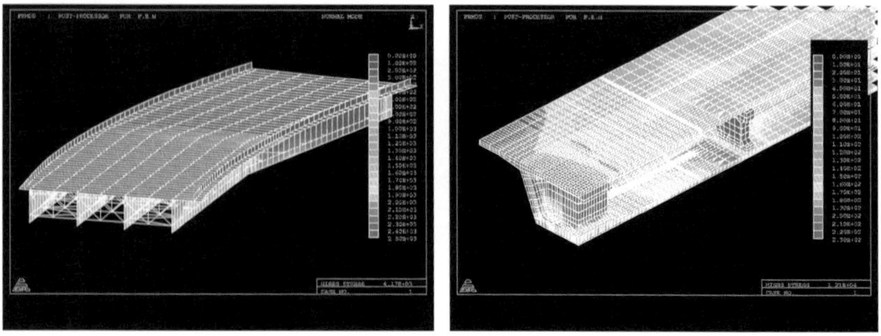

(a)　　(b)

図 **5.1**　Mises 応力分布，行列 BEAM (a)，行列 BRIDGE (b)

5.1.1　実験結果と考察

表 5.2 に 2 つの行列 BEAM，BRIDGE に対する前処理なしと従来の前処理つき CG 法の数値実験の結果を示す．表 5.2 からフィルインを考慮しない ICCG 法は収束せず，特に，シェル要素で離散化したときの行列 BEAM は前処理なしの CG 法でも収束せず解き難い問題であることがわかる．それに対して，ソリッド要素で離散化したときの行列 CABLE は前処理なしの CG 法でも収束し，しかも反復回数も少なく比較的解きやすい問題である．表 5.3, 5.4 に行列 BEAM, BRIDGE に対する**対角緩和つき準 RICCG 法**の計算結果を示す．表から以下のことがわかる．

- 前処理なし CG 法や加速係数つき ICCG 法では解き難い行列 BEAM に対して，**対角緩和つき準 RICCG 法**はすべての閾値において，加速係数つき ICCG 法に比べて合計時間が短い．特に，**対角緩和つき準 RICCG 法**が最も速い場

表 **5.2**　行列 BEAM，BRIDGE に対する前処理なしと前処理つき CG 法の結果

前処理+CG	BEAM			BRIDGE		
	反復回数	時間	メモリ	反復回数	時間	メモリ
前処理なし	max	—	—	17915	1962	158
IC	max	—	—	max	—	—
加速係数つき IC	7274	31.2	3.60	7001	1471	161

表 5.3　行列 BEAM に対する対角緩和つき準 RICCG 法の結果

tol	ρ	ω	分解度	反復回数	前処理時間	CG-t	合計時間	時間比 1	時間比 2	メモリ
0.05	1/10	0.005	3	2467	0.03	7.30	7.33	1.04	0.23	4.65
0.01	1/20	0.0005	2	812	0.09	2.98	3.08	0.61	0.09	6.11
0.005	1/100	0.00005	1	485	0.31	2.04	2.35	0.54	0.07	7.09
0.001	1/100	0.00001	1	210	0.45	1.30	**1.75**	0.46	**0.05**	10.4

表 5.4　行列 BRIDGE に対する対角緩和つき準 RICCG 法の結果

tol	ρ	ω	分解度	反復回数	前処理時間	CG-t	合計時間	時間比 1	時間比 2	メモリ
0.05	1/10	0.005	3	5232	1.55	773	774	0.68	0.52	212
0.01	1/20	0.0005	2	2079	9.67	421	431	0.63	0.29	317
0.005	1/100	0.00005	1	1364	13.0	347	360	0.54	0.24	396
0.001	1/100	0.00001	1	632	54.4	257	**312**	0.55	**0.21**	685

合の合計時間は加速係数つき ICCG 法の合計時間に対する比率が 0.05 (表 5.3 の "時間比 2" の欄) と著しい改善効果が得られた．

- 行列 BRIDGE の場合，**対角緩和つき準 RICCG 法**はしらべたすべての閾値において合計時間が短くなり，加速係数つき ICCG 法の合計時間に対する比率も 0.21 で大きな効果が得られた．

5.2 複合材料解析へのマスキング前処理つき CG 法の適用

有限要素法を用いて複合材料内部に発生する応力やひずみを解析するには，強化ファイバーや粒子と母相材料に対する精密な有限要素法モデルを構築する必要がある．しかし，多数のファイバーや強化粒子と母相材料の 3 次元有限要素法モデルを生成することは困難が多い．そこで，このような問題の解決に，**重合メッシュ法**(s-FEM; s-version FEM) が注目されている．重合メッシュ法では，構造全体を表現するための比較的疎なグローバル有限要素法モデル (以下，**G モデル**と略す) の上に，応力集中を適切に表現し得る詳細なローカル有限要素法モデル (以下，**L モデル**と略す) を重ね合わせ解析を行う．G モデルと L モデルの節点や要素の配置に関する制約がないため，ファイバーや粒子やき裂などの数や部位

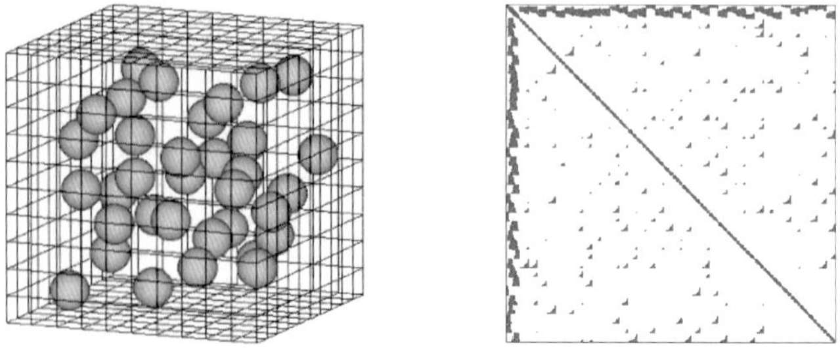

(a)　複合材料の構造　　　(b)　行列の非零要素の分布

図 5.2　複合材料の母相に 35 個の粒子を加えた解析モデル

を自由に変更でき，解析モデル生成プロセスを簡略化できる．

図 5.2a に複合材料の母相に 35 個の粒子を加えたモデルを示す．このモデルを解析対象とし，得られた線形方程式に対して数値実験を行った．図 5.2b に粒子 35 個のモデルの行列 EP35-10^2 の非零要素の分布を示す．

5.2.1 マ ス キ ン グ

取り扱う問題はグローバルメッシュと 35 個のローカルメッシュによって構成されるため，各ブロックごとの処理は実際的でない．前処理においてパラメータ w (行列の対角要素を挟む帯状の非零要素の半帯幅を意味する) を用いて，

$$j < i - w, \quad i + w < j \tag{5.1}$$

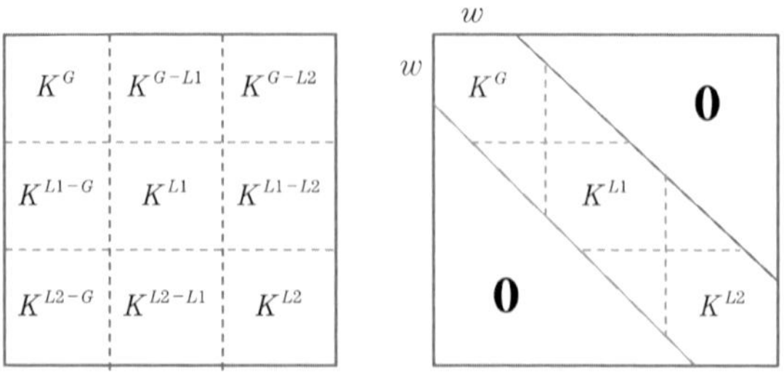

(a)　剛性行列ブロック　　　(b)　マスキング

図 5.3　粒子が 2 個の場合の剛性行列のブロック構造の概念図および前処理行列の概念図

表 5.5 粒子数が 35 個のモデルのときの CG 法の収束性

(a) 行列 EP35-10^3

前処理	tol	α	前処理時間	反復時間	合計時間 (比)	反復回数
対角スケーリング	—	—	—	1365.2	1365.2(1.00)	23878
Shift-IC	.01	0.1	15.4	269.7	285.1 (.209)	2500
maskshift-IC	.01	.01	3.4	278.3	**281.7 (.206)**	2940
RIF	.05	—	43.4	296.4	339.8 (.25)	3934
maskRIF	.01	—	55.8	262.4	318.1 (.23)	2726

(b) 行列 EP35-10^4

前処理	tol	α	前処理時間	反復時間	合計時間 (比)	反復回数
対角スケーリング	—	—	—	—	—	—
Shift-IC	—	—	—	—	—	—
maskSshift-IC	.005	.01	6.0	4278	**4284**	39295
RIF	—	—	—	—	—	—
maskRIF	.01	—	54.3	4484	4538	47651

を満たす要素 a_{ij} を 0 とみなし，前処理に要する時間を減らす方法—**マスキング処理** (masking) を考える[94]．図 5.3a に粒子が 2 個の場合の剛性行列のブロック構造の概念図および図 5.3b に行列の半値幅のパラメータ w を用いて，それより外側の要素を 0 とみなしたときの前処理行列の概念図をおのおの示す．

表 5.5 に粒子数が 35 個のときの CG 法の収束性を示す．前処理は，対角スケーリング，シフト IC 分解 (shift-IC と略記)，**RIF 前処理** (RIF と略す) である．さらに，マスキングつきシフト IC 分解 (maskshift-IC と略す)，マスキングつき RIF 前処理 (maskRIF と略す) の性能をしらべた．

表 5.5 の結果から以下のことがわかる．

- シフト ICCG 法が RIF-CG 法よりも高速であるが，RIF 前処理の方がパラメータが少なくより実用的な前処理である．
- マスキングにより前処理時間が短縮できるため，より小さい閾値を用い前処理に時間をかけることで，より精度が良い前処理行列を構築できた．
- ヤング率の比が 10^4 と最も大きい行列 EP35-10^4 の場合，マスキングつき前処理の CG 法のみ (表中の maskshift-ICCG 法と maskRIFCG 法) が収束した．

5.3 電気治療法への応用

電磁気学分野を病気の治療法に応用するために，数値電磁気学における解析手法を取り扱う．パーキンソン病，アルツハイマー病などの病気の治療法は，いまだ開発段階である[86]．効果的な治療法の1つに，脳深部刺激療法 (Deep Brain Stimulation: DBS)．DBSでは，医療機器とリードとよばれる細い絶縁電線を人体に完全に埋め込む必要がある．この医療機器は皮膚の下に移植されるが，リードは脳内に移植される．人体の活動を支配している脳内の領域の機能を高めるために，この領域に対して直接に電気刺激を与える．しかし，このような治療法は頭蓋骨を開く必要があり患者の負担が大きい．したがって，患者に対して侵襲型DBSを適用する前に数値シミュレーションを行い，リードを何処に配置するべきかの情報を医師にすることは意義がある．陽FDTD法の代替物として，**Crank–Nicolson FDTD法**(以下，CN-FDTD法と略す) が用いられる．CN-FDTD法はCFL条件に縛られず無条件安定である．CN-FDTD法は時間，空間に関する導関数を中心差分で近似する．

周波数依存媒質向け3次元Crank–Nicolson FDTD法を開発した (以下，FD-CN-FDTD法と略す)．この方法は無条件安定であり，時間刻み幅はCFL条件による制限を受けない．また，FDTD法の各反復において疎行列を係数行列とする線形方程式を解く必要があり，反復法の選択は重要である．

5.3.1 FD-CN-FDTD法

非物質依存型のMaxwellの方程式を以下に示す．

$$\nabla \times \boldsymbol{E} = -\frac{\partial \boldsymbol{B}}{\partial t} \tag{5.2}$$

$$\nabla \times \boldsymbol{H} = \frac{\partial \boldsymbol{D}}{\partial t} \tag{5.3}$$

$\boldsymbol{E}$，$\boldsymbol{H}$，$\boldsymbol{D}$，$\boldsymbol{B}$ はおのおの，電場，磁場，電束密度，磁束密度を表す．周波数領域で，等方性，線形性，非磁性，単極デバイ媒質を満たす関係式を以下に示す．

表 **5.6**　前処理つき Bi-CGSTAB 法の収束性

前処理	前処理行列	反復回数	前処理時間 [s]	反復時間 [s]	合計時間 [s]	平均時間 [ms]	$\log_{10}$ (TRR)	比
なし	—	35	0.08	3.75	3.83	107.14	−8.10	1.00
ILU(0)	$(\tilde{L}+I)(\tilde{U}+\tilde{D})$	26	1.90	7.17	9.07	275.77	−8.20	2.37
DILU	$(L+\tilde{D})\tilde{D}^{-1}(U+\tilde{D})$	106	0.30	18.75	19.05	176.89	−8.02	4.97
GS	$L+D$	31	0.18	3.53	3.71	113.87	−8.27	0.97
	$(U+I)(L+D)$	14	0.18	2.33	**2.51**	166.43	−8.78	0.66

$$\boldsymbol{B} = \mu_0 \boldsymbol{H} \tag{5.4}$$

$$\boldsymbol{D} = \epsilon_0 \left(\epsilon_\infty + \frac{\epsilon_S - \epsilon_\infty}{1 + j\omega\tau_D} - \mathrm{j}\frac{\sigma}{\omega\epsilon_0} \right) \boldsymbol{E} \tag{5.5}$$

ϵ_0 と μ_0 は自由空間の誘電率と透磁率を示す．ϵ_S は静的誘電率，ϵ_∞ は光の誘電率，τ_D は緩和時間，σ は静的な導電率を示す．式 (5.5) は以下のように表せる．

$$(\mathrm{j}\omega)^2 \tau_\mathrm{D} \boldsymbol{D} + \mathrm{j}\omega \boldsymbol{D} = (\mathrm{j}\omega)^2 \epsilon_0 \epsilon_\infty \tau_\mathrm{D} \boldsymbol{E} + \mathrm{j}\omega(\epsilon_0 \epsilon_\mathrm{S} + \sigma\tau_\mathrm{D})\boldsymbol{E} + \sigma \boldsymbol{E} \tag{5.6}$$

$(\mathrm{j}\omega)^m$ を $\partial^m/\partial t^m$ に置換すると，式 (5.6) は以下のように表せる．

$$\tau_\mathrm{D} \frac{\partial^2 \boldsymbol{D}}{\partial t^2} + \frac{\partial \boldsymbol{D}}{\partial t} = \epsilon_0 \epsilon_\infty \tau_\mathrm{D} \frac{\partial^2 \boldsymbol{E}}{\partial t^2} + (\epsilon_0 \epsilon_\mathrm{S} + \sigma\tau_\mathrm{D}) \frac{\partial \boldsymbol{E}}{\partial t} + \sigma \boldsymbol{E} \tag{5.7}$$

代数操作を施した後，Crank–Nicolson 法を上の 4 つの式に適用すると，電場 E^{n+1} に関する方程式が得られる．x, y, z の巡回置換によって，残り 2 方向の電場の式を形成する．それらを各 Yee 格子点に適用し，線形方程式 $A\boldsymbol{x} = \boldsymbol{b}$ が得られる．A は係数行列，$\boldsymbol{x}$ は解くべき電場の構成要素に関するベクトル，$\boldsymbol{b}$ は励振ベクト

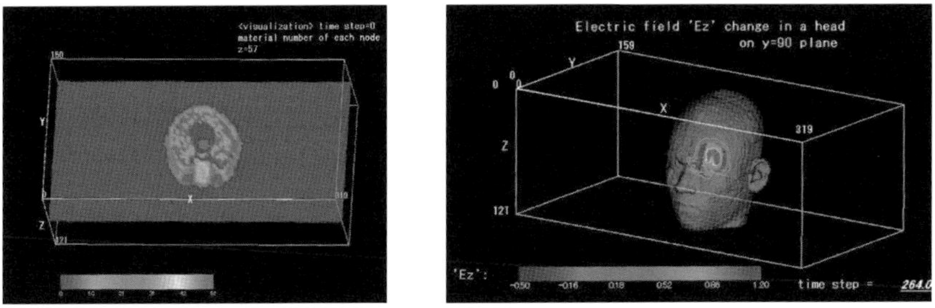

(a)　水平断面（$z=57$ の xy 平面）　(b)　縦断面（$y=90$ の平面）

図 **5.4**　解析領域中の頭部の電磁波分布

ルをおのおの表す．この線形方程式を解き電場を決定する．次に $\boldsymbol{D}$ と $\boldsymbol{H}$ は $\boldsymbol{E}$ から陽的に計算される．境界条件は **Mur の 1 次境界条件**を与える．表 5.6 に前処理付き Bi-CGSTAB 法の収束性を示す．

図 5.4a は，解析領域中の z=57 の xy 平面における頭部の断面図である．赤色の領域に囲まれた頭部中央の青色の部分は脳を示す．その下に 2 つの小さな青色の領域が横に並んでいる．円状の領域は人間の眼球を表す．図 5.4b は，頭部縦断面 ($y = 90$ 平面) における電磁波分布 (E_z 成分)，時間ステップ=264 のときを表す．

5.4 電磁界解析への応用

インバータ駆動 IPM モータを解析モデルとし，定常特性の求解法として時間周期有限要素法から得られた線形方程式に対し反復法の収束性を評価する[88]．

5.4.1 時間周期有限要素法の定式化

図 5.5 に解析モデル (IPM モータ) と主な仕様を示す．行列名を IPMSM_120 とする．磁気ベクトルポテンシャル A と電気スカラポテンシャル ϕ を未知変数とする A–ϕ 法により離散化された準定常磁場解析の方程式を

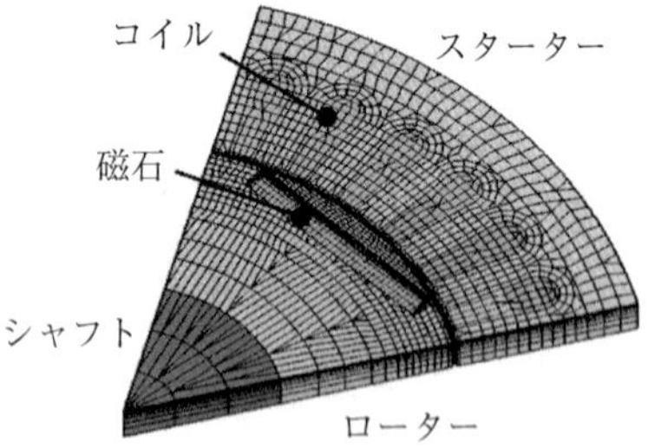

(a)

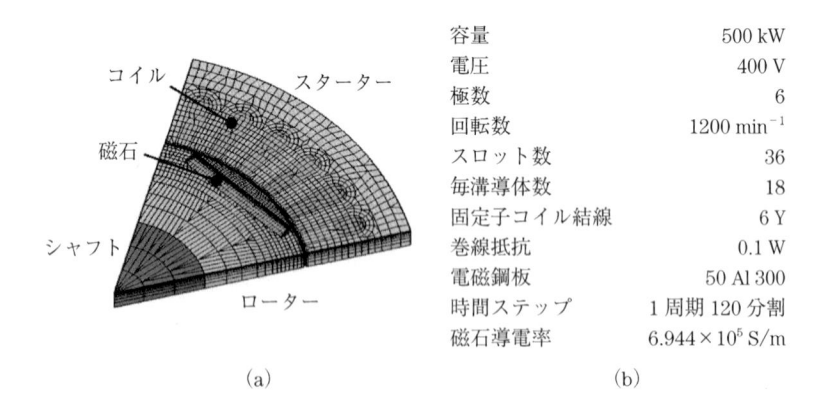

容量	500 kW
電圧	400 V
極数	6
回転数	1200 min^{-1}
スロット数	36
毎溝導体数	18
固定子コイル結線	6 Y
巻線抵抗	0.1 W
電磁鋼板	50 Al 300
時間ステップ	1 周期 120 分割
磁石導電率	6.944×10^5 S/m

(b)

図 **5.5**　行列 IPMSM_120 の解析モデル (IPM モータ) と主な仕様

$$S(\boldsymbol{x}) + C\frac{\partial}{\partial t}\boldsymbol{x} = \boldsymbol{f} \tag{5.8}$$

とする．S および C は係数行列，$\boldsymbol{f}$ は右辺ベクトル，$\boldsymbol{x}$ は A と ϕ からなる解ベクトルであり，未知変数数を m とする．$S(\boldsymbol{x})$ は非線形磁気特性の効果などにより S が $\boldsymbol{x}$ に対して非線形である．式 (5.8) をパラメータ θ 使って比例配分し，時間方向に離散化を行うと，次のようになる．

$$\tilde{T}(\boldsymbol{x}_i) - \tilde{C}(\boldsymbol{x}_{i-1}) = \tilde{\boldsymbol{f}}_i \quad \begin{cases} \tilde{T}(\boldsymbol{x}_i) = \theta S(\boldsymbol{x}_i) + \dfrac{1}{\Delta t}C\boldsymbol{x}_i \\ \tilde{C}(\boldsymbol{x}_i) = -(1-\theta)S(\boldsymbol{x}_i) + \dfrac{1}{\Delta t}C\boldsymbol{x}_i \\ \tilde{\boldsymbol{f}}_i = \theta\boldsymbol{f}_i + (1-\theta)\boldsymbol{f}_{i-1} \end{cases} \tag{5.9}$$

下付添字は時間 step を表す．1 (半) 周期の時間ステップ数を n としたとき，時間周期境界条件 $\boldsymbol{x}_{i+n} = \pm\boldsymbol{x}_i$ を用いて式 (5.9) を n ステップ連立させ，時間周期有限要素法による未知数の合計が $n \times m$ の線形方程式が得られる．

$$\begin{pmatrix} \tilde{T}_1 & O & \ldots & O & \mp\tilde{C}_n \\ -\tilde{C}_1 & \tilde{T}_2 & \ldots & O & O \\ O & -\tilde{C}_2 & \ddots & \ddots & \vdots \\ \vdots & \vdots & \ddots & \ddots & O \\ O & O & \ldots & -\tilde{C}_{n-1} & \tilde{T}_n \end{pmatrix} \begin{pmatrix} \Delta\boldsymbol{x}_1 \\ \Delta\boldsymbol{x}_2 \\ \vdots \\ \Delta\boldsymbol{x}_n \end{pmatrix} = \begin{pmatrix} \boldsymbol{r}_1 \\ \boldsymbol{r}_2 \\ \vdots \\ \boldsymbol{r}_n \end{pmatrix} \tag{5.10}$$

ここで，$\boldsymbol{r}_i$ は時間ステップ i における残差であり，次式で表される．

表 5.7 行列 IPMSM_120 に対する ILU(0) 前処理つき反復法の収束性 (最下段は E-SSOR(ω) 前処理の結果)

方　　法	γ	s	L	反復回数	前処理時間 [s]	反復時間 [s]	合計時間 [s]	平均時間 [ms]	$\log_{10}$ (TRR)	比
GPBiCG	1.15	—	—	859	28.03	719.64	747.67	837.76	−7.13	1.00
Bi-CGSTAB	1.10	—	—	1010	28.00	804.74	832.74	796.77	−7.04	1.11
GPBiCG_AR	1.10	—	—	683	28.04	571.37	599.40	836.56	-7.20	0.80
BiCGSafe	1.15	—	—	654	28.03	543.53	571.56	831.09	−7.27	0.76
IDR (s)	1.30	4	—	1042	28.06	541.57	569.64	519.74	−7.05	0.76
BiIDR (s)	1.30	4	—	1041	28.02	473.27	501.30	454.63	−7.05	0.67
GBi-CGSTAB (s, L)	1.20	4	2	1060	27.99	448.00	**475.99**	422.64	−7.08	0.64
GBi-CGSTAB (s, L)	(0.8)	4	2	1060	0.28	266.45	**266.74**	251.64	−7.05	**0.36**

$$\left.\begin{aligned} \boldsymbol{r}_1 &= \tilde{\boldsymbol{f}}_1 - \tilde{T}(\boldsymbol{x}_1) \pm \tilde{C}(\boldsymbol{x}_n) \\ \boldsymbol{r}_i &= \tilde{\boldsymbol{f}}_i - \tilde{T}(\boldsymbol{x}_i) + \tilde{C}(\boldsymbol{x}_{i-1}) \qquad (i = 2, \ldots, n) \end{aligned}\right\} \tag{5.11}$$

表 5.7 に行列 Ipmsm_120 に対する ILU(0) 前処理つき反復法の性能を示す.

5.5　3 次元ダムの地震応答解析への応用

地震時におけるダム本体の応答は，基礎的な地盤および貯水との動的相互作用に大きく影響されることが知られている[93]．そのため，ダムの耐震設計を合理的かつ効率よく行うためには，ダム本体–基礎的な地盤–貯水の間の相互作用をできるだけ考慮し解析を進めることが望ましい．図 5.6 に，ダムの地震応答解析の 3 次元モデルの一例を示す．ダム堤体–基礎岩盤–貯水池が主なモデルの構成要素である．このとき，基礎岩盤は有限範囲内にモデル化をする必要があるため，境界面にはエネルギー吸収を考慮した境界条件を設定する必要がある．図 5.7 に粘性境界の概念図を示す．時間領域での応答解析の場合，図 5.7 中の底面は開放基盤との粘性境界を用い，側方は無限遠位置での地盤を模擬した自由地盤との片効きの粘性境界を用いる．特に，三浦らが提案する仮想仕事原理にもとづく粘性境界はエネルギー吸収の効率性がよいことが知られている．

表 5.8, 5.9 に行列 3D_dam における前処理なし反復法と ILU(0) 前処理つき反復法の収束性を示す．

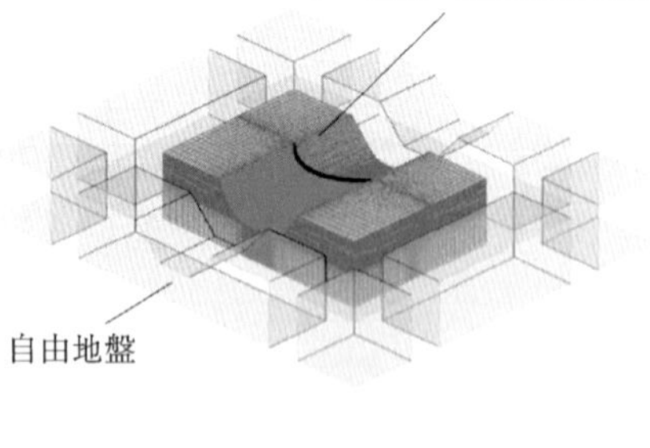

図 5.6　ダム地震応答解析の 3 次元モデル

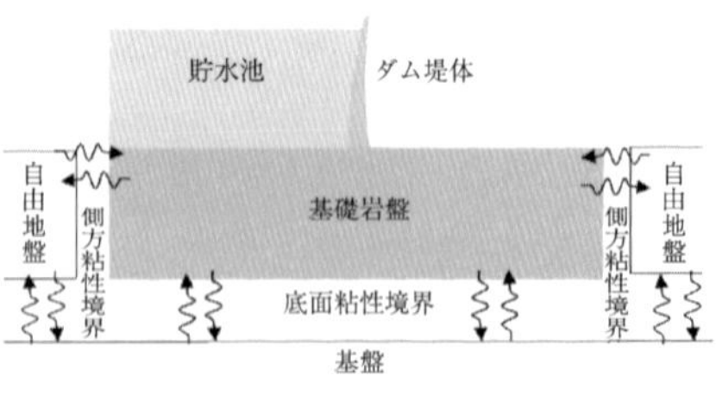

図 5.7　粘性境界の概念図

表 **5.8** 行列 3D_dam における前処理なし反復法の収束性

方　法	s	L	$A\boldsymbol{v}$	合計時間 [s]	比	$\log_{10}$ (TRR)
GPBiCG	—	-	1474	144.255	1.000	−8.01
GPBiCG_AR	—	—	1386	126.533	0.877	−8.00
GPBiCGSafe	—	—	1450	132.600	0.919	−8.00
BiCGSafe	—	—	1416	129.653	0.899	−8.01
IDR (s)	1	—	1414	137.132	0.951	−8.00
BiIDR (s)	6	—	1178	115.524	0.801	−7.99
IDR (s)STAB(L)	2	1	1236	121.046	0.839	−8.04
GBiCGSTAB(s, L)	4	1	1244	**107.765**	0.747	−8.14

表 **5.9** 行列 3D_dam における ILU(0) 前処理つき反復法の収束性

方　法	s	L	$A\boldsymbol{v}$	前処理時間 [s]	反復時間 [s]	合計時間 [s]	比	$\log_{10}$ (TRR)
GPBiCG	—	—	220	8.837	38.561	47.398	1.000	−8.03
GPBiCG_AR	—	—	218	8.802	36.453	45.255	0.955	−8.30
GPBiCGSafe	—	—	218	8.792	36.514	45.306	0.956	−8.01
BiCGSafe	—	—	208	8.810	36.267	45.077	0.951	−8.01
IDR (s)	8	—	180	8.564	37.149	45.713	0.964	−8.05
BiIDR (s)	4	—	187	8.925	35.504	43.428	0.916	−8.06
IDR (s) STAB (L)	4	1	200	8.576	39.065	47.641	1.005	−8.20
GBiCGSTAB (s, L)	6	1	195	8.589	32.961	**41.550**	0.876	−8.18

5.6 室内音場解析への応用

有限要素法を用いた 3 次元室内音場解析の問題に対する前処理つき COCG 法の収束性評価を行う[85]．FEM 音場解析に用いる離散化方程式は次式である．

$$M\ddot{\boldsymbol{p}} + C\dot{\boldsymbol{p}} + K\boldsymbol{p} = \rho\omega^2 W \tag{5.12}$$

˙ は時間に関する微分，ρ は空気密度，ω は角速度，$\boldsymbol{p}$ は音圧ベクトル，W は節点への配分ベクトルとし，各要素の質量マトリクス M_e，剛性マトリクス K_e，減衰マトリクス C_e は次のように定義される．$\boldsymbol{N}$ は内挿関数である．

表 5.10　音源が部屋の中心にある場合の COCG 法の収束性

周波数	対角 S なし	対角 S	絶対対角 (実装 1)	絶対対角 (実装 2)
125 Hz	15.46 (1784)	12.42 (1249)	11.28 (1260)	**10.21** (1260)
160 Hz	24.83 (2872)	19.71 (2008)	17.97 (2026)	**16.39** (2026)
200 Hz	40.43 (4648)	31.52 (3203)	28.45 (3206)	**26.00** (3206)
250 Hz	58.45 (6773)	46.36 (4708)	42.23 (4730)	**38.26** (4730)
315 Hz	93.73 (10798)	71.31 (7345)	65.96 (7436)	**59.97** (7436)

$$
\begin{aligned}
M_e &= \frac{1}{c^2}\iiint_e \boldsymbol{N}\boldsymbol{N}^{\mathsf{T}} \mathrm{d}x\,\mathrm{d}y\,\mathrm{d}z \\
C_e &= \frac{1}{c}\iint_e \frac{1}{z}\boldsymbol{N}\boldsymbol{N}^{\mathsf{T}} \mathrm{d}x\,\mathrm{d}y \\
K_e &= \iiint_e \left[\frac{\partial \boldsymbol{N}}{\partial x}\,\frac{\partial \boldsymbol{N}}{\partial y}\,\frac{\partial \boldsymbol{N}}{\partial z}\right]\left[\frac{\partial \boldsymbol{N}}{\partial x}\,\frac{\partial \boldsymbol{N}}{\partial y}\,\frac{\partial \boldsymbol{N}}{\partial z}\right]^{\mathsf{T}} \mathrm{d}x\,\mathrm{d}y\,\mathrm{d}z
\end{aligned}
$$

式 (5.12) の両辺を周波数領域へ変換すると次の式が得られる．

$$
(K + \mathrm{i}\omega \mathrm{C} - \omega^2 \mathrm{M})\mathrm{p} = -\mathrm{i}\omega\rho\nu_0 \mathrm{W} \tag{5.13}
$$

K は剛性行列，M は質量行列であり両方とも実数行列である．C は減衰行列行列であり対角の複素行列である．また，i は虚数単位，ω は周波数，ν_0 は外力の振動速度である．式 (5.13) は最終的に音圧ベクトル $\boldsymbol{p}$ を未知ベクトル，外力ベクトル $\boldsymbol{f}$ を既知ベクトルとする次の線形方程式で表される．離散化はアイソパラメトリック 27 節点スプライン要素を用いた．

$$
A\boldsymbol{p} = \boldsymbol{f} \tag{5.14}
$$

表 5.10 に音源が部屋の中心にある場合の COCG 法の収束性を示す．

5.7　外部 Helmholtz 問題への CSIC 分解つき COCG 法の適用

複素対称行列をもつ線形方程式の実問題として，物体まわりの散乱波の様子をシミュレートする問題[77] すなわち，**Helmholtz 方程式の外部問題**を扱う．

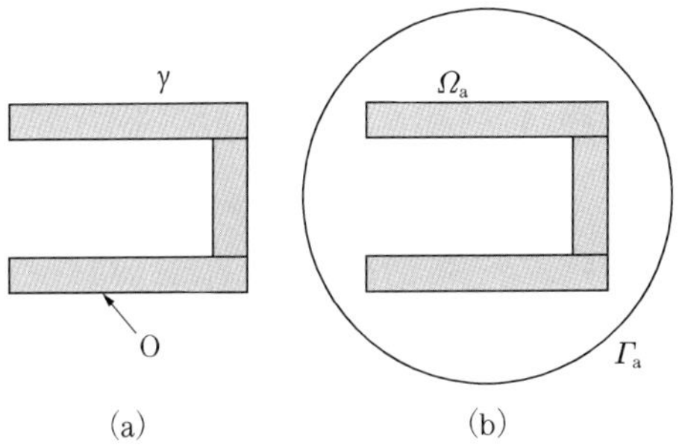

図 **5.8** 散乱体 $\mathcal{O}$ (a)，人工境界 $\Gamma_{\rm a}$ と有界領域 $\Omega_{\rm a}$ (b)

$$\left.\begin{aligned} -\Delta u - \omega^2 u &= 0 \quad \text{in } \boldsymbol{R}^2 \setminus \overline{\mathcal{O}} \\ u &= g \quad \text{on } \gamma \\ \lim_{r\to+\infty} r^{1/2}\left(\frac{\partial u}{\partial r} - \mathrm{i}\omega\right) &= 0 \end{aligned}\right\} \tag{5.15}$$

ここで，$\mathcal{O} \subset \boldsymbol{R}^2$ は有界領域 (散乱体) であり，γ は $\mathcal{O}$ の境界である．また，$\omega > 0$ は波数，g は非斉次 Dirichlet 関数，$r = |x|$ $(x \in \boldsymbol{R}^2)$, $\mathrm{i} = \sqrt{-1}$ である．人工境界 $\Gamma_{\rm a} \equiv \{x \in \boldsymbol{R}^2 \mid |x| < a\}$ を導入し，$\Gamma_{\rm a}$ 上で DtN (Dirichlet-to-Neumann) 境界条件を課し，$\Gamma_{\rm a}$ と γ で囲まれた有界領域 $\Omega_{\rm a}$ (図 5.8 参照) における問題に帰着させ計算する **DtN 有限要素法**を扱う．線形方程式の行列は複素対称行列となる．さらに，DtN 境界条件の非局所性から，その行列の非零要素数は，人工境界

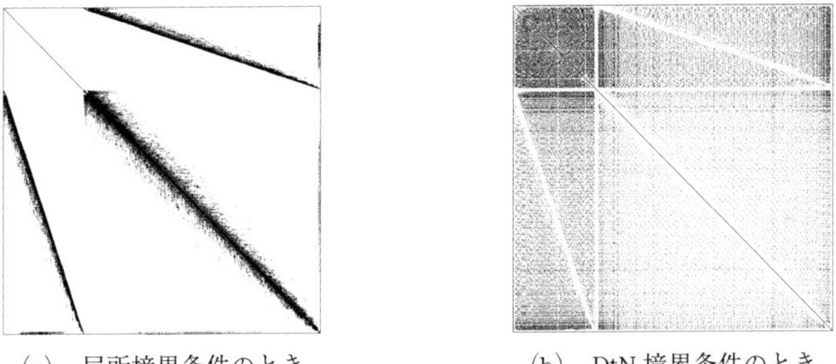

(a) 局所境界条件のとき　(b) DtN 境界条件のとき

図 **5.9** 係数行列の非零要素の分布

上の節点数を N_a としたとき，通常の有限要素法で得られる行列の非零要素数より，$N_\mathrm{a}{}^2 - 3N_\mathrm{a}$ だけ多くなる．

図 5.9 に局所境界条件と DtN 境界条件のときの係数行列の非零要素の分布を示す．行列の次元数は 123,000，非零要素数は局所境界条件では 857,064，DtN 境界条件では 2,293,464 になる．どのような波数でも行列の固有値はすべて下半平面にあり，波数が 1 のときは固有値は理論的に右半平面に存在する．

5.7.1 実 験 結 果

表 5.11 に局所境界条件と DtN 境界条件を人工境界条件として用いた問題に対して，波数 ω を変化させたときの各前処理つき COCG 法の収束性を示す．表中の上段は反復回数，下段は計算時間，時間の単位はすべて秒である．CSIC 分解のシフト量 α については 0.01 と -0.01 の収束性をしらべ，$\alpha = -0.01$ のときの結果を示した．太字で表した数値は計算時間が最も短いものを指す．表 5.11 の結果から，波数が $\omega = 1\sim4\pi$ のとき IC-COCG 法が，$\omega = 8\pi\sim55$ のとき CSIC-COCG 法が最も計算時間が短い．CSIC 分解以外では，波数が大きくなると計算時間が長くなるが，CSIC-COCG 法は波数が大きくても計算時間はあまり変化しない．表 5.12

表 5.11　前処理つき COCG 法の (上段) 反復回数 (下段) 時間 [秒] と時間比

前処理	$\omega = 1$	$\omega = 2\pi$	$\omega = 4\pi$	$\omega = 8\pi$	$\omega = 12\pi$	$\omega = 55$
スケーリング	1488	2511	3790	4491	4841	4777
	52.8 (0.97)	84.2 (1.02)	120. (0.97)	138. (0.97)	155. (0.96)	158. (0.99)
IC(0)	636	1011	1677	1917	2137	2073
	41.1 (0.76)	65.6 (0.79)	108. (0.87)	122. (0.86)	143. (0.89)	135. (0.85)
IC(tol)	72	127	200	462	107	121
	6.75 (0.12)	**10.9** (0.13)	**16.7** (0.13)	29.1 (0.20)	39.8 (0.24)	59.4 (0.37)
CSIC(α	169	264	270	226	150	120
$=-0.01$)	10.5 (0.19)	16.3 (0.20)	21.5 (0.17)	**18.9** (0.13)	**13.9** (0.09)	**12.4** (0.08)

表 5.12　DtN 境界で波数が 1 と 55 のときの CSIC-COCG 法の反復回数

	$\omega = 1$			$\omega = 55$		
tol \ α	-0.01	0.0	0.01	-0.01	0.0	0.01
0.01	207	**183**	205	**1221**	max	max
0.005	169	**138**	166	**602**	max	max
0.001	138	**72**	144	**120**	121	8584

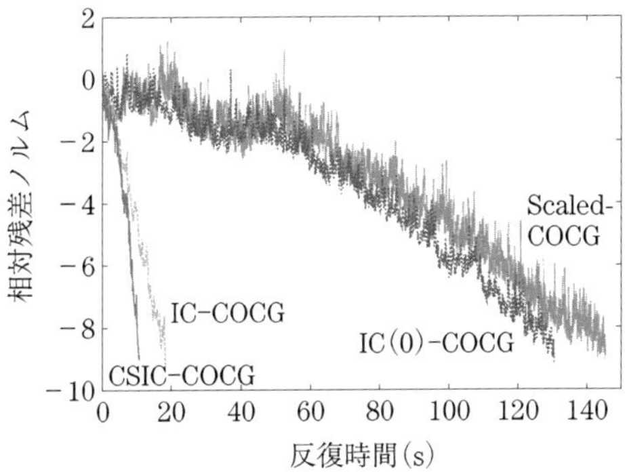

図 5.10 DtN 境界条件で波数 ω が 55 のときの前処理つき COCG 法の収束履歴

に波数 ω が 1 と 55 の場合について IC-COCG 法 ($\alpha = 0.0$) と CSIC-COCG ($\alpha = 0.01$ と $\alpha = -0.01$) の閾値を 4 通り変化させ COCG 法の収束性をしらべた．表 5.12 から，波数 ω が 55 の場合，IC-COCG 法やシフト量 α を正の値とした CSIC-COCG 法は，収束しないケースがあるのに対して，α が負の CSIC-COCG 法は，どの閾値でも収束した．逆に，行列の固有値分布を虚軸の負の方向にシフトさせると，前処理行列の固有値が原点近傍から遠ざかるため，COCG 法の収束性が向上した．図 5.10 に波数 ω が 55 のとき，DtN 境界条件のときの前処理つき COCG 法の収束履歴を示す．CSIC-COCG 法の収束が最も速いことがわかる．

5.8 IDR (s) STAB (L) 法と GBi-CGSTAB (s, L) 法の収束性比較

表 5.13 にテスト行列の主な特徴を示す[92]．

表 5.13 テスト行列の主な特徴

行列	次元数 N	非零要素数	平均非零要素数	解析分野
sherman5	3,312	20,793	6.28	流体解析
raefsky2	3,242	293,551	90.55	流体解析
watt_2	1,856	11,550	6.22	流体解析
dc3	116,835	766,396	6.56	電気回路
sme3Dc	42,930	3,148,656	73.34	構造解析

表 5.14　3 つの行列 (sherman5, raefsky2, watt_2) に対する前処理なし反復法の収束性

	IDR (s) STAB (L)					GBi-CGSTAB (s, L)				
行列	s	L	$M\boldsymbol{v}$	時間	TRR	s	L	$M\boldsymbol{v}$	時間	TRR
sherman5	1	2	4265	0.217	(−9.40)	1	2	4236	0.153	−10.61
raefsky2	6	1	454	0.121	−11.46	6	2	434	0.097	−11.99
watt_2	1	2	593	0.018	−11.19	2	4	312	0.008	−12.71

表 5.15　行列 (dc3, sme3Dc) に対する E-SSOR (ω=1) 前処理つき IDR (s) STAB (L) 法と GBi-CGSTAB (s, L) 法の比較

	IDR (s) STAB (L)					GBi-CGSTAB (s, L)				
行列	s	L	$M\boldsymbol{v}$	時間	TRR	s	L	$M\boldsymbol{v}$	時間	TRR
dc3	2	1	611	2.500	−10.02	4	2	400	1.260	−10.23
sme3Dc	1	1	3055	23.729	(−9.11)	2	4	2184	14.346	(−9.78)

表 5.14 に 3 つの行列 (sherman5, raefsky2, watt_2) に対する前処理なし反復法の収束性の比較を示す[75]．表 5.15 に行列 (dc3, sme3Dc) に対する E-SSOR (ω=1) 前処理つき IDR (s) STAB (L) 法と GBi-CGSTAB (s, L) 法の収束性の比較を示す．表 5.14 と表 5.15 は最も計算時間が少なかった場合を示す．表中の $M\boldsymbol{v}$ は行列–ベクトル積の回数を表す．これらの表の結果から，GBi-CGSTAB (s, L) 法の方が計算時間が短いことがわかる．さらに，行列 sherman5 (平均非零要素数 = 6.28) を例にとると，行列–ベクトル積の回数の両者の比は，4265/4236=1.0068 とほとんど変らないのに対して，計算時間の両者の比は 0.217/0.153=1.418 と大幅に違うことがわかる．

表 5.16　IDR (s) STAB (L) 法と GBi-CGSTAB (s, L) 法の算法の演算量の見積もり

	IDR (s) STAB (L)	GBi-CGSTAB (s, L)
$A\boldsymbol{u}$	$(2s+2)nnz$	$(2s+2)nnz$
$\boldsymbol{u}^{\mathsf{T}}\boldsymbol{v}$	$(5s^2+3s+2L+2)N$	$(2s^2+2s+6)N$
$\boldsymbol{u}\pm\boldsymbol{v}$	$\frac{1}{4}(3s^2L+sL+11s^2+9s+8)N$	$\frac{1}{2}(s^2L+sL+s^2+5s+L+3)N$
$\alpha\boldsymbol{u}$	$\frac{1}{4}(3s^2L+sL+11s^2+9s+2L+18)N$	$\frac{1}{2}(s^2L+sL+s^2+5s+L+3)N$
Total	$\frac{1}{2}(3s^2L+sL+21s^2+15s+5L+17)N$ $+(2s+2)nnz$	$\frac{1}{2}(2s^2L+2sL+6s^2+14s+2L)N$ $+9N+(2s+2)nnz$

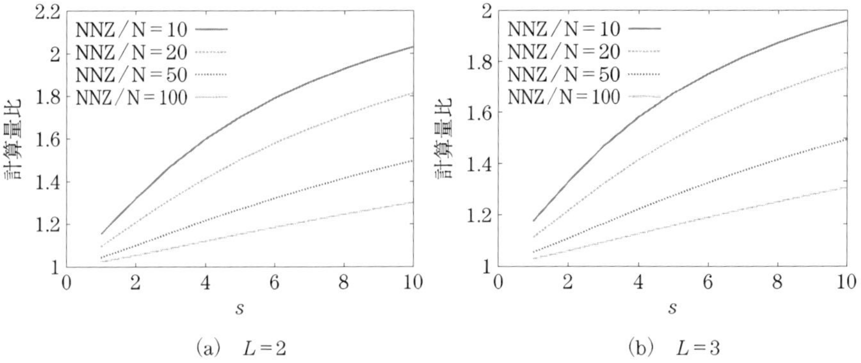

図 5.11　IDRSTAB (s, L) 法の Bi-CGSTAB (s, L) 法に対する計算量比

そこで，IDR (s) STAB (L) 法と GBi-CGSTAB (s, L) 法の演算量を理論的に見積もった．表 5.16 に IDR (s) STAB (L) 法と GBi-CGSTAB (s, L) 法の算法の演算量の比較を示す．図 5.11a, b に IDRSTAB (s, L) 法の計算量に対する Bi-CGSTAB (s, L) 法の計算量の比の推移を示す．横軸はパラメータ s，縦軸は比である．1 行あたりの非零要素数 (nnz) の大きさを 4 通り変えてその比の値をプロットした．前述の行列 sherman5 ($s, L = 1, 2$，平均非零要素数 $= 6.28$) のときの両者の演算量の比の値をグラフから読み取ると，およそ 1.3 以上であることがわかる．すなわち，IDR (s) STAB (L) 法と GBi-CGSTAB (s, L) 法の行列–ベクトル積の回数が同じでも，計算時間は図に示した比の逆数になり，GBi-CGSTAB (s, L) 法の方が速いことに注意されたし．一般に，IDR (s) STAB (L) 法や GBi-CGSTAB (s, L) 法に関する文献中の図では，行列–ベクトル積の回数が横軸にとられていることが多いが，両者の計算時間で性能を比較すべきと思われる．

6　複素密行列問題

本章では複素密行列を係数行列とする連立 1 次方程式を扱う．このような係数行列はたとえば波動場問題の積分方程式解法において現れる．この点について最初に概説する．次に，反復法を実数版から複素数版へ拡張し，複素密行列問題において良好な算法を解説する．最後に，反復計算の中で一番計算が重い，行列-ベクトル積演算の高速化手法として高速多重極アルゴリズムを紹介する．

6.1　2 次元 Helmholtz 方程式に対する積分方程式解法

複素密行列を係数行列とする連立 1 次方程式を生成する一例として積分方程式解法による 2 次元 **Helmholtz 方程式**の数値計算について概説する．ここでは N 個の物体に波を入射したときの散乱波動場問題を考える．なお，角周波数 ω で時間振動する波動場の時間因子は $\mathrm{e}^{\mathrm{j}\omega t}$ とし，記述を省略する．ローマン体の j は**虚数単位**，つまり $\mathrm{j} = \sqrt{-1}$ である．背景領域を $S^{(0)}$，物体領域とその境界をおのおの $S^{(m)}$ および $C^{(m)}$ ($m = 1, 2, \cdots, N$) とする．本節において変数または関数記号の右上の括弧付きの添字 [たとえば，$f^{(m)}$ の "(m)"] は，特に指示がなければ領域番号 (物体番号) を意味し，$m = 1, 2, \cdots, N$ の表記は略す．なお，"(0)" は背景領域を意味する．

6.1.1　境界積分方程式を基本とする数値解法—境界要素法

背景領域 $S^{(0)}$ および物体領域 $S^{(m)}$ における波数をおのおの $k^{(0)}$ および $k^{(m)}$ とし，各 $k^{(m)}$ は $k^{(0)}$ と異なる値を有す．これらの波数が定数，すなわち各物体が均質な媒質である場合は**境界積分方程式**を基本式とし，連立 1 次方程式へ離散化される．2 次元平面上の位置ベクトルを $\boldsymbol{x}$ および $\boldsymbol{y}$，背景および物体領域における波動場をおのおの $\psi^{(0)}$ および $\psi^{(m)}$ とする．入射波は ψ_{inc} で表す．また，境界 $C^{(m)}$ における境界条件として，ここでは

$$\psi^{(m)}(\boldsymbol{x}) = \psi^{(0)}(\boldsymbol{x}), \quad \frac{\partial \psi^{(m)}(\boldsymbol{x})}{\partial n_x^{(m)}} = \frac{\partial \psi^{(0)}(\boldsymbol{x})}{\partial n_x^{(m)}} \quad (\boldsymbol{x} \in C^{(m)}) \tag{6.1}$$

を与える．$\partial/\partial n_x^{(m)}$ は $C^{(m)}$ 上の法線方向微分であり，変数 $\boldsymbol{x}$ に作用する．文献 [95] にならい定式化を進めると，背景領域から見た境界 $C^{(m)}$ 上の波動場 $\psi^{(0)}$ とその法線方向微分 $\partial\psi^{(0)}/\partial n^{(m)}$ を未知関数とする下記の境界積分方程式を得る．

$$\begin{aligned}\psi_{\mathrm{inc}}(\boldsymbol{x}) = {} & \frac{\psi^{(0)}(\boldsymbol{x})}{2} \\ & - \sum_{n=1}^{N} \left\{ \int_{C^{(n)}} \left[\psi^{(0)}(\boldsymbol{y}) \frac{\partial G^{(0)}(\boldsymbol{x},\, \boldsymbol{y})}{\partial n_y^{(n)}} - G^{(0)}(\boldsymbol{x},\, \boldsymbol{y}) \frac{\partial \psi^{(0)}(\boldsymbol{y})}{\partial n_y^{(n)}} \right] \mathrm{d}l_y^{(n)} \right\} \\ & (\boldsymbol{x} \in C^{(m)})\end{aligned} \tag{6.2}$$

$$\begin{aligned}0 = \frac{\psi^{(m)}(\boldsymbol{x})}{2} + \int_{C^{(m)}} \left[\psi^{(m)}(\boldsymbol{y}) \frac{\partial G^{(m)}(\boldsymbol{x},\, \boldsymbol{y})}{\partial n_y^{(m)}} - G^{(m)}(\boldsymbol{x},\, \boldsymbol{y}) \frac{\partial \psi^{(m)}(\boldsymbol{y})}{\partial n_y^{(m)}} \right] \mathrm{d}l_y^{(m)} \\ (\boldsymbol{x} \in C^{(m)})\end{aligned} \tag{6.3}$$

ここで，$G^{(0)}$ および $G^{(m)}$ は **Green 関数**(基本解) であり，次式で与えられる．

$$G^{(0)}(\boldsymbol{x}, \boldsymbol{y}) = \frac{1}{4\mathrm{j}} H_0^{(2)}(k^{(0)}|\boldsymbol{x}-\boldsymbol{y}|), \quad G^{(m)}(\boldsymbol{x}, \boldsymbol{y}) = \frac{1}{4\mathrm{j}} H_0^{(2)}(k^{(m)}|\boldsymbol{x}-\boldsymbol{y}|) \tag{6.4}$$

ここで，$H_0^{(2)}$ は 0 次の**第 2 種 Hankel 関数**である．なお，$\boldsymbol{x}$ は波動場の観測点，$\boldsymbol{y}$ は境界上の積分点に相当する．式 (6.2) および式 (6.3) の境界積分方程式を区分一定要素と点整合法より連立 1 次方程式に離散化し (詳細は文献 [95] を参照)，これを行列形式で表すと次のようになる．

$$\left(\begin{array}{ccc|ccc} \mathcal{A}_{11} & \cdots & \mathcal{A}_{1N} & \mathcal{B}_{11} & \cdots & \mathcal{B}_{1N} \\ \vdots & \ddots & \vdots & \vdots & \ddots & \vdots \\ \mathcal{A}_{N1} & \cdots & \mathcal{A}_{NN} & \mathcal{B}_{N1} & \cdots & \mathcal{B}_{NN} \\ \hline \mathcal{C}_{11} & & 0 & \mathcal{D}_{11} & & 0 \\ & \ddots & & & \ddots & \\ 0 & & \mathcal{C}_{NN} & 0 & & \mathcal{D}_{NN} \end{array} \right) \left(\begin{array}{c} \boldsymbol{\alpha}^{(1)} \\ \vdots \\ \boldsymbol{\alpha}^{(N)} \\ \hline \boldsymbol{\beta}^{(1)} \\ \vdots \\ \boldsymbol{\beta}^{(N)} \end{array} \right) = \left(\begin{array}{c} \boldsymbol{\psi}_{\mathrm{inc}}^{(1)} \\ \vdots \\ \boldsymbol{\psi}_{\mathrm{inc}}^{(N)} \\ \hline \mathbf{0}^{(1)} \\ \vdots \\ \mathbf{0}^{(N)} \end{array} \right) \tag{6.5}$$

ここで，係数行列の $\mathcal{A}$，$\mathcal{B}$，$\mathcal{C}$，$\mathcal{D}$ はブロックであり，それらの成分は次式で与えられる．なお，δ_{ij} は **Kronecker** のデルタである．$\Delta C_j^{(m)}$ は境界要素の番号であり，境界 $C^{(m)}$ の形状を $M^{(m)}$ 多角形で近似したときの辺の番号に相当する．また，$\Delta C_j^{(m)}$ の中点を $\bar{\boldsymbol{x}}_j^{(m)}$ とする．

$$\Big[\mathcal{A}_{mn}\Big]_{ij} = -\frac{1}{4\mathrm{j}}\int_{\Delta C_j^{(n)}} \frac{\partial H_0^{(2)}(k^{(0)}|\bar{\boldsymbol{x}}_i^{(m)} - \boldsymbol{y}|)}{\partial n_y^{(n)}}\,\mathrm{d}l_y^{(n)} + \frac{\delta_{mn}\delta_{ij}}{2} \tag{6.6}$$

$$\Big[\mathcal{B}_{mn}\Big]_{ij} = \frac{1}{4\mathrm{j}}\int_{\Delta C_j^{(n)}} H_0^{(2)}(k^{(0)}|\bar{\boldsymbol{x}}_i^{(m)} - \boldsymbol{y}|)\,\mathrm{d}l_y^{(n)} \tag{6.7}$$

$$\Big[\mathcal{C}_{mm}\Big]_{ij} = \frac{1}{4\mathrm{j}}\int_{\Delta C_j^{(m)}} \frac{\partial H_0^{(2)}(k^{(m)}|\bar{\boldsymbol{x}}_i^{(m)} - \boldsymbol{y}|)}{\partial n_y^{(m)}}\,\mathrm{d}l_y^{(m)} + \frac{\delta_{ij}}{2} \tag{6.8}$$

$$\Big[\mathcal{D}_{mm}\Big]_{ij} = \frac{1}{4\mathrm{j}}\int_{\Delta C_j^{(m)}} H_0^{(2)}(k^{(m)}|\bar{\boldsymbol{x}}_i^{(m)} - \boldsymbol{y}|)\,\mathrm{d}l_y^{(m)} \tag{6.9}$$

$$(m,\,n = 1,\,2,\,\cdots,\,N,\ \ i = 1,\,2,\,\cdots,\,M^{(m)},\ \ j = 1,\,2,\,\cdots,\,M^{(n)})$$

未知および既知ベクトル中の $\boldsymbol{\alpha}^{(m)}$，$\boldsymbol{\beta}^{(m)}$，$\boldsymbol{\psi}_{\mathrm{inc}}^{(m)}$ および $\mathbf{0}^{(m)}$ はおのおの $M^{(m)}$ 次のベクトルであり，成分は次式で与えられる．なお，$\alpha_i^{(m)}$ および $\beta_i^{(m)}$ はそれぞれ $\bar{\boldsymbol{x}}_i^{(m)}$ 上の $\psi^{(0)}$ および $\partial\psi^{(0)}/\partial n^{(m)}$ の値に相当する．

$$[\boldsymbol{\alpha}^{(m)}]_i = \alpha_i^{(m)},\quad [\boldsymbol{\beta}^{(m)}]_i = \beta_i^{(m)},\quad [\boldsymbol{\psi}_{\mathrm{inc}}^{(m)}]_i = \psi_{\mathrm{inc}}(\bar{\boldsymbol{x}}_i^{(m)}),\quad [\mathbf{0}^{(m)}]_i = 0$$
$$(m = 1,\,2,\,\cdots,\,N,\ \ i = 1,\,2,\,\cdots,\,M^{(m)}) \tag{6.10}$$

式 (6.5) に示す連立 1 次方程式の次元数は $2L$ で，係数行列は複素非対称行列である．なお，L は $M^{(1)}$ から $M^{(N)}$ までの総和である．$\mathcal{A}$，$\mathcal{B}$，$\mathcal{C}$，$\mathcal{D}$ の 4 ブロックは完全に密な行列である．この方程式を反復法で解くことになるが，各 $M^{(m)}$ の値が比較的小さく各 $\mathcal{C}_{mm}$ と $\mathcal{D}_{mm}$ の逆行列計算に要する時間が短い場合は消去法を利用し次元数がもとの半分の次の連立 1 次方程式に変形する．

$$\begin{pmatrix} -\mathcal{A}_{11}\mathcal{C}_{11}^{-1} + \mathcal{B}_{11}\mathcal{D}_{11}^{-1} & \cdots & -\mathcal{A}_{1N}\mathcal{C}_{NN}^{-1} + \mathcal{B}_{1N}\mathcal{D}_{NN}^{-1} \\ \vdots & \ddots & \vdots \\ -\mathcal{A}_{N1}\mathcal{C}_{11}^{-1} + \mathcal{B}_{N1}\mathcal{D}_{11}^{-1} & \cdots & -\mathcal{A}_{NN}\mathcal{C}_{NN}^{-1} + \mathcal{B}_{NN}\mathcal{D}_{NN}^{-1} \end{pmatrix} \begin{pmatrix} \boldsymbol{x}^{(1)} \\ \vdots \\ \boldsymbol{x}^{(N)} \end{pmatrix} = \begin{pmatrix} \boldsymbol{\psi}_{\mathrm{inc}}^{(1)} \\ \vdots \\ \boldsymbol{\psi}_{\mathrm{inc}}^{(N)} \end{pmatrix} \tag{6.11}$$

この連立 1 次方程式の係数行列は複素非対称で完全に密な行列であるため，後述する複素非対称行列用の反復法を利用する．なお，式 (6.11) の未知ベクトル中の

$\boldsymbol{x}^{(m)}$ は m 次のベクトルであり，式 (6.5) の解 $\boldsymbol{\alpha}^{(m)}$ および $\boldsymbol{\beta}^m$ とは次式で関係付けられる．

$$\boldsymbol{\alpha}^{(m)} = -\mathcal{C}_{mm}^{-1}\boldsymbol{x}^{(m)}, \qquad \boldsymbol{\beta}^{(m)} = \mathcal{D}_{mm}^{-1}\boldsymbol{x}^{(m)} \tag{6.12}$$

6.1.2 体積積分方程式を基本とする数値解法

物体領域 $S^{(m)}$ の波数が位置の関数 $k^{(m)}(\boldsymbol{x})$ で与えられる，すなわち不均質媒質である場合は次式に示す**体積積分方程式**を基本式とする[96]．

$$\psi_{\rm inc}(\boldsymbol{x}) = \psi^{(m)}(\boldsymbol{x}) - (k^{(0)})^2 \sum_{n=1}^{N} \int_{S^{(n)}} G^{(0)}(\boldsymbol{x},\, \boldsymbol{y})\Big(\gamma^{(n)}(\boldsymbol{y}) - 1\Big)\psi^{(n)}(\boldsymbol{y})\, {\rm d}S_y^{(n)}$$
$$(\boldsymbol{x} \in S^{(m)}) \tag{6.13}$$

ここで，$\gamma^{(n)}(\boldsymbol{y})$ は $k^{(n)}(\boldsymbol{y})$ と $k^{(0)}$ (背景媒質の波数) の比にもとづく関数で次式で与えられる．

$$\gamma^{(n)}(\boldsymbol{x}) = \left(\frac{k^{(n)}(\boldsymbol{x})}{k^{(0)}}\right)^2 \tag{6.14}$$

式 (6.13) の体積積分方程式を正方形領域一定要素と点整合法より連立 1 次方程式に離散化し (詳細は文献 [96] を参照)，これを行列形式で表すと次式を得る．

$$\begin{pmatrix} \mathcal{A}_{11} & \cdots & \mathcal{A}_{1N} \\ \vdots & \ddots & \vdots \\ \mathcal{A}_{N1} & \cdots & \mathcal{A}_{NN} \end{pmatrix} \begin{pmatrix} \boldsymbol{\alpha}^{(1)} \\ \vdots \\ \boldsymbol{\alpha}^{(N)} \end{pmatrix} = \begin{pmatrix} \boldsymbol{\psi}_{\rm inc}^{(1)} \\ \vdots \\ \boldsymbol{\psi}_{\rm inc}^{(N)} \end{pmatrix} \tag{6.15}$$

ここで $\mathcal{A}_{ij}$ はブロックであり，その成分は次式で与えられる．$\Delta S_j^{(n)}$ は正方形要素の番号であり，領域 $S^{(n)}$ の形状を $M^{(n)}$ 個の正方形で近似したときの正方形の番号に相当する．また，$\Delta S_j^{(n)}$ の中点を $\bar{\boldsymbol{x}}_j^{(n)}$ とする．

$$\Big[\mathcal{A}_{mn}\Big]_{ij} = -\frac{1}{4{\rm j}} \int_{\Delta S_j^{(n)}} H_0^{(2)}(k^{(0)}|\bar{\boldsymbol{x}}_i^{(m)} - \boldsymbol{y}|)\Big(\gamma^{(n)}(\boldsymbol{y}) - 1\Big)\, {\rm d}S_y^{(n)} + \delta_{mn}\delta_{ij}$$
$$(m,\, n = 1,\, 2,\, \cdots,\, N,\;\; i = 1,\, 2,\, \cdots,\, M^{(m)},\;\; j = 1,\, 2,\, \cdots,\, M^{(n)}) \tag{6.16}$$

未知および既知ベクトル中の $\boldsymbol{\alpha}^{(m)}$ および $\boldsymbol{\psi}_{\rm inc}^{(m)}$ は m 次のベクトルであり，その成分は次式で与えられる．なお，$\alpha_i^{(n)}$ は $\bar{\boldsymbol{x}}_i^{(m)}$ 上の $\psi^{(m)}$ の値に相当する．

$$[\boldsymbol{\alpha}^{(m)}]_i = \alpha_i^{(m)}, \quad [\boldsymbol{\psi}_{\rm inc}^{(m)}]_i = \psi_{\rm inc}(\bar{\boldsymbol{x}}_i^{(m)})$$
$$(m = 1,\, 2,\, \cdots,\, N,\;\; i = 1,\, 2,\, \cdots,\, M^{(m)}) \tag{6.17}$$

式 (6.15) の係数行列はサイズが L($M^{(1)}$ から $M^{(N)}$ までの総和, 6.1.1 項を参照) の完全に密な複素非対称行列である. ただし, 関数 $\gamma^{(n)}(\boldsymbol{x})$ の正方形要素上での変動が十分小さく定数とみなせる場合は, 式 (6.15) の連立 1 次方程式は次のように書き換えられる.

$$\begin{pmatrix} \mathcal{A}'_{11} & \cdots & \mathcal{A}'_{1N} \\ \vdots & \ddots & \vdots \\ \mathcal{A}'_{N1} & \cdots & \mathcal{A}'_{NN} \end{pmatrix} \begin{pmatrix} \boldsymbol{x}^{(1)} \\ \vdots \\ \boldsymbol{x}^{(N)} \end{pmatrix} = \begin{pmatrix} \boldsymbol{\psi}_{\rm inc}^{(1)} \\ \vdots \\ \boldsymbol{\psi}_{\rm inc}^{(N)} \end{pmatrix} \tag{6.18}$$

$$\Big[\mathcal{A}'_{mn}\Big]_{ij} = -\frac{1}{4{\rm j}} \int_{\Delta S_j^{(n)}} H_0^{(2)}(k^{(0)}|\bar{\boldsymbol{x}}_i^{(m)} - \boldsymbol{y}|)\, {\rm d}l_y^{(n)} + \frac{\delta_{mn}\delta_{ij}}{\gamma^{(m)}(\boldsymbol{x}_i^{(m)}) - 1} \tag{6.19}$$

$$[\boldsymbol{x}^{(m)}]_i = \alpha_i^{(m)}\Big(\gamma^{(m)}(\boldsymbol{x}_i^{(m)}) - 1\Big) \tag{6.20}$$
$$(m,\, n = 1,\, 2,\, \cdots,\, N,\;\; i = 1,\, 2,\, \cdots,\, M^{(m)},\;\; j = 1,\, 2,\, \cdots,\, M^{(n)})$$

このとき, 新しい連立 1 次方程式の係数行列は複素対称で完全に密な行列であるため, 後述する複素対称行列用の反復法が利用できる.

6.2 複素密行列向けの反復法

前節で示した複素密行列を係数行列とする連立 1 次方程式を反復法で解く. 本節では実行列向けの反復法の複素行列版への拡張に向けた注意点を説明する. そして, 複素密行列向けの反復法を紹介する.

6.2.1 複素行列用反復法への拡張

実行列向けの反復法では, Krylov 部分空間を定義し, 適切な条件の下に具体的な算法を導出した. 本節で扱う複素行列においても導出の手順については実行列版と基本的に同じであるが多少の相違点もある. このため, 実行列版の算法中の実変数 (ベクトル, 行列を含む) を単純に複素変数とみなしてプログラム実装するのは危険である．ここでは，実行列版との類似点および相違点を基に，実行列版の算法を複素行列問題に適用する際の注意点を述べる．

算法の導出において重要な Krylov 部分空間 $K_n(\mathcal{A};\, \boldsymbol{r}_0)$ について，複素行列版における $K_n(\mathcal{A};\, \boldsymbol{r}_0)$ の定義は実行列版と同じ

$$K_n(\mathcal{A};\, \boldsymbol{r}_0) = \mathrm{Span}\{\boldsymbol{r}_0,\, \mathcal{A}\boldsymbol{r}_0,\, \cdots,\, \mathcal{A}^{n-1}\boldsymbol{r}_0\} \tag{6.21}$$

である．$\boldsymbol{r}_0$ は初期残差ベクトルである．また，実非対称行列用反復法の導出のため Krylov 部分空間と対をなす新たな空間 $K_n(\mathcal{A}^{\mathsf{T}};\, \boldsymbol{r}_0)$ を導入した．この発想は複素行列版でも用いられるが，対をなす空間の定義は

$$K_n(\mathcal{A}^{\mathsf{H}};\, \boldsymbol{r}_0) = \mathrm{Span}\{\boldsymbol{r}_0,\, \mathcal{A}^{\mathsf{H}}\boldsymbol{r}_0,\, \cdots,\, (\mathcal{A}^{\mathsf{H}})^{n-1}\boldsymbol{r}_0\} \tag{6.22}$$

であり，行列の扱いに関して実数版と異なる．なお，添字の “T” は転置を，“H” は共役転置を表す．複素行列 $\mathcal{A}$ に対してこの両者の関係は

$$\mathcal{A}^{\mathsf{H}} \neq \mathcal{A}^{\mathsf{T}}, \quad \mathcal{A}^{\mathsf{H}} = (\bar{\mathcal{A}})^{\mathsf{T}} = \overline{(\mathcal{A}^{\mathsf{T}})} \qquad (\bar{a}\ \text{は}\ a\ \text{の複素共役}) \tag{6.23}$$

である．以上より，実行列版の算法中に現れる行列の転置は複素行列版では共役転置となる場合があるため注意を要する．

反復法の算法中にはベクトルの内積が現れる．実行列版では 2 つの N 次元実ベクトル $\boldsymbol{a}$ と $\boldsymbol{b}$ の内積 $(\boldsymbol{a},\, \boldsymbol{b})$ は

$$(\boldsymbol{a},\, \boldsymbol{b}) = \boldsymbol{a}^{\mathsf{T}}\boldsymbol{b} = \sum_{i=1}^{N} a_i b_i \tag{6.24}$$

で表される．これに対して，複素行列版では，2 つの N 次元複素ベクトル $\boldsymbol{\alpha}$ と $\boldsymbol{\beta}$ の内積 $(\boldsymbol{\alpha},\, \boldsymbol{\beta})$ は，参照文献の違いにより次の 2 つの計算式がある．

$$(\boldsymbol{\alpha},\, \boldsymbol{\beta}) = \boldsymbol{\alpha}^{\mathsf{H}}\boldsymbol{\beta} = \sum_{i=1}^{N} \overline{\alpha_i}\, \beta_i, \qquad (\boldsymbol{\alpha},\, \boldsymbol{\beta}) = \boldsymbol{\alpha}^{\mathsf{T}}\bar{\boldsymbol{\beta}} = \sum_{i=1}^{N} \alpha_i\, \overline{\beta_i} \tag{6.25}$$

また，実ベクトルの内積については，式 (6.24) より単純な交換則

$$(\boldsymbol{b},\, \boldsymbol{a}) = (\boldsymbol{a},\, \boldsymbol{b}) \tag{6.26}$$

が成り立つ．しかし，複素ベクトルの内積については式 (6.25) より

$$(\boldsymbol{\beta},\, \boldsymbol{\alpha}) \neq (\boldsymbol{\alpha},\, \boldsymbol{\beta}), \quad (\boldsymbol{\beta},\, \boldsymbol{\alpha}) = \overline{(\boldsymbol{\alpha},\, \boldsymbol{\beta})} \tag{6.27}$$

のように単純な交換が成立しない．このように，実行列版を複素行列版に拡張する場合はベクトルの内積について計算式だけでなく，2 つのベクトルの組合せについても注意する．本章では式 (6.25) 左側の計算式を利用する．

このように実行列版と複素行列版では行列の扱いおよびベクトルの内積が異なる．これらの点に注意すれば，実非対称行列向けの反復法の算法を複素非対称行列向けの算法として利用できる．ただし，本章で扱うような密行列の場合では 1 反復あたりの行列–ベクトル積の演算実行回数が 2 回以上の反復法は求解に要する計算時間が膨大になることが容易に想像できる．次項以降では，1 反復あたりの行列–ベクトル積演算実行回数が 1 回の反復法に注目する．

6.2.2 Hermite 行列向けの解法—CG 法と CR 法

係数行列 $\mathcal{A}$ が**正値 Hermite 行列**($\mathcal{A} = \mathcal{A}^{\mathsf{H}}$，すべての $\boldsymbol{x}$ に対して $\boldsymbol{x}^{\mathsf{H}}\mathcal{A}\boldsymbol{x} > 0$) の場合は**共役勾配** [CG (Conjugate Gradient)] **法**[28] が収束性とメモリ使用量に優れた解法として幅広く利用される．また，CG 法に類似する反復法として**共役残差** [CR (Conjugate Residual)] **法**[33] がある．CR 法は CG 法と同様の収束性を有すが，1 反復あたりの演算量やメモリ量では劣る．以下で説明する CG 法の算法の導出方法は文献 [18] に準拠する．他にも多くの良書[33, 50, 97–100]がある．

n 回反復後の解ベクトル $\boldsymbol{x}_n$ の初期近似解ベクトル $\boldsymbol{x}_0$ に対する差 $\boldsymbol{x}_n - \boldsymbol{x}_0$ を $\boldsymbol{z}_n$ とする．Krylov 部分空間にもとづいた反復法では $\boldsymbol{z}_n$ は**空間条件**

$$\boldsymbol{z}_n \in K_n(\mathcal{A},\, \boldsymbol{r}_0), \quad \boldsymbol{z}_n = \boldsymbol{x}_n - \boldsymbol{x}_0, \quad \boldsymbol{r}_0 = \boldsymbol{b} - \mathcal{A}\boldsymbol{x}_0 \tag{6.28}$$

を満足するように生成される．したがって，$\boldsymbol{z}_n$ は $K_n(\mathcal{A},\, \boldsymbol{r}_0)$ の正規直交基底 $\{\boldsymbol{v}_1,\, \boldsymbol{v}_2,\, \cdots,\, \boldsymbol{v}_n\}$ を用いて

$$\boldsymbol{z}_n = y_1\boldsymbol{v}_1 + y_2\boldsymbol{v}_2 + \cdots + y_n\boldsymbol{v}_n = \mathcal{V}_n\boldsymbol{y}_n \tag{6.29}$$

$$\mathcal{V}_n = (\boldsymbol{v}_1\ \boldsymbol{v}_2\ \cdots\ \boldsymbol{v}_n), \qquad \boldsymbol{v}_1 = \boldsymbol{r}_0/||\boldsymbol{r}_0||_2 \tag{6.30}$$

$$\boldsymbol{y}_n = (y_1\ y_2\ \cdots\ y_n), \quad \boldsymbol{y}_n \in C^n \tag{6.31}$$

で表され，適切な条件の下にベクトル $\boldsymbol{y}_n$ の成分を決定すればよい．

式 (6.29) の $\boldsymbol{z}_n$ の算定のために，まず $K_n(\mathcal{A},\, \boldsymbol{r}_0)$ の正規直交基底について考える．算出にはアルゴリズム 6.1 に示す **Gram–Schmidt の直交化法**を利用する．

このとき，算法中の $\boldsymbol{a}_1$ は $\boldsymbol{r}_0$，他の $\boldsymbol{a}_i$ は

$$\boldsymbol{a}_2 = \mathcal{A}\boldsymbol{v}_1,\ \ \boldsymbol{a}_3 = \mathcal{A}\boldsymbol{v}_2,\ \ \cdots,\ \ \boldsymbol{a}_n = \mathcal{A}\boldsymbol{v}_{n-1} \tag{6.32}$$

のように直前に生成された正規直交ベクトルと係数行列との積とする．Gram–Schmidt の直交化を通じて $r_{i\,j}$ を成分とする $n\times n$ の上三角行列 $\mathcal{R}$ が生成され，この $\mathcal{R}$ の第 1 列を除いた $n\times(n-1)$ の行列は **Hessenberg 行列**とよばれ，$\tilde{\mathcal{H}}_{n-1}$ で表す．$\tilde{\mathcal{H}}_{n-1}$ の第 n 行を除いた $(n-1)\times(n-1)$ の行列を次式のように $\mathcal{H}_{n-1}$ で表す．

$$\tilde{\mathcal{H}}_{n-1} = \left(\begin{array}{ccccc} h_{11} & h_{12} & \cdots & h_{1\,n-2} & h_{1\,n-1} \\ h_{21} & h_{22} & \cdots & h_{2\,n-2} & h_{2\,n-1} \\ 0 & \ddots & \ddots & \vdots & \vdots \\ \vdots & \ddots & \ddots & \ddots & \vdots \\ \vdots & \ddots & \ddots & h_{n-1\,n-2} & h_{n-1\,n-1} \\ \hline 0 & \cdots & \cdots & 0 & h_{n\,n-1} \end{array}\right) = \left(\begin{array}{c} \\ \mathcal{H}_{n-1} \\ \\ \hline 0\cdots\ 0\ \ h_{n\,n-1} \end{array}\right) \tag{6.33}$$

$\tilde{\mathcal{H}}_{n-1}$ および $\mathcal{H}_{n-1}$ の成分はアルゴリズム 6.1 および式 (6.32) より次式で与えられる．

$$h_{i\,j} = r_{i\,j+1} = \begin{cases} \|\tilde{\boldsymbol{v}}_{j+1}\|_2 & (i = j+1) \\ (\boldsymbol{v}_i,\ \mathcal{A}\boldsymbol{v}_j) & (i \le j) \\ 0 & (i > j) \end{cases} \tag{6.34}$$

Gram–Schmidt の直交化法より得られる行列 $\mathcal{R}$ に対して，次式に示す **QR 分解**が成り立つ．

$$\mathcal{A} = \mathcal{Q}\mathcal{R},\quad \mathcal{A} = (\boldsymbol{a}_1\ \boldsymbol{a}_2\ \cdots \boldsymbol{a}_n),\quad \mathcal{Q} = (\boldsymbol{v}_1\ \boldsymbol{v}_2\ \cdots \boldsymbol{v}_n) \tag{6.35}$$

この特徴を応用すると，式 (6.32) から式 (6.35) より次式が成り立つ

$$\mathcal{A}\mathcal{V}_{n-1} = \mathcal{V}_n\tilde{\mathcal{H}}_{n-1} = \mathcal{V}_{n-1}\mathcal{H}_{n-1} + h_{n\,n-1}\boldsymbol{v}_n\left(\boldsymbol{e}_{n-1}^{(n-1)}\right)^{\mathsf{T}} \tag{6.36}$$

$$\boldsymbol{e}_{n-1}^{(n-1)} = (0\ 0\ \cdots\ 0\ 1),\quad \boldsymbol{e}_{n-1}^{(n-1)} \in C^{n-1} \tag{6.37}$$

なお，$\boldsymbol{e}_{n-1}^{(n-1)}$ は行列 $\mathcal{V}_{n-1}\mathcal{H}_{n-1}$ の最終列 (第 $n-1$ 列) に $h_{n\,n-1}\boldsymbol{v}_n$ の結果を加えるためのベクトルである．右下の添字は成分の数，すなわち，ベクトルの次元

アルゴリズム 6.1 Gram–Schmidt の直交化

Let $\boldsymbol{a}_1, \boldsymbol{a}_2, \cdots, \boldsymbol{a}_n$ be a set of linearly independent vectors.
$r_{11} = ||\boldsymbol{a}_1||_2$, and $\boldsymbol{q}_1 = \dfrac{\boldsymbol{a}_1}{r_{11}}$
for $j = 1, 2, \cdots, n-1$ **do**
  $\tilde{\boldsymbol{q}}_{j+1} = \boldsymbol{a}_{j+1}$
  for $i = 1, 2, \cdots, j$ **do**
    $r_{i\ j+1} = (\boldsymbol{q}_i,\ \boldsymbol{a}_{j+1})$
    $\tilde{\boldsymbol{q}}_{j+1} = \tilde{\boldsymbol{q}}_{j+1} + r_{i\ j+1}\boldsymbol{q}_i$
  end do
  $r_{j+1,\ j+1} = ||\tilde{\boldsymbol{q}}_{j+1}||_2$
  $\boldsymbol{q}_{j+1} = \dfrac{\tilde{\boldsymbol{q}}_{j+1}}{r_{j+1\ j+1}}$
end do

アルゴリズム 6.2 Arnoldi 過程

Let $\boldsymbol{x}_0$ be an initial guess.
Put $\boldsymbol{r}_0 = \boldsymbol{b} - \mathcal{A}\boldsymbol{x}_0$
$\boldsymbol{v}_1 = \dfrac{\boldsymbol{r}_0}{||\boldsymbol{r}_0||_2}$
for $j = 1, 2, \cdots, n-1$ **do**
  $\tilde{\boldsymbol{v}}_{j+1} = \mathcal{A}\boldsymbol{v}_{j+1}$
  for $i = 1, 2, \cdots, j$ **do**
    $h_{i\ j} = (\boldsymbol{v}_i,\ \mathcal{A}\boldsymbol{v}_{j+1})$
    $\tilde{\boldsymbol{v}}_{j+1} = \tilde{\boldsymbol{v}}_{j+1} + h_{i\ j}\boldsymbol{v}_i$
  end do
  $h_{j+1,\ j} = ||\tilde{\boldsymbol{v}}_{j+1}||_2$
  $\boldsymbol{v}_{j+1} = \dfrac{\tilde{\boldsymbol{v}}_{j+1}}{h_{j+1\ j}}$
end do

数を，右上の添字はただひとつ 1 を示す成分の位置をおのおの意味する．各 $\boldsymbol{v}_i$ は正規直交ベクトルであるから，$\mathcal{V}_{n-1}$ はユニタリ行列であり，次式が成り立つ．

$$\mathcal{V}_{n-1}^{\mathsf{H}}\mathcal{A}\mathcal{V}_{n-1} = \mathcal{H}_{n-1} \tag{6.38}$$

以上において Krylov 部分空間の正規直交基底および Hessenberg 行列の具体的な計算手順はアルゴリズム 6.2 のようになる．この手順を **Arnoldi 過程**とよぶ．

係数行列 $\mathcal{A}$ が Hermite 行列の場合を考える．このとき，式 (6.34) 中の内積に関して次式が成り立つ．

$$(\boldsymbol{v}_i,\ \mathcal{A}\boldsymbol{v}_j) = (\mathcal{A}\boldsymbol{v}_i,\ \boldsymbol{v}_j) = \overline{(\boldsymbol{v}_j,\ \mathcal{A}\boldsymbol{v}_i)} \tag{6.39}$$

また，式 (6.36) より

$$\mathcal{A}\boldsymbol{v}_j = \sum_{k=1}^{j+1} h_{kj}\boldsymbol{v}_k \tag{6.40}$$

であるから，

$$(\boldsymbol{v}_i,\ \mathcal{A}\boldsymbol{v}_j) = \begin{cases} 0 & (i \geq j+2) \\ h_{i\ j} & (i \leq j+1) \end{cases}, \quad (\boldsymbol{v}_j,\ \mathcal{A}\boldsymbol{v}_i) = \begin{cases} 0 & (j \geq i+2) \\ h_{j\ i} & (j \leq i+1) \end{cases} \tag{6.41}$$

を得る．ここで，式 (6.39) より

$$h_{i\ j} = 0 \qquad (\ i \geq j+2 \ \text{または}\ i \leq j-2) \tag{6.42}$$

であることがわかる．さらに，式 (6.34)，式 (6.39) および式 (6.41) より

$$(\boldsymbol{v}_{j+1},\ \mathcal{A}\boldsymbol{v}_j) = h_{j+1\,j} = ||\tilde{\boldsymbol{v}}_{j+1}||_2, \qquad \overline{(\boldsymbol{v}_j,\ \mathcal{A}\boldsymbol{v}_{j+1})} = \overline{h_{j\,j+1}} \tag{6.43}$$

$$\therefore\ \ h_{j+1\,j} = \overline{h_{j\,j+1}} = ||\tilde{\boldsymbol{v}}_{j+1}||_2 \tag{6.44}$$

となる．さらに，

$$h_{i\,i} = (\boldsymbol{v}_i,\ \mathcal{A}\boldsymbol{v}_i) = (\mathcal{A}\boldsymbol{v}_i,\ \boldsymbol{v}_i) = \overline{(\boldsymbol{v}_i,\ \mathcal{A}\boldsymbol{v}_i)} = \overline{h_{i\,i}} \tag{6.45}$$

である．式 (6.42) から式 (6.45) より $\mathcal{A}$ が Hermite 行列の場合は行列 $\mathcal{H}_{n-1}$ は実3重対角対称行列であることがわかる．よって，以下では $\mathcal{H}_{n-1}$ にかわり次式に与える $\mathcal{T}_{n-1}$ で表す．

$$\mathcal{T}_{n-1} = \begin{pmatrix} s_1 & t_1 & & & & \mathbf{0} \\ t_1 & s_2 & t_2 & & & \\ & t_2 & s_3 & t_3 & & \\ & & \ddots & \ddots & \ddots & \\ & & & t_{n-3} & s_{n-2} & t_{n-2} \\ \mathbf{0} & & & & t_{n-2} & s_{n-1} \end{pmatrix} \tag{6.46}$$

$$s_i = (\boldsymbol{v}_i,\ \mathcal{A}\boldsymbol{v}_i), \qquad t_i = ||\tilde{\boldsymbol{v}}_{i+1}||_2 = (\boldsymbol{v}_{i+1},\ \mathcal{A}\boldsymbol{v}_i) \tag{6.47}$$

なお，式 (6.36) に代わる式として次式を与える．

$$\mathcal{A}\mathcal{V}_{n-1} = \mathcal{V}_{n-1}\mathcal{T}_{n-1} + t_{n-1}\boldsymbol{v}_n\left(\boldsymbol{e}_{n-1}^{(n-1)}\right)^{\mathsf{T}} \tag{6.48}$$

以上において $\mathcal{A}$ が Hermite 行列の場合はアルゴリズム 6.2 の Arnoldi 過程の算法は簡略化され **Lanczos 過程**とよばれる．具体的な算法をアルゴリズム 6.3 に示す．

Krylov 部分空間の正規直交基底に関する公式の導出が終わったので，次に，$\mathcal{A}$ が正値 Hermite 行列という仮定下で，式 (6.29) の $\boldsymbol{y}_n$ を**直交条件**

$$\boldsymbol{r}_n \perp K_n(\mathcal{A},\ \boldsymbol{r}_0), \quad \boldsymbol{r}_n = \boldsymbol{b} - \mathcal{A}\boldsymbol{x}_n \tag{6.49}$$

より求め，CG 法の算法を導出する．残差ベクトルは式 (6.28) と式 (6.29) より

$$\boldsymbol{r}_n = \boldsymbol{r}_0 - \mathcal{A}\boldsymbol{z}_n = \boldsymbol{r}_0 - \mathcal{A}\mathcal{V}_n\boldsymbol{y}_n \tag{6.50}$$

アルゴリズム **6.3**　Lanczos 過程

Let $\boldsymbol{x}_0$ be an initial guess.
Put $\boldsymbol{r}_0 = \boldsymbol{b} - \mathcal{A}\boldsymbol{x}_0$
$\boldsymbol{v}_0 = \boldsymbol{0},\ \boldsymbol{v}_1 = \boldsymbol{r}_0/||\boldsymbol{r}_0||_2$
for $j = 1, 2, \cdots, n-1$ **do**
　$s_j = (\boldsymbol{v}_j,\ \mathcal{A}\boldsymbol{v}_j)$
　$t_j = ||\mathcal{A}\boldsymbol{v}_j - t_{j-1}\boldsymbol{v}_{j-1} - s_j\boldsymbol{v}_j||_2$
　$\boldsymbol{v}_{j+1} = (\mathcal{A}\boldsymbol{v}_j - t_{j-1}\boldsymbol{v}_{j-1} - s_j\boldsymbol{v}_j)/t_j$
end do

でも与えられる．$\boldsymbol{r}_n$ の両辺に左から $\mathcal{V}_n^{\mathsf{H}}$ を作用させ，直交条件と式 (6.30) および式 (6.48) より次式を得る．

$$\mathcal{V}_n^{\mathsf{H}}\boldsymbol{r}_n = 0 = ||\boldsymbol{r}_0||_2\boldsymbol{e}_n^{(1)} - \mathcal{V}_n^{\mathsf{H}}\mathcal{A}\mathcal{V}_n\boldsymbol{y}_n, \quad \therefore\ \boldsymbol{y}_n = ||\boldsymbol{r}_0||_2\mathcal{T}_n^{-1}\boldsymbol{e}_n^{(1)} \tag{6.51}$$

この式より $\boldsymbol{y}_n$ は式 (6.31) より複素ベクトルと見なしてきたが，実は実ベクトルであることがわかる．残差ベクトルは式 (6.50) より

$$\begin{aligned}\boldsymbol{r}_n &= \boldsymbol{r}_0 - \Big(\mathcal{V}_n\mathcal{T}_n\Big)\Big(||\boldsymbol{r}_0||_2\mathcal{T}_n^{-1}\boldsymbol{e}_n^{(1)}\Big) + t_n\boldsymbol{v}_{n+1}\Big(\boldsymbol{e}_n^{(n)}\Big)^{\mathsf{T}}\boldsymbol{y}_n \\ &= -t_n\Big(\boldsymbol{e}_n^{(n)},\ \boldsymbol{y}_n\Big)\boldsymbol{v}_{n+1}\end{aligned} \tag{6.52}$$

となる．なお，$\boldsymbol{e}_n^{(n)}$，$\boldsymbol{y}_n$ の成分はすべて実数であるため式 (6.52) の内積は式 (6.25) に示す複素ベクトルの内積で表現しても式 (6.24) に示す実ベクトルの内積と同じ結果となる．ここで，式 (6.48) より得られる $\boldsymbol{v}_{n+1}$ に対する漸化式

$$\boldsymbol{v}_{n+1} = \frac{\mathcal{A}\boldsymbol{v}_n - t_{n-1}\boldsymbol{v}_{n-1} - s_n\boldsymbol{v}_n}{t_n}, \quad \boldsymbol{v}_1 = \frac{\boldsymbol{r}_0}{||\boldsymbol{r}_0||_2} \tag{6.53}$$

を式 (6.52) に代入し整理すると，残差 $\boldsymbol{r}_n$ に対する漸化式が次式で得られる．

$$\boldsymbol{r}_1 = \frac{\Big(\boldsymbol{e}_1^{(1)},\ \boldsymbol{y}_1\Big)}{||\boldsymbol{r}_0||_2}\left[\frac{(\boldsymbol{r}_0,\ \mathcal{A}\boldsymbol{r}_0)}{||\boldsymbol{r}_0||_2}\boldsymbol{r}_0 - \mathcal{A}\boldsymbol{r}_0\right] \tag{6.54}$$

$$\begin{aligned}\boldsymbol{r}_n &= -\frac{\Big(\boldsymbol{e}_n^{(n)},\ \boldsymbol{y}_n\Big)}{t_{n-1}\Big(\boldsymbol{e}_{n-1}^{(n-1)},\ \boldsymbol{y}_{n-1}\Big)} \\ &\quad \times \left[\frac{(\boldsymbol{r}_{n-1},\ \mathcal{A}\boldsymbol{r}_{n-1})}{(\boldsymbol{r}_{n-1},\ \boldsymbol{r}_{n-1})}\boldsymbol{r}_{n-1} + \frac{(\boldsymbol{r}_{n-2},\ \mathcal{A}\boldsymbol{r}_{n-1})}{(\boldsymbol{r}_{n-2},\ \boldsymbol{r}_{n-2})}\boldsymbol{r}_{n-2} - \mathcal{A}\boldsymbol{r}_{n-1}\right]\end{aligned} \tag{6.55}$$

ただし，角括弧の外側にある係数の算定には $\boldsymbol{y}_n$ が必要であり，式 (6.51) よりその計算は容易ではない．このため，これらの係数をおのおの α_0，α_{n-1} とし，次の段落において今後有用な公式を別にいくつか定める．なお，これまでの議論より各 α_n は実数である．

式 (6.52) より，次の残差ベクトル列の直交性が導出できる．

$$(\boldsymbol{r}_i,\ \boldsymbol{r}_j) = 0 \qquad (i \neq j) \tag{6.56}$$

これを利用し式 (6.55) の両辺と残差ベクトル $\boldsymbol{r}_n$ との内積をとると

$$(\boldsymbol{r}_n,\ \boldsymbol{r}_n) = -\overline{\alpha_{n-1}}(\mathcal{A}\boldsymbol{r}_{n-1},\ \boldsymbol{r}_n) = -\alpha_{n-1}(\boldsymbol{r}_{n-1},\ \mathcal{A}\boldsymbol{r}_n) \tag{6.57}$$

$$\therefore \alpha_{n-1} = -\frac{(\boldsymbol{r}_n,\ \boldsymbol{r}_n)}{(\boldsymbol{r}_{n-1},\ \mathcal{A}\boldsymbol{r}_n)} = -\frac{(\boldsymbol{r}_n,\ \boldsymbol{r}_n)}{(\boldsymbol{r}_{n-1},\ \mathcal{A}\boldsymbol{r}_n)} \tag{6.58}$$

を得る．また，式 (6.50) の $\boldsymbol{r}_n$ を式 (6.55) に代入すると

$$\begin{aligned}\boldsymbol{r}_n = {}& \alpha_{n-1}\left[\frac{(\boldsymbol{r}_{n-1},\ \mathcal{A}\boldsymbol{r}_{n-1})}{(\boldsymbol{r}_{n-1},\ \boldsymbol{r}_{n-1})} + \frac{(\boldsymbol{r}_{n-2},\ \mathcal{A}\boldsymbol{r}_{n-1})}{(\boldsymbol{r}_{n-2},\ \boldsymbol{r}_{n-2})}\right]\boldsymbol{r}_0 \\ & - \alpha_{n-1}\mathcal{A}\left[\frac{(\boldsymbol{r}_{n-1},\ \mathcal{A}\boldsymbol{r}_{n-1})}{(\boldsymbol{r}_{n-1},\ \boldsymbol{r}_{n-1})}\boldsymbol{z}_{n-1} + \frac{(\boldsymbol{r}_{n-2},\ \mathcal{A}\boldsymbol{r}_{n-1})}{(\boldsymbol{r}_{n-2},\ \boldsymbol{r}_{n-2})}\boldsymbol{z}_{n-2} + \boldsymbol{r}_{n-1}\right]\end{aligned} \tag{6.59}$$

この式と式 (6.50) を比較すると次の式が得られる．

$$\alpha_{n-1} = \frac{1}{\dfrac{(\boldsymbol{r}_{n-1},\ \mathcal{A}\boldsymbol{r}_{n-1})}{(\boldsymbol{r}_{n-1},\ \boldsymbol{r}_{n-1})} + \dfrac{(\boldsymbol{r}_{n-2},\ \mathcal{A}\boldsymbol{r}_{n-1})}{(\boldsymbol{r}_{n-2},\ \boldsymbol{r}_{n-2})}} \tag{6.60}$$

なお，α_0 は式 (6.54) に対して同様の手順で次のように求まる．

$$\alpha_0 = \frac{(\boldsymbol{r}_0,\ \boldsymbol{r}_0)}{(\boldsymbol{r}_0,\ \mathcal{A}\boldsymbol{r}_0)} \tag{6.61}$$

残差ベクトル $\boldsymbol{r}_n$ およびパラメータ α_n に対する公式を活用して CG 法の算法を完成させる．式 (6.55) を変形し，式 (6.58) および式 (6.60) を適用すると

$$\begin{aligned}\boldsymbol{r}_n &= \alpha_{n-1}\left\{\left[\frac{(\boldsymbol{r}_{n-1},\ \mathcal{A}\boldsymbol{r}_{n-1})}{(\boldsymbol{r}_{n-1},\ \boldsymbol{r}_{n-1})} + \frac{(\boldsymbol{r}_{n-2},\ \mathcal{A}\boldsymbol{r}_{n-1})}{(\boldsymbol{r}_{n-2},\ \boldsymbol{r}_{n-2})}\right]\boldsymbol{r}_{n-1}\right. \\ &\qquad \left. + \frac{(\boldsymbol{r}_{n-2},\ \mathcal{A}\boldsymbol{r}_{n-1})}{(\boldsymbol{r}_{n-2},\ \boldsymbol{r}_{n-2})}(\boldsymbol{r}_{n-2} - \boldsymbol{r}_{n-1}) - \mathcal{A}\boldsymbol{r}_{n-1}\right\} \\ &= \boldsymbol{r}_{n-1} - \frac{(\boldsymbol{r}_{n-1},\ \boldsymbol{r}_{n-1})}{(\boldsymbol{r}_{n-2},\ \boldsymbol{r}_{n-2})}(\boldsymbol{r}_{n-2} - \boldsymbol{r}_{n-1}) - \alpha_{n-1}\mathcal{A}\boldsymbol{r}_{n-1}\end{aligned} \tag{6.62}$$

$$\therefore\ \boldsymbol{r}_{n-1}-\boldsymbol{r}_n=\frac{(\boldsymbol{r}_{n-1},\ \boldsymbol{r}_{n-1})}{(\boldsymbol{r}_{n-2},\ \boldsymbol{r}_{n-2})}(\boldsymbol{r}_{n-2}-\boldsymbol{r}_{n-1})+\alpha_{n-1}\mathcal{A}\boldsymbol{r}_{n-1} \tag{6.63}$$

を得る．式 (6.63) と式 (6.50) より $\boldsymbol{z}_n$ の差分ベクトルに対する漸化式

$$\boldsymbol{z}_{n-1}-\boldsymbol{z}_n=\frac{(\boldsymbol{r}_{n-1},\ \boldsymbol{r}_{n-1})}{(\boldsymbol{r}_{n-2},\ \boldsymbol{r}_{n-2})}(\boldsymbol{z}_{n-2}-\boldsymbol{z}_{n-1})-\alpha_{n-1}\boldsymbol{r}_{n-1} \tag{6.64}$$

を得る．そこで，下記のベクトル $\boldsymbol{p}_{n-1}$ を導入する．

$$\boldsymbol{p}_{n-1}=\frac{\boldsymbol{z}_n-\boldsymbol{z}_{n-1}}{\alpha_{n-1}},\quad \boldsymbol{p}_{n-1}\in K_n(\mathcal{A},\ \boldsymbol{r}_0) \tag{6.65}$$

なお，第 2 式は $\boldsymbol{z}_n$ に対する空間条件より成り立つ．式 (6.65) を式 (6.64) に代入して反復回数 n を 1 つ進めると $\boldsymbol{p}_n$ に対する漸化式

$$\boldsymbol{p}_n=\boldsymbol{r}_n+\frac{(\boldsymbol{r}_n,\ \boldsymbol{r}_n)}{(\boldsymbol{r}_{n-1},\ \boldsymbol{r}_{n-1})}\boldsymbol{p}_{n-1} \tag{6.66}$$

を得る．$\boldsymbol{p}_n$ の初期値については式 (6.62) にて $n=1$ とした式と式 (6.61) を式 (6.54) に代入した式を比較すると初期残差 $\boldsymbol{r}_0$ であることがわかる．ただし，$\boldsymbol{r}_{-1}$ は 0 とおく．式 (6.65) と式 (6.28) より $\boldsymbol{x}_n$ に対する漸化式は

$$\boldsymbol{x}_n=\boldsymbol{x}_{n-1}+\alpha_{n-1}\boldsymbol{p}_{n-1} \tag{6.67}$$

である．さらに，式 (6.49) より $\boldsymbol{r}_n$ に対する漸化式は

$$\boldsymbol{r}_n=\boldsymbol{r}_{n-1}-\alpha_{n-1}\mathcal{A}\boldsymbol{p}_{n-1} \tag{6.68}$$

となる．最後に α_n に対する算定式を考える．式 (6.68) の両辺と $\boldsymbol{p}_{n-1}$ の内積をとると

$$(\boldsymbol{p}_{n-1},\ \boldsymbol{r}_n)=(\boldsymbol{p}_{n-1},\ \boldsymbol{r}_{n-1})-\alpha_{n-1}(\boldsymbol{p}_{n-1},\ \mathcal{A}\boldsymbol{p}_{n-1}) \tag{6.69}$$

ここで，直交条件と式 (6.65) より左辺の内積は 0 となる．したがって，

$$\alpha_{n-1}=\frac{(\boldsymbol{p}_{n-1},\ \boldsymbol{r}_{n-1})}{(\boldsymbol{p}_{n-1},\ \mathcal{A}\boldsymbol{p}_{n-1})} \tag{6.70}$$

また，式 (6.66) の両辺と $\boldsymbol{r}_n$ の内積をとると

$$(\boldsymbol{r}_n,\ \boldsymbol{p}_n)=(\boldsymbol{r}_n,\ \boldsymbol{r}_n)-\frac{(\boldsymbol{r}_n,\ \boldsymbol{r}_n)}{(\boldsymbol{r}_{n-1},\ \boldsymbol{r}_{n-1})}(\boldsymbol{r}_n,\ \boldsymbol{p}_{n-1})=(\boldsymbol{r}_n,\ \boldsymbol{r}_n) \tag{6.71}$$

となる．したがって，

$$\alpha_{n-1}=\frac{(\boldsymbol{r}_{n-1},\ \boldsymbol{r}_{n-1})}{(\boldsymbol{p}_{n-1},\ \mathcal{A}\boldsymbol{p}_{n-1})} \tag{6.72}$$

となる．式 (6.70)，式 (6.72) さらには式 (6.58) のどれを選んでもよいが，追加の演算量が最も少なくなるのは式 (6.72) であるためこれを採用する．以上により $\boldsymbol{x}_n$，$\boldsymbol{p}_n$，$\boldsymbol{r}_n$ に対する漸化式と α_n に対する計算式が導出された．これらを整理するとアルゴリズム 6.4 に示す共役勾配法の算法が完成する．CG 法では算法の性質上 $\boldsymbol{r}_n$ と $\boldsymbol{p}_n$ に対して下記の性質が成り立つ．

$$(\boldsymbol{r}_i,\ \boldsymbol{r}_j) = 0 \quad (i \neq j) \qquad (\boldsymbol{r}_n \text{ の直交性}) \tag{6.73}$$

$$(\boldsymbol{p}_i,\ \mathcal{A}\boldsymbol{p}_j) = 0 \quad (i \neq j) \qquad (\boldsymbol{p}_n \text{ の } \mathcal{A} \text{ 共役直交性}) \tag{6.74}$$

CG 法の算法の構築において内積を次式で与える $\mathcal{A}$ **内積**

$$(\boldsymbol{\alpha},\ \boldsymbol{\beta})_{\mathcal{A}} = \boldsymbol{\alpha}^{\mathsf{H}}\left(\mathcal{A}\boldsymbol{\beta}\right) = \sum_{i=1}^{N} \overline{\alpha_i}\left[\sum_{j=1}^{N} A_{ij}\beta_j\right] \tag{6.75}$$

で考える．式 (6.25) と式 (6.75) より $\mathcal{A}$ 内積 $(\boldsymbol{\alpha},\ \boldsymbol{\beta})_{\mathcal{A}}$ とこれまで扱ってきた通常の内積 $(\boldsymbol{\alpha},\ \boldsymbol{\beta})$ の間には次式の関係が成り立つ．

$$(\boldsymbol{\alpha},\ \boldsymbol{\beta})_{\mathcal{A}} = (\boldsymbol{\alpha},\ \mathcal{A}\boldsymbol{\beta}) = (\mathcal{A}\boldsymbol{\alpha},\ \boldsymbol{\beta}) \tag{6.76}$$

なお，式 (6.76) の右側の等式は $\mathcal{A}$ が Hermite 行列のとき成立する．式 (6.76) の性質を利用して $\mathcal{A}$ 内積で評価する CG 法を通常の内積の形式に書き換えるとアルゴリズム 6.5 に示す CR 法が導出できる．式 (6.73) および式 (6.74) より CR 法では 2 つのベクトル $\boldsymbol{r}_n$ と $\boldsymbol{p}_n$ に対して下記の性質が成り立つ．

アルゴリズム 6.4　共役勾配法 (CG 法)

Let $\boldsymbol{x}_0$ be an initial guess.
Put $\boldsymbol{p}_0 = \boldsymbol{r}_0 = \boldsymbol{b} - \mathcal{A}\boldsymbol{x}_0$
while $\|\boldsymbol{r}_n\|_2/\|\boldsymbol{r}_0\|_2 \geq \varepsilon$ **do**
$\alpha_n = \frac{(\boldsymbol{r}_n,\ \boldsymbol{r}_n)}{(\boldsymbol{p}_n,\ \mathcal{A}\boldsymbol{p}_n)}$
$\boldsymbol{x}_{n+1} = \boldsymbol{x}_n + \alpha_n \boldsymbol{p}_n$
$\boldsymbol{r}_{n+1} = \boldsymbol{r}_n - \alpha_n \mathcal{A}\boldsymbol{p}_n$
$\beta_n = \frac{(\boldsymbol{r}_{n+1},\ \boldsymbol{r}_{n+1})}{(\boldsymbol{r}_n,\ \boldsymbol{r}_n)}$
$\boldsymbol{p}_{n+1} = \boldsymbol{r}_{n+1} + \beta_n \boldsymbol{p}_n$
end while

アルゴリズム 6.5　共役残差法 (CR) 法

Let $\boldsymbol{x}_0$ be an initial guess.
Put $\boldsymbol{p}_0 = \boldsymbol{r}_0 = \boldsymbol{b} - \mathcal{A}\boldsymbol{x}_0$
while $\|\boldsymbol{r}_n\|_2/\|\boldsymbol{r}_0\|_2 \geq \varepsilon$ **do**
$\alpha_n = \frac{(\boldsymbol{r}_n,\ \mathcal{A}\boldsymbol{r}_n)}{(\mathcal{A}\boldsymbol{p}_n,\ \mathcal{A}\boldsymbol{p}_n)}$
$\boldsymbol{x}_{n+1} = \boldsymbol{x}_n + \alpha_n \boldsymbol{p}_n$
$\boldsymbol{r}_{n+1} = \boldsymbol{r}_n - \alpha_n \mathcal{A}\boldsymbol{p}_n$
$\beta_n = \frac{(\boldsymbol{r}_{n+1},\ \mathcal{A}\boldsymbol{r}_{n+1})}{(\boldsymbol{r}_n,\ \mathcal{A}\boldsymbol{r}_n)}$
$\boldsymbol{p}_{n+1} = \boldsymbol{r}_{n+1} + \beta_n \boldsymbol{p}_n$
end while

$$(\boldsymbol{r}_i,\ \mathcal{A}\boldsymbol{r}_j) = 0 \quad (i \neq j) \qquad (\boldsymbol{r}_n \text{ の } \mathcal{A} \text{ 共役直交性}) \tag{6.77}$$

$$(\mathcal{A}\boldsymbol{p}_i,\ \mathcal{A}\boldsymbol{p}_j) = 0 \quad (i \neq j) \qquad (\boldsymbol{p}_n \text{ の } \mathcal{A}^{\mathsf{H}}\mathcal{A} \text{ 共役直交性}) \tag{6.78}$$

アルゴリズム 6.5 に示した算法から，CR 法では 1 反復あたりの行列–ベクトル積の演算回数は $\mathcal{A}\boldsymbol{r}_n$ と $\mathcal{A}\boldsymbol{p}_n$ の 2 回になる．このため実際には $\mathcal{A}\boldsymbol{p}_n$ を $\boldsymbol{q}_n$ とおき，算法の 8 行目の計算の後に，変形した式

$$\boldsymbol{q}_{n+1} = \mathcal{A}\boldsymbol{r}_{n+1} + \beta_n \boldsymbol{q}_n \tag{6.79}$$

を追加する．これにより CR 法の 1 反復あたりの行列–ベクトル積の演算実行回数は 1 となるが CG 法に比べて 1 反復あたりの演算量，メモリ量が多くなる．

6.2.3 対称非 Hermite 行列向けの解法—COCG 法と COCR 法

係数行列が**対称非 Hermite** 行列 ($\mathcal{A} \neq \mathcal{A}^{\mathsf{H}}$, $\mathcal{A} = \mathcal{A}^{\mathsf{T}}$) の場合を考える．この場合は式 (6.39) の等式は成り立たず，行列 $\mathcal{H}_{n-1}$ が実 3 重対角対称行列とならない．このため，CG 法や CR 法をそのまま利用しても十分な精度を有する数値解を得る保証はない．この問題点を解消するため，ベクトルの内積に関して次式に示すアイデアを導入し，CG 法の算法を構築する．

$$(\bar{\boldsymbol{\alpha}},\ \boldsymbol{\beta}) = \sum_{i=1}^{N} \alpha_i \beta_i \tag{6.80}$$

このとき，式 (6.39) に代わる等式として

$$(\bar{\boldsymbol{v}}_i,\ \mathcal{A}\boldsymbol{v}_j) = (\mathcal{A}^{\mathsf{H}}\bar{\boldsymbol{v}}_i,\ \boldsymbol{v}_j) = (\overline{\mathcal{A}\boldsymbol{v}_i},\ \boldsymbol{v}_j) = (\bar{\boldsymbol{v}}_j,\ \mathcal{A}\boldsymbol{v}_i) \tag{6.81}$$

が成り立つ．式 (6.80) と式 (6.81) 利用すると，行列 $\mathcal{H}_{n-1}$ は実 3 重対角対称行列となる．したがって，前項で述べた CG 法の算法の構築を進めていくとアルゴリズム 6.6 に示す **COCG 法**(COCG: Conjugate Orthogonal Conjugate Gradient)[101]が完成する．CG 法から CR 法への導出と同様に COCG 法における内積を

$$(\bar{\boldsymbol{\alpha}},\ \boldsymbol{\beta})_{\mathcal{A}} = \boldsymbol{\alpha}^{\mathsf{T}}(\mathcal{A}\boldsymbol{\beta}) = \sum_{i=1}^{N} \alpha_i \left[\sum_{j=1}^{N} A_{ij}\beta_j \right] \tag{6.82}$$

に置き換えて式を整理するとアルゴリズム 6.7 に示す **COCR 法**(COCR: Conjugate $\mathcal{A}$-Orthogonal Conjugate Residual)[102]の算法が完成する．

アルゴリズム 6.6　COCG 法

Let $\boldsymbol{x}_0$ be an initial guess.
Put $\boldsymbol{p}_0 = \boldsymbol{r}_0 = \boldsymbol{b} - \mathcal{A}\boldsymbol{x}_0$
while $||\boldsymbol{r}_n||_2/||\boldsymbol{r}_0||_2 \geq \varepsilon$ **do**
　$\alpha_n = \dfrac{(\overline{\boldsymbol{r}_n},\, \boldsymbol{r}_n)}{(\overline{\boldsymbol{p}_n},\, \mathcal{A}\boldsymbol{p}_n)}$
　$\boldsymbol{x}_{n+1} = \boldsymbol{x}_n + \alpha_n \boldsymbol{p}_n$
　$\boldsymbol{r}_{n+1} = \boldsymbol{r}_n - \alpha_n \mathcal{A}\boldsymbol{p}_n$
　$\beta_n = \dfrac{(\overline{\boldsymbol{r}_{n+1}},\, \boldsymbol{r}_{n+1})}{(\overline{\boldsymbol{r}_n},\, \boldsymbol{r}_n)}$
　$\boldsymbol{p}_{n+1} = \boldsymbol{r}_{n+1} + \beta_n \boldsymbol{p}_n$
end while

アルゴリズム 6.7　COCR 法

Let $\boldsymbol{x}_0$ be an initial guess.
Put $\boldsymbol{p}_0 = \boldsymbol{r}_0 = \boldsymbol{b} - \mathcal{A}\boldsymbol{x}_0$
while $||\boldsymbol{r}_n||_2/||\boldsymbol{r}_0||_2 \geq \varepsilon$ **do**
　$\alpha_n = \dfrac{(\overline{\boldsymbol{r}_n},\, \mathcal{A}\boldsymbol{r}_n)}{(\overline{\mathcal{A}\boldsymbol{p}_n},\, \mathcal{A}\boldsymbol{p}_n)}$
　$\boldsymbol{x}_{n+1} = \boldsymbol{x}_n + \alpha_n \boldsymbol{p}_n$
　$\boldsymbol{r}_{n+1} = \boldsymbol{r}_n - \alpha_n \mathcal{A}\boldsymbol{p}_n$
　$\beta_n = \dfrac{(\overline{\boldsymbol{r}_{n+1}},\, \mathcal{A}\boldsymbol{r}_{n+1})}{(\overline{\boldsymbol{r}_n},\, \mathcal{A}\boldsymbol{r}_n)}$
　$\boldsymbol{p}_{n+1} = \boldsymbol{r}_{n+1} + \beta_n \boldsymbol{p}_n$
end while

6.2.4　非対称行列向けの解法：GMRES 法

係数行列が**非対称行列**の場合は式 (6.29) の $\boldsymbol{y}_n$ を**残差最小条件**

$$\begin{aligned} \min_{\boldsymbol{x}_n} ||\boldsymbol{b} - \mathcal{A}\boldsymbol{x}_n||_2 &= \min_{\boldsymbol{z}_n \in K_n(\mathcal{A},\, \boldsymbol{r}_0)} ||\boldsymbol{r}_0 - \mathcal{A}\boldsymbol{z}_n||_2 \\ &= \min_{\boldsymbol{y}_n} ||\boldsymbol{r}_0 - \mathcal{A}\mathcal{V}_n \boldsymbol{y}_n||_2 \end{aligned} \tag{6.83}$$

より求める．式 (6.31)，式 (6.36) および $\mathcal{V}_n$ はユニタリ行列より

$$\begin{aligned} ||\boldsymbol{r}_0 - \mathcal{A}\mathcal{V}_n \boldsymbol{y}_n||_2 &= \left|\left|\mathcal{V}_{n+1}\left(||\boldsymbol{r}_0||_2 \boldsymbol{e}_n^{(1)} - \tilde{\mathcal{H}}_n \boldsymbol{y}_n\right)\right|\right|_2 \\ &= \left|\left|\,||\boldsymbol{r}_0||_2 \boldsymbol{e}_n^{(1)} - \tilde{\mathcal{H}}_n \boldsymbol{y}_n\right|\right|_2 \end{aligned} \tag{6.84}$$

を得る．この式の右辺を最小にする $\boldsymbol{y}_n$ を探すことになるが，$\tilde{\mathcal{H}}_n$ は $(n+1)\times n$ の行列であるため，未知数の数が n 個に対して方程式の数は $n+1$ 個となる．このような連立 1 次方程式の**最小 2 乗解**を求める方法の一例として次式に示す **Givens の回転行列**を導入し，$\mathcal{H}_n$ を QR 分解する．

$$\mathcal{F}_i = \begin{pmatrix} 1 & & & & & & & \\ & \ddots & & & & & & \\ & & 1 & & & & & \\ & & & c_i & -\bar{s}_i & & & \\ & & & s_i & \bar{c}_i & & & \\ & & & & & 1 & & \\ & & & & & & \ddots & \\ & & & & & & & 1 \end{pmatrix} \begin{matrix} \\ \\ \\ \leftarrow i \text{ 行} \\ \leftarrow i+1 \text{ 行} \\ \\ \\ \\ \end{matrix} \tag{6.85}$$

$$\begin{matrix} \uparrow & \uparrow \\ \text{i 列} & i+1 \text{ 列} \end{matrix}$$

$\tilde{\mathcal{H}}_n$ の左側から $\mathcal{F}_1$ を掛けると $\tilde{\mathcal{H}}_n$ の 1 行目と 2 行目の成分が

$$h'_{1\,i} = c_1 h_{1\,i} - \bar{s}_1 h_{2\,i}, \quad h'_{2\,i} = s_1 h_{1\,i} + \bar{c}_1 h_{2\,i} \quad (i = 1,\, 2,\, \cdots,\, n) \tag{6.86}$$

に変換される．このとき，

$$\left.\begin{array}{ll} s_1 h_{11} + \bar{c}_1 h_{21} = 0, & (\text{上三角行列への変換のため}) \\ c_1 \bar{c}_1 + s_1 \bar{s}_1 = 1 & (\mathcal{F}_1 \text{ がユニタリ行列であるため}) \end{array}\right\} \tag{6.87}$$

を満足するように c_1 と s_1 を選ぶ．式 (6.87) の解は無数にあるが，ここでは，1 つの例として

$$c_1 = \sqrt{\frac{|h_{11}|^2}{|h_{11}|^2 + |h_{21}|^2}}, \qquad s_1 = -\frac{h_{21}}{h_{11}} \sqrt{\frac{|h_{11}|^2}{|h_{11}|^2 + |h_{21}|^2}} \tag{6.88}$$

を選ぶ (c_1 は実数，s_1 は複素数であることに注意)．この結果，式 (6.86) より

$$h'_{11} = h_{11} \sqrt{\frac{|h_{11}|^2 + |h_{21}|^2}{|h_{11}|^2}}, \quad h'_{21} = 0 \tag{6.89}$$

となり，$\mathcal{F}_1 \tilde{\mathcal{H}}_n$ の 2 行目までは上三角行列の構造を有することになる．同様に，$\mathcal{F}_2$，$\mathcal{F}_3$ と回転行列を左から次々に作用させる．ここで，

$$\mathcal{Q}_{i-1} = \mathcal{F}_{i-1} \mathcal{F}_{i-2} \cdots \mathcal{F}_1 \tag{6.90}$$

とすると，$\mathcal{Q}_{i-1} \tilde{\mathcal{H}}_n$ は i 行目までは上三角行列，$i+1$ 行目から先は Hessenberg 行列の構造を成す．$\mathcal{Q}_{i-1} \tilde{\mathcal{H}}_n$ に左から $\mathcal{F}_i$ を掛けると，$\mathcal{Q}_{i-1} \tilde{\mathcal{H}}_n$ の i 行目と $i+1$

行目の成分 $h_{i\,j}$ および $h_{i+1\,j}$ が次のように変換される．

$$h'_{i\,j} = c_i h_{i\,j} - \bar{s}_i h_{i+1\,j}, \quad h'_{i+1\,j} = s_i h_{i\,j} + \bar{c}_i h_{i+1\,j} \quad (j = i,\, i+1,\, \cdots,\, n) \tag{6.91}$$

そして，式 (6.87) と式 (6.88) にならうと式 (6.85) の c_i と s_i は

$$c_i = \sqrt{\frac{|h_{i\,i}|^2}{|h_{i\,i}|^2 + |h_{i+1\,i}|^2}}, \quad s_i = -\frac{h_{i+1\,i}}{h_{i\,i}} \sqrt{\frac{|h_{i\,i}|^2}{|h_{i\,i}|^2 + |h_{i+1\,i}|^2}} \tag{6.92}$$

で与えられる．また，式 (6.91) より

$$h'_{i\,i} = h_{i\,i} \sqrt{\frac{|h_{i\,i}|^2 + |h_{i+1\,i}|^2}{|h_{i\,i}|^2}}, \quad h'_{i+1\,i} = 0 \tag{6.93}$$

となる．以上の手順を経て最終的に

$$\tilde{\mathcal{H}}_n = \mathcal{Q}_n^{\mathsf{H}} \mathcal{R}_n, \quad \mathcal{R}_n = \mathcal{Q}_n \tilde{\mathcal{H}}_n \tag{6.94}$$

に分解される．式 (6.94) を利用して式 (6.84) を変形すると

$$\begin{aligned} ||\boldsymbol{r}_0 - \mathcal{A}\mathcal{V}_n \boldsymbol{y}_n||_2 &= \left|\left| ||\boldsymbol{r}_0||_2 \mathcal{Q}_n^{\mathsf{H}} \mathcal{Q}_n \boldsymbol{e}_n^{(1)} - \mathcal{Q}_n^{\mathsf{H}} \mathcal{R}_n \boldsymbol{y}_n \right|\right|_2 \\ &= \left|\left| ||\boldsymbol{r}_0||_2 \mathcal{Q}_n \boldsymbol{e}_n^{(1)} - \mathcal{R}_n \boldsymbol{y}_n \right|\right|_2 \end{aligned} \tag{6.95}$$

である．ここで，

$$\boldsymbol{g}_n = ||\boldsymbol{r}_0||_2 \mathcal{Q}_n \boldsymbol{e}_n^{(1)} \tag{6.96}$$

として式 (6.95) の $||\cdot||_2$ の中身を行列形式で書き表すと

$$\boldsymbol{g}_n - \mathcal{R}_n \boldsymbol{y}_n = \begin{pmatrix} g_1 \\ g_2 \\ \vdots \\ \underline{g_n} \\ g_{n+1} \end{pmatrix} - \begin{pmatrix} r_{11} & r_{12} & \cdots & r_{1n} \\ 0 & r_{22} & \cdots & r_{2n} \\ \vdots & \ddots & \ddots & \vdots \\ \underline{0} & \underline{\cdots} & \underline{0} & \underline{r_{nn}} \\ 0 & \cdots & \cdots & 0 \end{pmatrix} \begin{pmatrix} y_1 \\ y_2 \\ \vdots \\ \underline{y_n} \end{pmatrix} \tag{6.97}$$

となる．したがって，式 (6.83) の最小残差条件を満足する $\boldsymbol{y}_n$(最小 2 乗解) は式 (6.97) の行列形式において下線部より上，すなわち第 n 行までを 0 とおいたときの連立 1 次方程式の解であり，残差は $|g_{n+1}|$ であることがわかる．このため，実際の反復計算では $\mathcal{R}_n$ と $\boldsymbol{g}_n$ を構築し，残差である $|g_{n+1}|$ が十分小さいと判定し

アルゴリズム **6.8** GMRES 法

Let $\boldsymbol{x}_0$ be an initial guess, and put $\boldsymbol{r}_0 = \boldsymbol{b} - \mathcal{A}\boldsymbol{x}_0$

$\boldsymbol{v}_1 = \dfrac{\boldsymbol{r}_0}{||\boldsymbol{r}_0||_2}, \quad g_1 = ||\boldsymbol{r}_0||_2$

for $n = 1, 2, \cdots,$ **do**

  $\tilde{\boldsymbol{v}}_{n+1} = \mathcal{A}\boldsymbol{v}_{n+1}$

  for $i = 1, 2, \cdots, n$ **do**

    $h_{i\,n} = (\boldsymbol{v}_i, \mathcal{A}\boldsymbol{v}_{n+1}), \quad \tilde{\boldsymbol{v}}_{n+1} = \tilde{\boldsymbol{v}}_{n+1} - h_{i\,n}\boldsymbol{v}_i$

  end do

  $h_{n+1,\,n} = ||\tilde{\boldsymbol{v}}_{n+1}||_2, \quad \boldsymbol{v}_{n+1} = \dfrac{\tilde{\boldsymbol{v}}_{n+1}}{h_{n+1\,n}}$

for $i = 1, 2, \cdots, n-1$ **do**

  $\begin{pmatrix} h_{i\,n} \\ h_{i+1\,n} \end{pmatrix} = \begin{pmatrix} c_i & -\bar{s}_i \\ s_i & \bar{c}_i \end{pmatrix} \begin{pmatrix} h_{i\,n} \\ h_{i+1\,n} \end{pmatrix}$

  end do

  $c_n = \sqrt{\dfrac{|h_{n\,n}|^2}{|h_{n\,n}|^2 + |h_{n+1\,n}|^2}}, \quad s_n = -\dfrac{h_{n+1\,n}}{h_{n\,n}}\sqrt{\dfrac{|h_{n\,n}|^2}{|h_{n\,n}|^2 + |h_{n+1\,n}|^2}}$

  $h_{n\,n} = h_{n\,n}\sqrt{\dfrac{|h_{n\,n}|^2 + |h_{n+1\,n}|^2}{|h_{n\,n}|^2}}, \quad h_{n+1\,n} = 0$

  $g_n = c_n g_n, \; g_{n+1} = s_n g_n$

  if $|g_{n+1}| \leq \varepsilon|\boldsymbol{b}|$, **then**

    $[\mathcal{H}_n]_{i\,j} = \begin{cases} h_{i\,j} & 1 \leq i,\, j \leq n,\; i \leq j \\ 0 & 1 \leq i,\, j \leq n,\; i > j \end{cases}, \quad \boldsymbol{g}_n = (g_1\ g_2\ \cdots g_n)^{\mathsf{T}}$

    Solve $\mathcal{H}_n\boldsymbol{y}_n = \boldsymbol{g}_n, \quad \boldsymbol{x}_n = \boldsymbol{x}_0 + \sum_{i=1}^{n} y_i\boldsymbol{v}_i$

  end if and stop

end do

た後に式 (6.97) に示す上三角行列を係数行列とする n 元の連立 1 次方程式を解けばよい．以上をまとめたアルゴリズム 6.8 の反復法を**一般化最小残差** [GMRES (Generalized Minimal RESidual)] **法**[34] とよぶ．

GMRES 法は反復ごとに生成されるベクトル列 $\{\boldsymbol{v}_1, \boldsymbol{v}_2, \cdots, \boldsymbol{v}_n\}$，Hessenberg 行列の非零成分および Givens の回転行列の成分 c_n，s_n を保持しなければならないため，反復回数の増加に伴い記憶容量が増加する．このため，実用的な観点から反復回数が k 回に達した時点で一度 $\boldsymbol{x}_k$ を算出し，これを初期値として最初からやり直す**リスタート版の GMRES (k) 法**が考案された[34]．正定数 k は**リスタート係数**または**リスタート周期**とよばれる．リスタート係数の最適値は解くべき問題の性質により異なるため不明ではあるが，算法の原理上 k が大きいほど収束性が向上する．このため，実際の計算では取り扱う問題と使用する計算機のメモリ量から可能な限り大きな値を k として設定するとよい．

6.2.5　非対称行列向けの解法：IDR (s) 法とその変形版

IDR (Induced Dimension Reduction) (s) **法** [48] は 1 反復あたりの行列–ベクトル積の演算実行回数が 1 回であり，ここで取り扱う複素密行列問題に対しては好ましい解法であり，6.1 節を参考にすると複素版の算法が導出できる (詳細は略す)．IDR (s) 法は従来の Krylov 部分空間にもとづく反復法とは異なるアプローチから導出された解法であり，算法の導出原理が発表された後に多くの変形版 (variants) が提案された．本項では IDR (s) 法の算法において残差ベクトルの扱いに注目した 2 つの変形版を紹介する．

IDR (s) 法では $m(s+1)$ 回目の反復にて考察対象の空間を G_{m-1} から $G_m \subset G_{m-1}$ へ更新する (m は自然数)．これに合わせて残差ベクトル $\boldsymbol{r}_{m(s+1)}, \boldsymbol{r}_{m(s+1)+1}, \cdots, \boldsymbol{r}_{m(s+1)+s}$ は G_m に属すように決定される．ここで，$\boldsymbol{r}_{m(s+1)}$ については最小残差条件が加味されるが，$\boldsymbol{r}_{m(s+1)+1}, \cdots, \boldsymbol{r}_{m(s+1)+s}$ については単に G_m に属すという条件のみである．そこで，van Gijzen と Sonneveld は残差ベクトル列を G_m における**中間残差** (intermediate residual) **ベクトル列**と位置づけ，これらのノルムを最小にする計算過程を導入した．また，残差ベクトルの更新に必要な修正ベクトル列 $\boldsymbol{g}_n$ に対して正規直交化を施し，反復計算における数値的安定性を高めるようにした．以上の発想をもとに作成された IDR (s) 法の変形版は “An IDR algorithm that minimises intermediate residual norms” と称された[103]．本書では **MR-IDR** (s) **法**と略す．算法をアルゴリズム 6.9 に示す．なお，ω の算定における括弧は付加的な処理であり，IDR (s) 法特有の**偽収束**(6.4 節参照) の発生を抑えるための処方として有用である[104]．ただし，偽収束自体が解消するわけではない．κ の奨励値は 0.7 である[40]．

さらに，van Gijzen と Sonneveld は中間残差ベクトル列 $\boldsymbol{r}_n$ および修正ベクトル列 $\boldsymbol{g}_n$ に対して下記の直交条件を適用し，中間残差の効率的な減少を図った．

$$\boldsymbol{g}_{n+k} \perp \boldsymbol{p}_i \quad (i = 1,\ 2,\ \cdots,k-1, \quad k = 2,\ 3,\ \cdots,\ s) \tag{6.98}$$

$$\boldsymbol{r}_{n+k+1} \perp \boldsymbol{p}_i \quad (i = 1,\ 2,\ \cdots,k, \quad k = 1,\ 2,\ \cdots,\ s) \tag{6.99}$$

アルゴリズム **6.9** MR-IDR (s) 法

Let $\boldsymbol{x}_0$ be an initial guess, and put $\boldsymbol{r}_0 = \boldsymbol{b} - \mathcal{A}\boldsymbol{x}_0$
$\mathcal{G} = \mathcal{U} = \mathcal{O},\ \mathcal{M} = \mathcal{I},\ \omega = 1,\ n = 0$
while $\|\boldsymbol{r}_n\|_2/\|\boldsymbol{r}_0\|_2 > \epsilon$ **do**
  for $i = 0, \cdots, s-1$ **do**
    Solve $\boldsymbol{c}$ from $\mathcal{M}\boldsymbol{c} = \mathcal{P}^{\mathsf{H}}\boldsymbol{r}_n$
    $\boldsymbol{v} = \boldsymbol{r}_n - \mathcal{G}\boldsymbol{c},\quad \tilde{\boldsymbol{u}} = \mathcal{U}\boldsymbol{c} + \omega\boldsymbol{v},\quad \tilde{\boldsymbol{g}} = \mathcal{A}\tilde{\boldsymbol{u}}$
    for $j = 1, \cdots, i$ **do**
      $\alpha = (\boldsymbol{g}_{n-j},\ \tilde{\boldsymbol{g}}),\quad \tilde{\boldsymbol{g}} = \tilde{\boldsymbol{g}} - \alpha\boldsymbol{g}_{n-j},\quad \boldsymbol{u}_n = \tilde{\boldsymbol{u}} - \alpha\boldsymbol{u}_{n-j}$
    end do
    $\boldsymbol{g}_n = \frac{\tilde{\boldsymbol{g}}}{\|\tilde{\boldsymbol{g}}\|_2},\ \boldsymbol{u}_n = \frac{\tilde{\boldsymbol{u}}}{\|\tilde{\boldsymbol{g}}\|_2}$
    $\beta = (\boldsymbol{g}_n,\ \boldsymbol{r}_n),\quad \boldsymbol{r}_{n+1} = \boldsymbol{r}_n - \beta\boldsymbol{g}_n,\quad \boldsymbol{x}_{n+1} = \boldsymbol{x}_n + \beta\boldsymbol{u}_n$
    $n = n + 1$
  end do
  $\mathcal{G} = (\boldsymbol{g}_{n-1}\ \cdots\ \boldsymbol{g}_{n-s}),\ \mathcal{U} = (\boldsymbol{u}_{n-1}\ \cdots\ \boldsymbol{u}_{n-s})$
  $\mathcal{M} = \mathcal{P}^{\mathsf{H}}\mathcal{G}$
  Solve $\boldsymbol{c}$ from $\mathcal{M}\boldsymbol{c} = \mathcal{P}^{\mathsf{H}}\boldsymbol{r}_n$
  $\boldsymbol{v} = \boldsymbol{r}_n - \mathcal{G}\boldsymbol{c},\quad \boldsymbol{t} = \mathcal{A}\boldsymbol{v}$
  $\omega = \frac{(\boldsymbol{t},\ \boldsymbol{v})}{(\boldsymbol{t},\ \boldsymbol{t})}\left(\rho = \dfrac{(\boldsymbol{t},\ \boldsymbol{v})}{\|\boldsymbol{t}\|_2\ \|\boldsymbol{v}\|_2},\quad \text{if } |\rho| < \kappa \text{ then } \omega = \dfrac{\kappa}{\rho}\omega\right)$
  $\boldsymbol{x}_{n+1} = \boldsymbol{x}_n + \mathcal{U}\boldsymbol{c} + \omega\boldsymbol{v},\ \boldsymbol{r}_{n+1} = \boldsymbol{r}_n - \mathcal{G}\boldsymbol{c} - \omega\boldsymbol{t}$
  $n = n + 1$
end while

IDR (s) 法の算法中の行列 $\mathcal{P}$ の列成分を集めたベクトル列 $\boldsymbol{p}_n$ は,

$$\mathcal{P} = (\boldsymbol{p}_1\ \boldsymbol{p}_2\ \cdots\ \boldsymbol{p}_s) \tag{6.100}$$

で与えられる．また，算法中の s 元の連立 1 次方程式の係数行列 $\mathcal{M} = \mathcal{P}^{\mathsf{H}}\mathcal{G}$ の成分においては式 (6.98) より

$$\mathcal{M} = \begin{pmatrix} \boldsymbol{p}_1^{\mathsf{H}}\boldsymbol{g}_{n-s} & 0 & \cdots & 0 & 0 \\ \boldsymbol{p}_2^{\mathsf{H}}\boldsymbol{g}_{n-s} & \boldsymbol{p}_2^{\mathsf{H}}\boldsymbol{g}_{n-s+1} & \ddots & \vdots & \vdots \\ \vdots & \vdots & \ddots & \ddots & \vdots \\ \boldsymbol{p}_{s-1}^{\mathsf{H}}\boldsymbol{g}_{n-s} & \boldsymbol{p}_{s-1}^{\mathsf{H}}\boldsymbol{g}_{n-s+1} & \cdots & \boldsymbol{p}_{s-1}^{\mathsf{H}}\boldsymbol{g}_{n-2} & 0 \\ \boldsymbol{p}_s^{\mathsf{H}}\boldsymbol{g}_{n-s} & \boldsymbol{p}_s^{\mathsf{H}}\boldsymbol{g}_{n-s+1} & \cdots & \boldsymbol{p}_s^{\mathsf{H}}\boldsymbol{g}_{n-2} & \boldsymbol{p}_s^{\mathsf{H}}\boldsymbol{g}_{n-1} \end{pmatrix} \tag{6.101}$$

のように下三角行列に変形できる．さらに，右辺ベクトル $\mathcal{P}^{\mathsf{H}}\boldsymbol{r}_n$ の成分は

$$\mathcal{P}^{\mathsf{H}}\boldsymbol{r}_n = (\boldsymbol{p}_1^{\mathsf{H}}\boldsymbol{r}_n\quad \boldsymbol{p}_2^{\mathsf{H}}\boldsymbol{r}_n\quad \cdots\quad \boldsymbol{p}_{s-1}^{\mathsf{H}}\boldsymbol{r}_n\quad \boldsymbol{p}_s^{\mathsf{H}}\boldsymbol{r}_n) \tag{6.102}$$

アルゴリズム **6.10**　Bi-IDR (s) 法

1: Let $\boldsymbol{x}_0$ be an initial guess, and put $\boldsymbol{r}_0 = \boldsymbol{b} - \mathcal{A}\boldsymbol{x}_0$
2: $\boldsymbol{u}_i = \boldsymbol{g}_i = \boldsymbol{0}\ (i = 0, \cdots, s-1),\ \mathcal{M} = \mathcal{I},\ \omega = 1,\ n = 0$
3: **while** $\|\boldsymbol{r}_n\|_2/\|\boldsymbol{r}_0\|_2 > \epsilon$ **do**
4: 　　$\boldsymbol{m} = \mathcal{P}^{\mathsf{H}} \boldsymbol{r}_n$
5: 　　**for** $i = 0, \cdots, s-1$ **do**
6: 　　　　Solve $\boldsymbol{c}$ from $\mathcal{M}\boldsymbol{c} = \boldsymbol{m}$
7: 　　　　$\boldsymbol{v} = \boldsymbol{r}_n - \sum_{j=i}^{s-1} c_j \boldsymbol{g}_j,\quad \boldsymbol{u}_i = \omega \boldsymbol{v} + \sum_{j=i}^{s-1} c_j \boldsymbol{u}_i,\quad \boldsymbol{g}_i = \mathcal{A}\boldsymbol{u}_i$
8: 　　　　**for** $j = 0, \cdots, i-1$ **do**
9: 　　　　　　$\alpha = \dfrac{(\boldsymbol{p}_j, \boldsymbol{g}_i)}{M_{jj}},\quad \boldsymbol{g}_i = \boldsymbol{g}_i - \alpha \boldsymbol{g}_j,\quad \boldsymbol{u}_i = \boldsymbol{u}_i - \alpha \boldsymbol{u}_j$
10: 　　　**end do**
11: 　　　$M_{ji} = (\boldsymbol{p}_j, \boldsymbol{g}_i)\ (j = i, \cdots, s-1)$
12: 　　　$\boldsymbol{r}_{n+1} = \boldsymbol{r}_n - \dfrac{m_i}{M_{ii}} \boldsymbol{g}_i,\quad \boldsymbol{x}_{n+1} = \boldsymbol{x}_n + \dfrac{m_i}{M_{ii}} \boldsymbol{u}_i$
13: 　　　**if** $i \leq s-2$ **then**
14: 　　　　$m_j = \begin{cases} 0 & (j = 0, \cdots, i) \\ m_j - \dfrac{m_i}{M_{ii}} M_{ji} & (j = i+1, \cdots, s-1) \end{cases}$
15: 　　　**end if**
16: 　　　$n = n+1$
17: 　　**end do**
18: 　　$\boldsymbol{t} = \mathcal{A}\boldsymbol{r}_n$
19: 　　$\omega = \dfrac{(\boldsymbol{t}, \boldsymbol{r}_n)}{(\boldsymbol{t}, \boldsymbol{t})}\quad \left(\rho = \dfrac{(\boldsymbol{t}, \boldsymbol{r}_n)}{\|\boldsymbol{t}\|_2 \|\boldsymbol{r}_n\|_2},\quad \text{if } |\rho| < \kappa \text{ then } \omega = \dfrac{\kappa}{\rho}\omega\right)$
20: 　　$\boldsymbol{x}_n = \boldsymbol{x}_n + \omega \boldsymbol{r}_n,\quad \boldsymbol{r}_n = \boldsymbol{r}_n - \omega \boldsymbol{t}$
21: 　　$n = n+1$
22: **end while**

であるが，式 (6.99) より n と $s+1$ の剰余を m とすると，$m \geq i$ で式 (6.102) の第 i 成分が 0 となる．文献 [56] では以上の性質をまとめ，"IDR (s) with bi-orthgonalization of intermediate residuals." として発表した．ここでは **"Bi-IDR (s) 法"** と略す．算法をアルゴリズム 6.10 に示す．

6.3　高速多重極アルゴリズム

行列–ベクトル積の演算高速化も検討すべき項目である．2 次元 Helmholtz 方程式の積分方程式解法 (6.1 節) において係数行列の成分は式 (6.6) から式 (6.9) お

よび式 (6.19) に示すように，Green 関数またはその法線方向微分に対する境界要素または正方形要素上の積分で与えられる．これらは物理的には境界要素または正方形要素上の単位波源による放射波動場を示す．したがって，行列–ベクトル積の演算は L 個の境界要素または正方形要素より生じる放射波動場計算を意味する．なお，観測点は境界要素または正方形要素上に 1 つある．本節では放射波動場計算に対する高速化手法の 1 つとして Greengard と Rokhlin が提案した**高速多重極アルゴリズム** (Fast Multipole Algorithm: FMA)[105–110] について解説する．簡単のため L 個の点波源が点 $\boldsymbol{y}_j$ 上におのおの存在するときの L 個の観測点 $\boldsymbol{x}_i$ 上の放射波動場

$$\begin{aligned}\psi(\boldsymbol{x}_i) &= \sum_{j=1}^{L} G(\boldsymbol{x}_i, \boldsymbol{y}_j) q_j \\ &= \frac{1}{4\mathrm{j}} \sum_{i=1}^{L} q_j H_0^{(2)}(k|\boldsymbol{x}_i - \boldsymbol{y}_j|) \qquad (i = 1,\ 2,\ \cdots,\ L)\end{aligned} \tag{6.103}$$

を扱う．式 (6.103) において，q_1，q_2，$\cdots$，q_L は各点波源の強さであり，行列–ベクトル積の演算におけるベクトルの成分に相当する．

6.3.1 アルゴリズムの概要

a. 解析領域のクラスター分割

はじめに，領域分割を通じて波源および観測点のグループ分けを行う．具体的には，波源および観測点を囲む正方形を縦および横方向に半分にして，4 つの正方形を作成する．これにより，すべての波源および観測点がおのおのの正方形に分配される．以下では，この正方形領域を**セル** (cell) とよぶ．上記の作業を 1 つのセルに含まれる波源および観測点の数が閾値よりも少ない，またはセルの 1 辺の長さがある閾値以下になるまで順次繰り返し行う．波源も観測点も含まないセルについてはそれ以上の分割を行わない．このような分割作業は**クラスター分割**とよばれる．

この作業において，セルを分割することにより大小のセル間に親子関係が生じる．これを図示すると 4 分木とよばれるデータ構造がつくられ，後の波動場計算においてセル間のデータの送受に活用される．セル分割および 4 分木の例を図 6.1

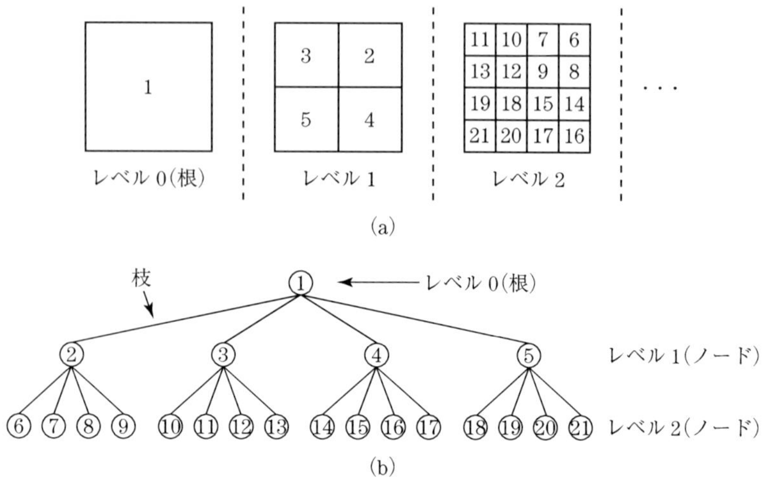

図 6.1　2 次元領域のクラスター分割と 4 分木[107]

に示す．図 6.1 において，木の階層を**レベル**(level) とよぶ．○印は**ノード** (node) とよび，セルに対応する．なお，レベル 0 のノードは**根**(root)，末端のノードを**葉**(leaf) とよぶ．異なるレベル間のノードは**枝**(branch) で結ばれセルの親子関係を示す．これらの用語は以下の議論でも利用する．

b.　近傍セルと遠方セルの設定

次に，観測点を含むすべてのセルに対して同一レベルにある波源を含むセルが近傍かまたは遠方か判定する．参考プログラムにおいて，2 つのセルが互いに遠方であるとは，2 つのセル間に 1 つ以上セルが挟まれている状態にある場合と定める．

図 6.2 に親と子のセルについて，その遠方と近傍のセルの関係を示す．注目する対象セルは■印である．このセルと斜線のセルを含めたセルが注目するセルの親セルである．この親セルの遠方は × 印がついたセルで，近傍はそれ以外のすべてのセルである．親セル自体も近傍セルに含まれる．次に注目セルから見ると，親セルの遠方は当然遠方であり，親セルの近傍の中にも遠方は存在する (薄い灰色のセル)．このように，親セルの近傍がさらに子のセルの遠方と近傍とに分けられる．なお，親セルの近傍セルの中に葉のセルがあるときは，そのセルは子のセル

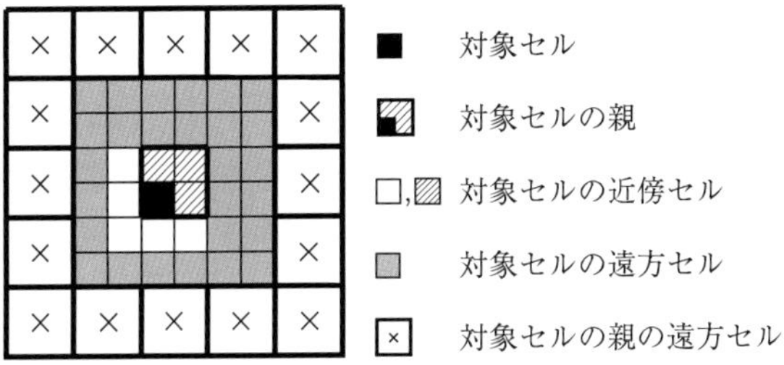

図 **6.2** 親と子のセルの遠方，および近傍セルの関係[107]

にとっても近傍となり，その類別は孫にも引き継がれる．

c. 各観測点上の波動場の計算

クラスター分割により生成されたセルの親子関係およびそれを表す 4 分木を用いて多数の波源による各観測点上の波動場を効率よく計算する手順について説明する．

(1) 放射波動場の多重極展開 (MP) 葉のセルにおいて波源からの放射波動場をセルの中心における**多重極展開** [**MP** (Multipole exPansion)] で表現する．図 6.3 に示すように，葉のセルの中心に j 番目の点波源および i 番目の観測点へ向けた位置ベクトルの 2 次元極座標成分をおのおの (r_i, θ_i) と (ρ_j, ϕ_j) とする．このとき，式 (6.103) の 0 次の第 2 種 Hankel 関数に対して **Graf の加法定理**[111] を適用することで，次式のような級数展開を得る．

$$\psi(\boldsymbol{x}_i) \simeq \frac{1}{4\mathrm{j}} \sum_{n=-p_{\mathrm{leaf}}}^{p_{\mathrm{leaf}}} M_n^{(\mathrm{leaf},\,\cdot\,)}\, H_n^{(2)}(kr_i)\,\mathrm{e}^{\mathrm{j}n\theta_i} \quad (i = 1,\ 2,\ \cdots,\ L) \tag{6.104}$$

$$M_n^{(\mathrm{leaf},\,\cdot\,)} = \sum_{j=1}^{L_{\mathrm{leaf}}} J_n(k\rho_j')\,\mathrm{e}^{-\mathrm{j}n\phi_j'}\, q_j \quad (n = 0,\ \pm 1,\ \cdots,\ \pm p_{\mathrm{leaf}}) \tag{6.105}$$

式 (6.104) では，葉のセルに含まれる L_{leaf} 個の波源からの放射波動場をセルの中心にある 1 つの波源からの放射波動場と見なしまとめて表現する．このような波動場の級数展開表現を多重極展開，展開係数 $M_n^{(\mathrm{leaf},\,\cdot\,)}$ は**多重極展開係数**または**多重極モーメント**とよぶ．なお，上添字の 2 つの変数はおのお

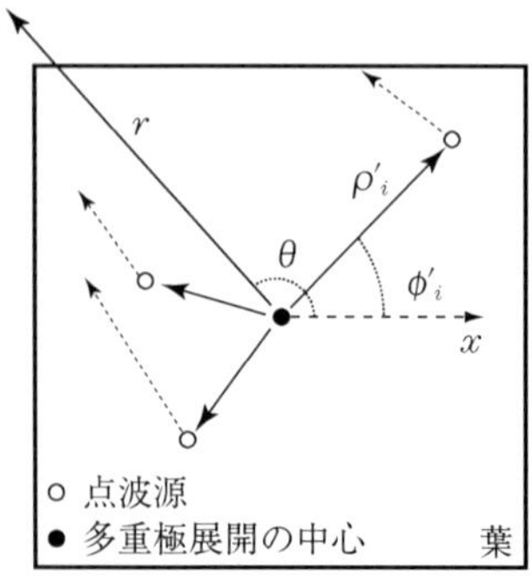

図 **6.3**　源点，観測点および多重極点

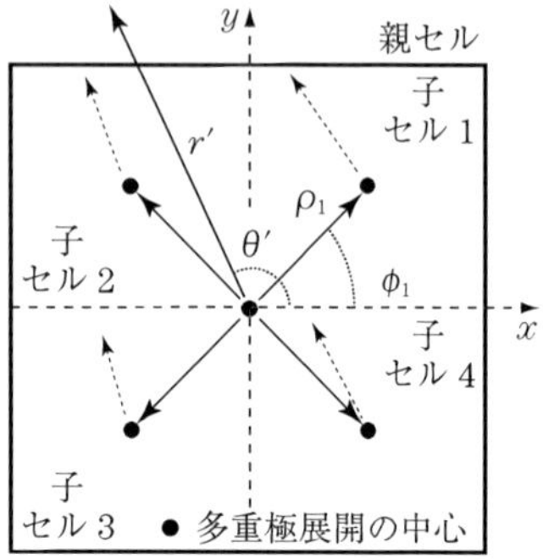

図 **6.4**　多重極点の移動 (M2M)

のレベル数および一時的な番号付けのための作業用変数を意味する．MP では葉を対象とするためレベル数は “leaf” で，作業用変数は不要なため便宜的に “·” 印で表す．実際の計算では，後述する局所展開を使って放射波動場を計算するため，MP ではすべての葉のセルに対して多重極展開係数を計算し保存する．また，Graf の定理は正確には整数次ベッセル関数と整数次第 2 種 Hankel 関数の積の次数に対する無限和で与えられるが，式 (6.104), (6.105) では無限和を $|n| \leq \pm p_{\text{leaf}}$ の範囲の有限和で打ち切る．このため，式 (6.104) は放射波動場の近似式である．項数 p_{leaf} を葉 (レベル “leaf”) のセルにおける**打切り項数**とよぶ．打切り項数の設定については 6.3.2 項で述べる．

(2) 多重極展開の中心の移動 (M2M)　波源を有する葉以外のセルに対しても多重極展開係数を計算し，保存することでより多くの波源からの放射波動場をまとめて表現する．図 6.4 において，親セル (レベル l) の中心から j 番目の子セル (レベル $l+1$) の中心および i 番目の観測点を指す位置ベクトルの極座標成分をおのおの $(\rho_j,\ \phi_j)$ および $(r'_i,\ \theta'_i)$ とし，式 (6.104) に Graf の定理を適用すると親セルの中心における多重極展開係数 $M_n^{(l,\ \cdot)}$ は子セルに対する同係数 $M_n^{(l-1,\ j)}$ より次式で与えられる．

$$M_n^{(l,\ \cdot)} = \sum_{j=1}^{4}\left[\sum_{m=-p_{l+1}}^{p_{l+1}} M_m^{(l+1,\ j)} J_{n-m}(k\rho_j)\mathrm{e}^{-\mathrm{j}(n-m)\phi_j}\right]$$

$$(n = 0,\ \pm 1,\ \cdots,\pm p_l) \tag{6.106}$$

このような操作を**多重極展開の中心の移動** [**M2M** (Multipole-to-Multipole translation)] という．なお，式 (6.106) において，項数 p_l はレベル l のセルにおける打切り項数である．また，j 番目の子セルが波源をもたない場合は該当する j に対する和を省略する．

式 (6.106) において，m に関する和は**離散畳込み**で表現される．これを定義どおりに計算すると演算量のオーダは $O(p_l\,p_{l+1})$ と非常に大きいため，**離散 Fourier 変換** [**DFT** (Discrete Fourier Transform)] および**逆離散 Fourier 変換** [**IDFT** (Inverse DFT)] を使って演算量の削減を図る．式 (6.106) の両辺に DFT を施すと

$$\hat{M}^{(l,\,\cdot\,)}(\xi_k^{(l)}) = \sum_{j=1}^{4} \hat{M}^{(l+1,\,j)}(\xi_k^{(l)})\ \hat{J}(\rho_j,\,\xi_k^{(l)} - \phi_j) \tag{6.107}$$

$$\hat{M}^{(l+1,\,j)}(\xi_k^{(l)}) = \sum_{n=-p_{l+1}}^{p_{l+1}} M_n^{(l+1,\,j)} \mathrm{e}^{\mathrm{j}n\xi_k^{(l)}} \tag{6.108}$$

$$\hat{J}(\rho_j,\,\xi_k^{(l)}) = \sum_{n=-2p_{l+1}}^{2p_{l+1}} J_n(k\rho_j)\,\mathrm{e}^{\mathrm{j}n\xi_k^{(l)}} \simeq \mathrm{e}^{\mathrm{j}k\rho_j \sin\xi_k^{(l)}} \tag{6.109}$$

を得て，離散畳込みは積の形式に変換される．

上記の DFT および IDFT を使用した一連の計算の実装において**高速 Fourier 変換**[**FFT** (Fast Fourier Transform) および**逆高速 Fourier 変換** [**IFFT** (Inverse FFT)] を使用する．なお，以下では FFT および IFFT の基数は 2 とする．はじめに各 $M_n^{(l+1,\,j)}$ に対してゼロ詰めを施して長さが Q_l の係数列を作成する．この係数列に FFT を施すことで長さが Q_l の DFT 列 $\hat{M}^{(l+1,\,j)}(\xi_k^{(l)})$ を算出する．そして，$\hat{M}^{(l+1,\,j)}(\xi_k^{(l)})$ と式 (6.109) の近似式を使い，式 (6.107) を計算する．その後 $\hat{M}^{(l,\,\cdot\,)}(\xi_k^{(l)})$ に対して IFFT を施して $M_n^{(l,\,\cdot\,)}$ を得る．なお，式 (6.107) から式 (6.109) の $\xi_k^{(l)}$ および DFT 列の長さ Q_l については，次のように与えられる．

$$\xi_k^{(l)} = \frac{2\pi}{Q_l} k \qquad (k = 0,\,1,\,\cdots,\,Q_l - 1) \tag{6.110}$$

$$Q_l = 2^c > 4p_l + 1 > 2^{c-1} \qquad (c \text{ は自然数}) \tag{6.111}$$

以上より，演算量のオーダは $O(Q_l \log Q_l) \simeq O(p_l \log p_l)$ まで減少する．

(3) 多重極展開から局所展開への変換 (M2L)　前述の (1) および (2) より個々の波源による放射波動場はそれらが属するセルの中心における多重極展開という形式でまとめて評価した．個々の観測点上の波動場計算においてもそれらが属するセルの中心における**局所展開** [**LP** (Local exPansion)] という形式を利用することで効率よく作業を進める．ここでは，波源を含むセルと観測点を含むセルの間で**多重極展開から局所展開への変換**[**M2L** (Multipole-to-Local translation)] を行う．なお，両セルは同じレベルに属する．

図 6.5 ではレベル l を対象に観測点を含むセルとそれに対して遠方にある j 番目の波源を含むセルを表す．図において観測側のセルの中心 (局所展開の中心) から波源側のセルの中心 (多重極展開の中心) および i 番目の観測点を指す位置ベクトルの極座標成分をおのおの $(\rho'_j,\ \phi'_j)$，$(r'_i,\ \theta'_i)$ とする．式 (6.104) の多重極展開に Graf の定理を適用すると次式を得る．

$$\psi(\boldsymbol{x}_i) \simeq \frac{1}{4\mathrm{j}} \sum_{n=-p_l}^{p_l} L_n^{(l,\ \cdot\ )} J_n(kr'_i)\mathrm{e}^{-\mathrm{j}n\theta'_i} \tag{6.112}$$

$$L_n^{(l,\ \cdot\ )} = \sum_{j=1}^{\text{far cells}} \left[\sum_{m=-p_l}^{p_l} (-1)^m M_m^{(l,\ j)}\, H_{n+m}^{(2)}(k\rho'_j)\, \mathrm{e}^{\mathrm{j}(n+m)\phi'_j} \right]$$

$$(n = 0,\ \pm 1,\ \cdots,\ \pm p_l) \tag{6.113}$$

式 (6.112) は観測点上の波動場をそれを含むセルの中心を介して間接的に表現している．このような波動場の級数展開表現を局所展開，係数 $L_n^{(l,\ \cdot\ )}$ を局

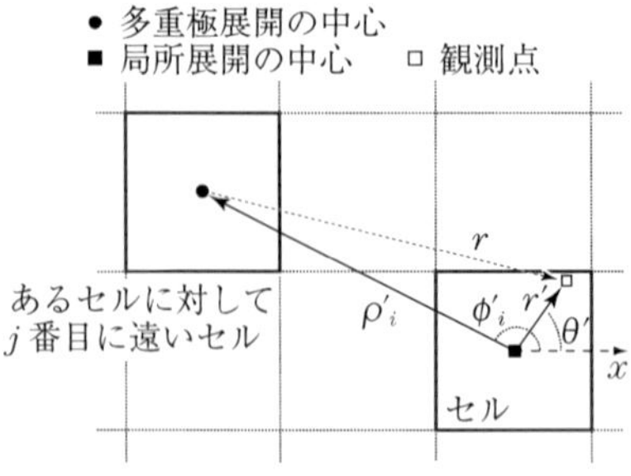

図 **6.5**　多重極展開から局所展開への変換 (M2L)

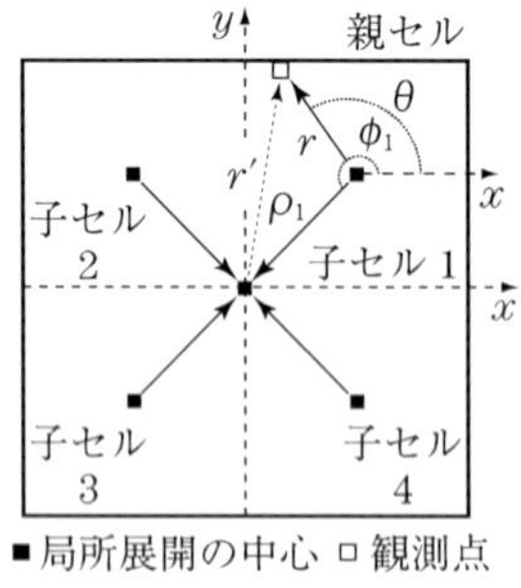

図 **6.6**　局所展開の中心の移動 (L2L)

所展開係数とよぶ．なお，式 (6.113) における “far cells” とは考察対象の観測点を含むセルに対して遠方と判断された同一レベルの波源を含むセルの個数を意味する．

式 (6.113) において m に関する和は離散畳込みであるため，M2M と同様に FFT と IFFT を使用して演算量の削減を図る．式 (6.113) の両辺に DFT を施すと次式を得る．

$$\hat{L}^{(l,\,\cdot\,)}(\xi_k^{(l)}) = \sum_{j=1}^{\text{far cells}} \hat{M}^{(l,\,j)}(-\xi_k^{(l)} - \pi)\, \hat{H}(\rho_j,\, \xi_k^{(l)} + \phi_j) \tag{6.114}$$

$$\hat{H}(\rho_j,\, \xi_k^{(l)}) = \sum_{n=-2p_l}^{2p_l} H_n^{(2)}(k\rho_j)\, \mathrm{e}^{\mathrm{j}n\xi_k^{(l)}} \tag{6.115}$$

実際には，はじめに $M_n^{(l,\,j)}$ と第 2 種 Hankel 関数列に対して FFT を施して $\hat{M}^{(l,\,j)}(\xi_k^{(l)})$ と $\hat{H}(\rho_j,\, \xi_k^{(l)})$ をおのおの得る．式 (6.114) を計算した後 IFFT 処理により $L_n^{(l,\,\cdot\,)}$ を得る．

(4) 局所展開の中心の移動 (L2L)　M2M と同様に親セル (レベル l) における局所展開係数を用いて子セル (レベル $l+1$) における同係数を計算する．図 6.6 において，j 番目の子セルの中心から親セルの中心および i 番目の観測点を向く位置ベクトルの極座標系成分をおのおの (ρ_j, ϕ_j) および (r_i, θ_i) として式 (6.112) に Graf の定理を適用すると j 番目の子セルにおける局所展開係数

$$L_n^{(l+1,\,j)} = \sum_{m=-p_l}^{p_l} L_m^{(l,\,\cdot\,)} J_{n-m}(k\rho_j)\, \mathrm{e}^{\mathrm{j}(n-m)\phi_j}$$
$$(n = 0,\ \pm 1,\ \cdots,\pm p_{l+1},\ j = 1,\ 2,\ 3,\ 4) \tag{6.116}$$

を得る．このような操作を**局所展開の中心の移動** [**L2L** (Local-to-Local translation)] という．式 (6.116) において m に関する和は離散畳込みであり，両辺に DFT を施すと次式を得る．

$$\hat{L}^{(l+1,\,j)}(\xi_k^{(l)}) = \hat{L}^{(l,\,\cdot\,)}(\xi_k^{(l)})\, \hat{J}(\rho_j,\, \xi_k^{(l)} + \phi_j) \qquad (j = 1,\ 2,\ 3,\ 4) \tag{6.117}$$

したがって，FFT と IFFT を活用し演算量削減が可能である．具体的には，$L_m^{(l,\,\cdot\,)}$ に FFT を施して $\hat{L}^{(l,\,\cdot\,)}(\xi_k^{(l)})$ を得て，これと式 (6.109) の近似式を利用し $\hat{L}^{(l+1,\,j)}(\xi_k^{(l)})$ を計算する．その後，IDFT を施し $L_n^{(l+1,\,j)}$ を得る．

(5) 局所展開による波動場計算 (LP)　葉のセルにおいて，得られた局所展開係数を元に式 (6.112) より観測点上の波動場を計算する．そして，観測点の近傍にある波源からの波動場を直接計算し，上の結果に加える．ここで，近傍とは上記 (1) 項から (4) 項の計算過程を通じて波動場を計算できなかった波源を含む．

6.3.2 打切り項数の決定法

6.3.1 項で示した Graf の定理により導出される式は正確には無限級数であるが，実際の計算では打切り項数を設けることで有限和に置き換える．点波源による放射波動場を式 (6.104) や式 (6.112) のように有限和の多重極展開および局所展開で計算した場合，その誤差は打切り項数およびセルサイズに依存する[106]．Chew ら[108]は打切り項数は点波源より十分離れた観測点上の放射波動場がもつ空間周波数の帯域幅 (bandwidth) に相当すること見いだした．そこで，Bessel 関数の次数に対する漸近展開から帯域幅を割り出し，利用者が要求する精度 $\varepsilon_{\mathrm{tol}}$ を満足するための打切り項数を決定する以下の式を導出した．

$$p(kd,\, \varepsilon_{\mathrm{tol}}) = kd + 1.8 d_0^{2/3} (kd)^{1/3}, \qquad d_0 = -\log_{10} \varepsilon_{\mathrm{tol}} \tag{6.118}$$

ここで，kd は展開の中心から波源または観測点までの最大距離であり，セルの対角線の半分に相当する*1．前述の物理的意味から式 (6.118) は **EBF** (Excess Bandwidth Formula) とよばれる．MP-M2L-LP を経た波動場計算では，EBF は多重極展開および局所展開の中心間距離が十分大きい場合に有効である．これに対して，レベル数が増えてセルサイズが小さくなると EBF を利用しても精度が保証できない．このような背景にもとづき，大貫ら[112]は EBF の改良を理論的，実験的な立場から報告した．ここでは，EBF で精度が保証できない領域を実験による経験的な式で補う．

図 6.7 に MP-M2L-LP を利用した波動場計算において精度が最も劣化する最悪モデル (worst case model) を示す．最悪 (worst case) とは図 6.7 において多重極展開の中心から波源を指すベクトルと局所展開の中心から観測点を指すベク

---

*1　文献 [108] における kd の定義は本書と異なる．これは FMA を構成する 5 つの計算過程に対する計算式が本書と異なるためである．

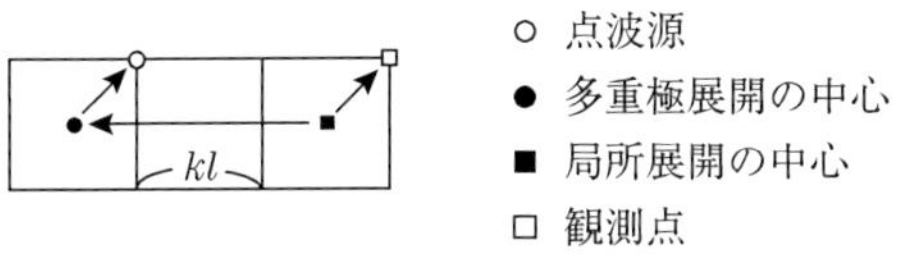

図 **6.7** MP-M2L-LP による波動場計算における最悪モデル[110]

トルがともに最大で互いに同方向を向く場合であり[108]，図 6.7 のモデルはこれらを満足する．

この最悪モデルで波動場を計算したときの相対誤差を図 6.8 に示す．図の "M2L-Conv" および "M2L-FFT" は M2L による局所展開係数の計算を定義どおりの通常の離散畳込み計算 [式 (6.113) 参照] および FFT を利用して計算 [式 (6.114) 参照] した場合をおのおの示す．相対誤差はセルサイズ kl に従って増大するが，打切り項数 p を増すことで改善する．一方，kl が小さい場合は FFT を利用した計算の相対誤差のみが p の増加に従い急激に増大する．kl が小さい場合は Bessel 関数およびノイマン関数の引数も小さくなる．次数の増加に対する各関数の絶対値は，Bessel 関数は急激に減少しノイマン関数は逆に急激に増大する．このため，FFT を用いて計算する場合は，絶対値が極端に大きい数と小さい数に対する演算 (特に足算や引算) を多く行うため，小さい数に対する情報落ちが多く発生し，計算精度を悪化させたと考えられる．このことから，FFT を用いた M2L の計算では kl に対して適用可能な p の上限が存在する．同様の結果は M2M および L2L

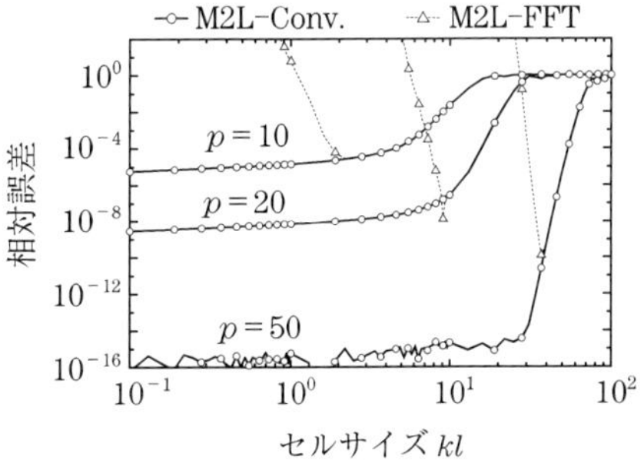

図 **6.8** 最悪モデルにおける波動場計算の相対誤差[109]

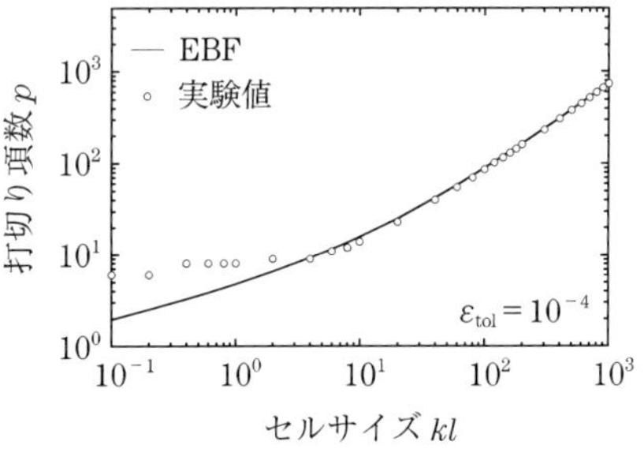

図 **6.9** 要求精度 $\varepsilon_{\mathrm{tol}}$ に対する打切り項数

のみを使用した計算においても確認できる (文献 [109] を参照).

図 6.9 では最悪モデルにおいて波動場の精度 (相対誤差) が 10^{-4} 程度となるために必要な打切り項数を示す．見やすくするため，EBF にもとづいた曲線と数値実験による結果を合わせて表示する．なお，M2L は定義どおりの通常の離散畳込み計算を実行させる．$\varepsilon_{\mathrm{tol}} = 10^{-4}$ においては，$kl > 6.0$ では EBF と数値実験の結果はよく一致するが，$kl \leq 6.0$ では EBF よりも多くの項数が必要であることがわかる．この原因については本節第 2 段落ですでに述べた通りである．このことから，EBF を利用した打切り項数の設定においは要求精度 $\varepsilon_{\mathrm{tol}}$ を満足する kl の下限が存在する．

以上を参考に，まず，あらゆる kl で要求精度 $\varepsilon_{\mathrm{tol}}$ を満足する打切り項数を決定する．ここでは，EBF が適用できない範囲に対する補正式として，数値実験にもとづく経験式を採用した．これにより打切り項数を決定する新たな式を $p'(kl,\, \varepsilon_{\mathrm{tol}})$ とし，修正 (modified) EBF とよぶことにする．修正 EBF を以下に示す．なお，右辺の p は従来の EBF[式 (6.118)] を意味する．

$$p'(kl,\, 10^{-4}) = \begin{cases} p(\sqrt{0.5}kl,\, 10^{-4}) & (kl > 6.0) \\ 0.5kl + 8.5 & (1.0 < kl \leq 6.0) \\ 8 & (kl \leq 1.0) \end{cases} \tag{6.119}$$

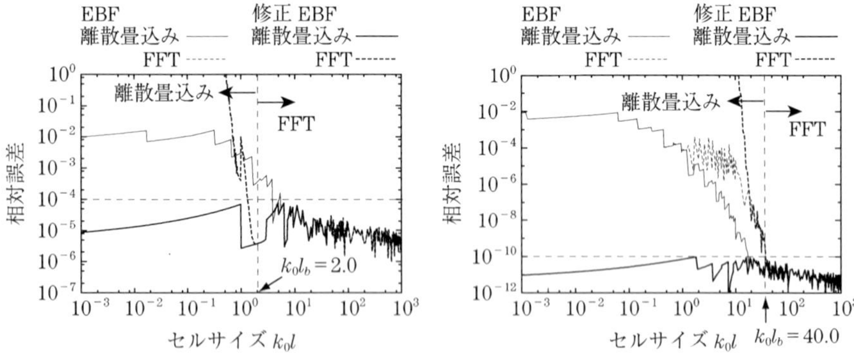

(a)　$\varepsilon_{\mathrm{tol}} = 10^{-4}$　　　(b)　$\varepsilon_{\mathrm{tol}} = 10^{-10}$

図 6.10　設定した打切り項数に対する波動場計算の相対誤差[110]

$$p'(kl,\ 10^{-10}) = \begin{cases} p(\sqrt{0.5}kl,\ 10^{-10}) & (kl > 20.0) \\ 0.55kl + 23, & (kl \leq 20.0) \end{cases} \tag{6.120}$$

図 6.10 では最悪モデルに対する波動場計算において打切り項数を EBF および修正 EBF で設定したときの精度を示す．従来の EBF においては，$\varepsilon_{\text{tol}} = 10^{-4}$ では $kl \leq 6.0$，$\varepsilon_{\text{tol}} = 10^{-10}$ では $kl \leq 20.0$ において相対誤差が ε_{tol} を上回る．他方，修正 EBF については通常の離散畳込み計算の場合は実験対象のすべての kl 対して相対誤差は ε_{tol} 以下となる．ただし，FFT を利用した計算では前述の性質から $\varepsilon_{\text{tol}} = 10^{-4}$ では $kl \leq 2.0$，$\varepsilon_{\text{tol}} = 10^{-10}$ では $kl \leq 40.0$ において相対誤差が ε_{tol} 以上となる．そこで，このときのセルサイズを閾値 kl_b とし，$kl \leq kl_b$ では通常の離散畳込み計算，$kl > kl_b$ では FFT を使用した計算を，おのおの利用する．この切り替えにより，M2M，M2L および L2L による新しい展開係数の計算が高速かつ精度よく実現できる．

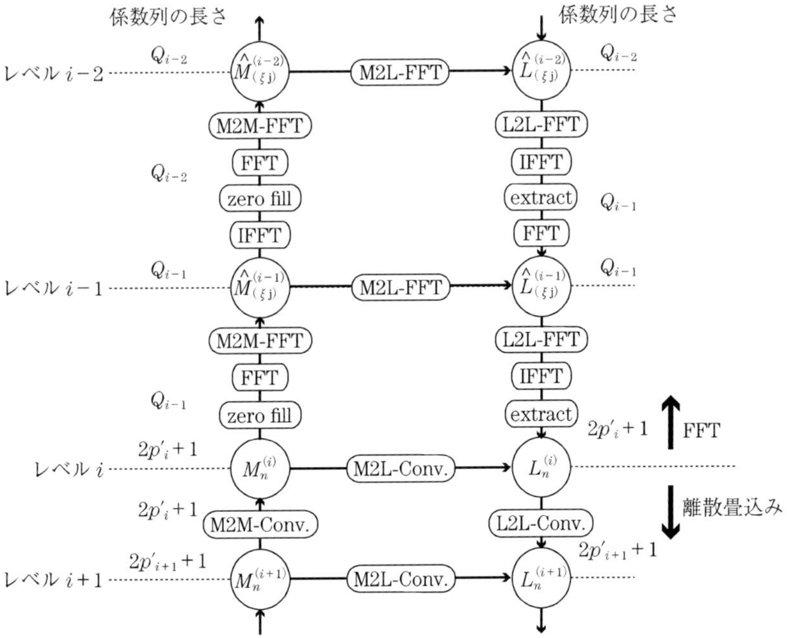

図 6.11　M2M，M2L および L2L による新しい展開係数列計算の流れ[110]

以上を参考に，M2M，M2L および L2L を実行した場合の 4 分木上のデータの流れを図 6.11 に示す．同図において丸い枠は 4 分木上のノードに保存されるデータ，丸みの隅付き四角の枠は計算過程を表す．前節ではセルサイズに応じてこれら 3 つの計算過程の処理を通常の離散畳込み演算または FFT 利用の計算に切り替えると説明した．図ではレベル i を切り替えレベルとし，レベル i 以上では通常の離散畳込み演算を，$i-1$ 以下では FFT を利用し計算する．

6.3.3　演算量およびメモリ量削減への工夫

ここまでは FMA の計算手順を説明した．しかし，演算量とメモリ量の削減余地はまだある．本節では演算量とメモリ量削減の手法をいくつか紹介する．

a.　Bessel 関数および Hankel 関数群の効率的な保存

FMA では Bessel 関数列または第 2 種 Hankel 関数列の計算，FFT および IFFT 処理を計算過程ごとに実施する．これにより FMA の正味の計算時間が長くなる．そこで，必要な関数列および DFT 列を波動場計算の前にメモリ領域に保存することで計算時間を削減する．以下では計算過程ごとにその詳細を説明する[110]．

MP と LP では以下の Bessel 関数と複素指数関数の積からなる関数列

$$\Phi_n(r,\ \theta) = J_n(kr)\,\mathrm{e}^{-\mathrm{j}n\theta} \tag{6.121}$$

を利用する．なお，$(r,\ \theta)$ は多重極展開の中心から波源へ，または局所展開の中心から観測点へおのおの向かうベクトルの極座標成分である．この関数列をすべての波源および観測点に対して保存する．ただし，波数 k が実数であれば次公式

$$\Phi_{-n}(r,\ \theta) = (-1)^n \bar{\Phi}_n(r,\ \theta) \tag{6.122}$$

が成り立つため，実際には $\Phi_0(r,\ \theta)$ から $\Phi_{p_{\mathrm{leaf}}}(r,\ \theta)$ まで保存すればよい．$\bar{\Phi}_n$ は Φ_n の複素共役である．

M2M と L2L では親子のセル間で実行されるが，その組合せは図 6.12 よりレベルごとに 4 通りである．式 (6.106) および式 (6.116) に示す通常の離散畳込み計算では Bessel 関数と複素指数関数の積からなる関数列を利用し，これらは次式で与えられる．なお，右上の括弧付きの添字は図 6.12 に示すセルの組合せ番号に対応する．

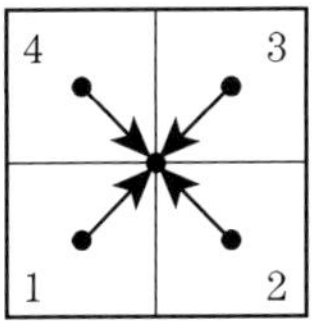

(a) M2M

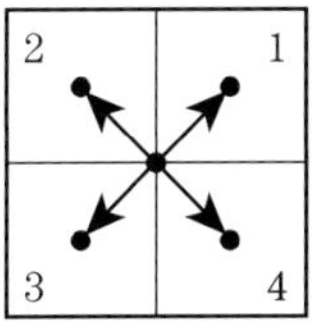

(b) L2L

図 6.12 M2M および L2L における 2 つのセルの組合せとその番号づけ

$$\Phi_n^{(1)}(r,\ \pi/4) = J_n(kr)\mathrm{e}^{\mathrm{j}\pi n/4} \tag{6.123}$$

$$\Phi_n^{(2)}(r,\ 3\pi/4) = J_n(kr)\mathrm{e}^{\mathrm{j}3\pi n/4} = \mathrm{j}^n\Phi_n^{(1)}(r,\ \pi/4) \tag{6.124}$$

$$\Phi_n^{(3)}(r,\ 5\pi/4) = J_n(kr)\mathrm{e}^{\mathrm{j}5\pi n/4} = (-1)^n\Phi_n^{(1)}(r,\ \pi/4) \tag{6.125}$$

$$\Phi_n^{(4)}(r,\ 7\pi/4) = J_n(kr)\mathrm{e}^{\mathrm{j}7\pi n/4} = (-\mathrm{j})^n\Phi_n^{(1)}(r,\ \pi/4) \tag{6.126}$$

同様に，FFT を利用した計算では Bessel 関数列の DFT 列 $\hat{J}(\xi_j)$ を利用する．Fourier 変換の平行移動の公式より次式を得る．Q は DFT 列の長さである．

$$\hat{J}^{(1)}(\xi_j) \simeq \mathrm{e}^{\mathrm{j}kr\sin(\xi_j-\pi/4)} \tag{6.127}$$

$$\hat{J}^{(2)}(\xi_j) \simeq \mathrm{e}^{\mathrm{j}kr\sin(\xi_j-3\pi/4)} = \hat{J}^{(1)}(\xi_{j-Q/4}) \tag{6.128}$$

$$\hat{J}^{(3)}(\xi_j) \simeq \mathrm{e}^{\mathrm{j}kr\sin(\xi_j-5\pi/4)} = \hat{J}^{(1)}(\xi_{j-Q/2}) \tag{6.129}$$

$$\hat{J}^{(4)}(\xi_j) \simeq \mathrm{e}^{\mathrm{j}kr\sin(\xi_j-7\pi/4)} = \hat{J}^{(1)}(\xi_{j-3Q/4}) \tag{6.130}$$

以上の結果より，M2M および L2L ではレベルごとで $\Phi_n^{(1)}$ または $\hat{J}^{(1)}(\xi_j)$ だけをあらかじめ保存すればよい．他のセルの組合せに関しては実際に M2M または L2L を処理する際に式 (6.123) から式 (6.126) または式 (6.127) から式 (6.130) の関係を考慮すればよい．なお，MP および LP の項で述べたように $\Phi_n^{(i)}$ については，波数 k が実数であれば次式の関係

$$\Phi_{-n}^{(i)}(r,\theta) = (-1)^n\bar{\Phi}_n^{(i)}(r,\theta) \tag{6.131}$$

を考慮すればよく，実際には n が 0 および正の範囲で保存すればよい．

最後に M2L について考える．図 6.13 において●印で示したセルに対して M2L が適用可能なセルは空白のセルであり，レベルごとに 40 通りの組合せがある．こ

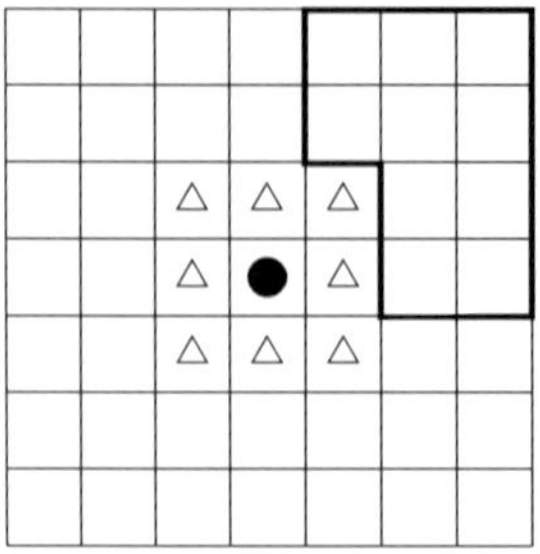

図 **6.13**　●印のセルに対して M2L が適用可能なセル (空白のセル，△ 印のセルは近傍のため適用不可[110]

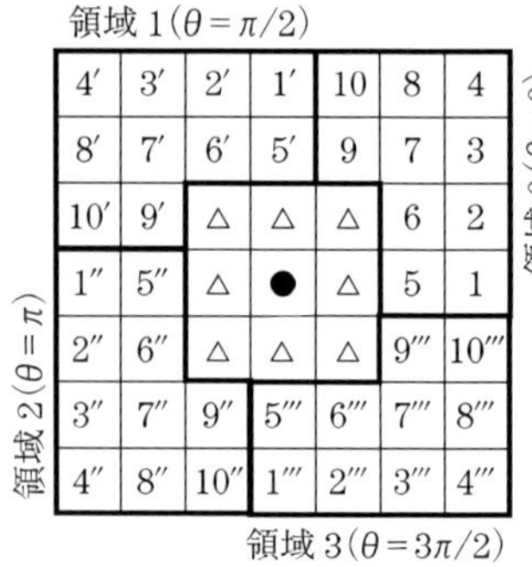

図 **6.14**　M2L において最低限保存すべきセルの組合せとその番号づけ (プライムの数は領域番号に対応)[110]

こで，太枠で囲んだ領域について考える．図 6.14 に示すように，この太枠をおのおの 0°，90°，180° および 270° 回転させることで，40 通りのセルの組合せを網羅できる．したがって，回転角 θ が 0 のときの領域 0 に属する 10 個のセルを保存の対象とする．●印のセルの中心から領域 0 に属する各セルの中心の位置を表す座標を (r_i, θ_i) $(i = 1, 2, \cdots, 10)$ とする．通常の離散畳込みを用いて M2L を計算する場合，必要とされる $\varPhi_n$ を $\varPhi_n^{(0,\,i)}$ とすると，次式で与えられる．なお，右上の括弧付きの添字は図 6.14 に示す領域番号とセルの組合せ番号に対応する．

$$\varPhi_n^{(0,\,i)}(r_i, \theta_i) = H_n^{(2)}(kr_i)\,\mathrm{e}^{\mathrm{j}n\theta_i} \qquad (n = 0,\ \pm 1,\ \cdots,\ \pm 2p) \tag{6.132}$$

通常の離散畳込みを用いて M2L を計算する場合は $\varPhi_n^{(0,\,i)}$ をあらかじめ保存する．FFT を利用した M2L の計算では，必要とされる $\hat{\varPhi}$ を $\hat{\varPhi}^{(0,\,i)}$ とし，これを保存する．なお，$\hat{\varPhi}^{(0,\,i)}$ は $\varPhi_n^{(0,\,i)}$ にゼロ詰めを施し，FFT 処理をしたものである．図 6.14 の領域 1 から 3 までのセルに対しては，実際の計算において $\varPhi_n^{(0,\,i)}$ および $\hat{\varPhi}^{(0,\,i)}$ は以下の関係式が成り立つことを利用する．

- 領域 0:

$$\varPhi_n^{(0,\,i)}(r_i,\ \theta_i) = H_n^{(2)}(kr_i)\,\mathrm{e}^{\mathrm{j}n\theta_i} \tag{6.133}$$

$$\hat{H}^{(0,\,i)}(\xi_j) = \sum_{n=-2p}^{2p} H_n^{(2)}(kr_i)\,\mathrm{e}^{\mathrm{j}n(\xi_j+\theta_i)} \tag{6.134}$$

- 領域 1:

$$\Phi_n^{(1,\,i)}(r_i,\ \theta_i) = \mathrm{j}^n \Phi_n^{(0,\,i)}(r_i,\ \theta_i) \tag{6.135}$$

$$\hat{H}^{(1,\,i)}(\xi_j) = \hat{H}^{(0,\,i)}(\xi_{j-Q/4}) \tag{6.136}$$

- 領域 2:

$$\Phi_n^{(2,\,i)}(r_i,\ \theta_i) = (-1)^n \Phi_n^{(0,\,i)}(r_i,\ \theta_i) \tag{6.137}$$

$$\hat{H}^{(2,\,i)}(\xi_j) = \hat{H}^{(0,\,i)}(\xi_{j-Q/2}) \tag{6.138}$$

- 領域 3:

$$\Phi_n^{(3,\,i)}(r_i,\ \theta_i) = (-\mathrm{j})^n \Phi_n^{(0,\,i)}(r_i,\ \theta_i) \tag{6.139}$$

$$\hat{H}^{(3,\,i)}(\xi_j) = \hat{H}^{(0,\,i)}(\xi_{j-3Q/4}) \tag{6.140}$$

上記の性質より，領域 0 に属する 10 通りのセルの組合せに対して関数列または DFT 列を保存し，他のセルの組合せに関しては M2L の処理前に式 (6.133) から式 (6.140) の関係を考慮すればよい．以上により，FMA の各計算過程においてサブルーチン呼出し回数が大幅に削減される．ただし，波源数および観測点数 L に対するメモリ量増加のオーダは MP と LP で $O(pL)$，M2M，M2L および L2L で $O(Q\log L) \simeq O(p\log L)$ である．

b. FFT を利用した M2M および L2L の改良

式 (6.119) と式 (6.120) より打切り項数はセルサイズに依存し，結果として親子のレベル間で多重極展開係数や局所展開係数およびそれらの DFT 列の長さが変化する．M2M および L2L を通常の離散畳込みで計算する場合は特に意識する必要はない．これに対して，FFT を利用した M2M では子レベルの多重極展開係数の DFT 列の長さを親レベルのそれに合わせてから式 (6.107) を計算する．同様に，L2L では式 (6.117) を計算した後に局所展開係数の DFT 列の長さを子のレベルのそれに合わせる．以上の処理を行うため，図 6.11 では，

(1) 展開係数の DFT 列に対して IFFT を施してもとの展開係数列に戻し，

(2) ゼロ詰め (zerofill)，情報の抽出 (extract) より DFT 列の長さを調整し，
(3) FFT を施して必要な長さを有する DFT 列を得る，

という一連の処理が M2M と L2L の前後に毎回行われる．この処理は FMA の正味計算を増大させる主要因であり，DFT 列の長さが変化しても DFT 列のみで処理できることが望ましい．ここではディジタル信号処理の手法を用いてこれを実現させる[108, 110]．

はじめに，DFT および IDFT の性質を利用する．長さが Q の係数列に対する DFT および IDFT をおのおの次式で定義する[113]．

$$F(k) = \frac{1}{Q}\sum_{n=0}^{Q-1} f_n\,\mathrm{e}^{-\mathrm{j}(2\pi/Q)nk} \quad (k = 0,\ 1,\ \cdots,\ Q-1) \tag{6.141}$$

$$f_k = \sum_{n=0}^{Q-1} F(n)\,\mathrm{e}^{\mathrm{j}(2\pi/Q)nk} \quad (k = 0,\ 1,\ \cdots,\ Q-1) \tag{6.142}$$

長さ $2p+1$ の多重極展開係数または局所展開係数を x_n $(-p \le n \le p)$ とし，これに式 (6.143) と式 (6.144) に示すゼロ詰めを行い，長さが Q と $2Q$ の 2 つの係数列 f_n と g_n をおのおの生成する．$Q = 2^c > 4p+1 > 2^{c-1}$ (c は自然数) とする．

$$f_n = \begin{cases} x_n & (0 \le n \le p) \\ 0 & (p < n < Q-p) \\ x_{n-Q} & (Q-p \le n \le Q-1) \end{cases} \tag{6.143}$$

$$g_n = \begin{cases} x_n & (0 \le n \le p) \\ 0 & (p < n < 2Q-p) \\ x_{n-2Q} & (2Q-p \le n \le 2Q-1) \end{cases} \tag{6.144}$$

このとき，f_n および g_n に対する DFT 列 $F(k)$ および $G(k)$ には

$$G(2k) = \frac{1}{2}F(k) \qquad (k = 0, 1, \cdots, Q-1) \tag{6.145}$$

が成り立つ (証明は省略)．これにより，既知の DFT 列 $F(k)$ からその長さが 2 倍の $G(k)$ を計算する場合は，$G(2k)$ については $F(k)$ より直接求められる．

残りの $G(2k+1)$ については**補間**を利用する．長さが Q の係数列 f_n に対する次の Fourier 変換について考える．

$$F(\xi) = \sum_{n=0}^{Q-1} f_n \, \mathrm{e}^{-\mathrm{j}\xi n} \tag{6.146}$$

式 (6.141) と式 (6.146) を比較すると，$F(k)$ は $F(\xi)$ に対して $\xi = \xi_k = k \cdot \Delta\xi$ で標本化された係数列である．このとき，標本化間隔は $\Delta\xi = 2\pi/Q$，標本化角周波数は $\omega_s = Q$ である．前述の x_n にゼロ詰めを施した係数列を f_n としたとき，$F(\xi)$ の最大角周波数は $\omega_{\max} = p$ である．よって，$\omega_s > 2\omega_{\max}$ よりこの標本化は**標本化定理**を満足するため， $F(\xi)$ は次式より得られる．ただし，$c = \pi/(\Delta\xi)$ とおく．

$$F(\xi) = \sum_{n=0}^{N} F(\xi_n) \frac{\sin\Bigl(c(\xi - \xi_n)\Bigr)}{c(\xi - \xi_n)} \tag{6.147}$$

式 (6.147) は帯域制限された関数 $F(\xi)$ に対する補間公式である．しかし，Sinc 関数 $\sin(t)/t$ の振幅は非常に緩やかに減衰するため，1 点の関数値を計算する場合は非常に多くの標本点が必要となる．このように，広範囲の標本点から関数値 (補間値) を計算することから，本書ではこの補間公式を**大域的補間** (global interpolation) とよぶ[114]．一方，式 (6.147) の Sinc 関数に Gauss 関数を重み付けた次の補間公式が提案された．

$$F(\xi) = \sum_{n=0}^{N} F(\xi_n) \frac{\sin\Bigl(c(\xi - \xi_n)\Bigr)}{c(\xi - \xi_n)} \ \exp\left[-\left(\frac{\xi - \xi_n}{W}\right)^2\right] \tag{6.148}$$

Gauss 関数は急激に減少する性質をもつため，1 点の関数値を計算するために要する離散点の数は少なくなる．この場合は狭い範囲の標本点から補間値を計算することから，本書ではこの補間公式を**局所的補間** (local interpolation) とよぶ[114]．なお，式 (6.148) 中の W は定数である．

これらの補間はディジタル信号処理において，ある離散信号列を低域フィルタに入力してもとの連続信号に 復元させる手法にもとづいている．各補間公式における低域フィルタの周波数特性 H_{GI} および H_{LI} は次式でおのおの与えられる．

$$
H_{\mathrm{GI}}(\omega) = \begin{cases} \Delta\xi & \left(|\omega| \le \dfrac{\pi}{\Delta\xi}\text{の場合}\right) \\ 0 & (\text{上記以外の場合}) \end{cases} \tag{6.149}
$$

$$
H_{\mathrm{LI}}(\omega) = \frac{1}{2\pi} H_{\mathrm{GI}}(\omega) \otimes H_{\mathrm{GA}}(\omega) \tag{6.150}
$$

$$
H_{\mathrm{GA}}(\omega) = W\sqrt{\pi}\,\exp\left[-\left(\frac{\omega W}{2}\right)^2\right] \tag{6.151}
$$

このように，大域的補間では理想的な低域フィルタ H_{GI} を利用する．一方，局所的補間では Gauss 関数の重み付けのため，H_{GI} と Gauss 関数型のフィルタ H_{GA} との畳込みで表現される．その結果，図 6.15 のように H_{LI} は遮断角周波数 ω_c の手前で緩やかに減衰する．この減衰による復元信号 (補間値) への影響をなくすため，標本化定理は次のように書き換えられる[114]．

$$
\frac{\pi}{\Delta\xi} - 0.5aW^{-1} > \omega_{\max} \tag{6.152}
$$

ここで，a は $|H_{\mathrm{GA}}(a)/H_{\mathrm{GA}}(0)| < \varepsilon_{\mathrm{tol}}$ となる数値である ($\varepsilon_{\mathrm{tol}}$ は計算精度の許容値)．式 (6.152) より W は次式の範囲で与えられる．

$$
W > \frac{2}{\pi}\sqrt{-\log\varepsilon_{\mathrm{tol}}}\,\Delta\xi \tag{6.153}
$$

局所的補間を利用して $F(k)$ から $G(2k+1)$ を求める式を導出する．式 (6.145) より

$$
G(2k+1) = \frac{1}{2}F\left(k + \frac{1}{2}\right) \tag{6.154}
$$

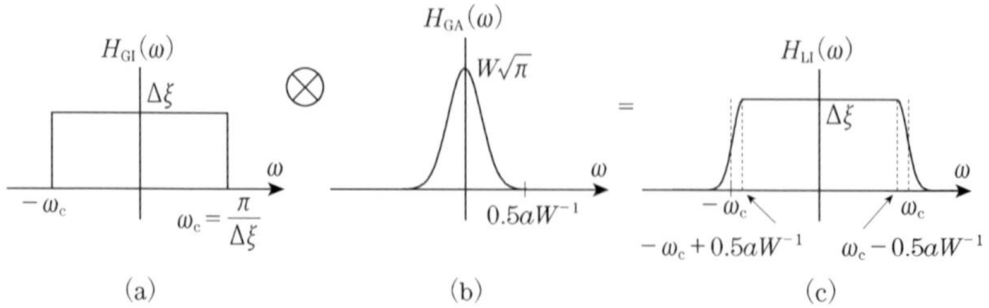

図 6.15　局所的補間での低域フィルタ[108]

から $G(2k+1)$ を $F(k)$ からの補間 値として計算する．式 (6.148) において，補間点は $\xi = \xi_{k+1/2}$ であり，標本点 ξ_m との差は

$$\xi_{k+1/2} - \xi_n = \frac{m\Delta\xi}{2} \qquad (m = \pm 1, \pm 3, \cdots) \tag{6.155}$$

である．$W = \beta\Delta\xi$(β は定数) とすると次式が得られる．

$$G(2k+1) = \sum_m \frac{1}{2} F\left(k + \frac{m+1}{2}\right) \frac{\sin\left(\frac{m}{2}\pi\right)}{\frac{m}{2}\pi} \exp\left[-\left(\frac{n}{2\beta}\right)^2\right] \tag{6.156}$$

式 (6.145) および式 (6.156) より既知の DFT 列 $F(k)$ から長さが 2 倍の $G(k)$ が計算できる．

FFT を利用した M2M では，式 (6.107) の前処理として子レベルの多重極展開係数の DFT 列の長さを 2 倍して親レベルにおける DFT 列の長さに合わせなければならない場合がある．この場合は式 (6.145)，式 (6.156) を適用する．具体的には次式の処理を施せばよい．

$$\hat{M}^{(l-1,\,j)}\left(\xi_n^{(l)}\right) = \begin{cases} \dfrac{1}{2}\,\hat{M}^{(l-1,\,j)}\left(\xi_{n/2}^{(l-1)}\right) & (n \text{ が偶数}) \\ \dfrac{1}{2} \displaystyle\sum_{m=\pm 1, \pm 3 \cdots} \hat{M}^{(l-1,\,j)}\left(\xi_{(n-m)/2}^{(l-1)}\right) \dfrac{\sin\left(\dfrac{m\pi}{2}\right)}{\dfrac{m\pi}{2}}\, \mathrm{e}^{-\left(\frac{m}{2\beta}\right)^2} & (n \text{ が奇数}) \end{cases}$$

$$(n = 0,\ 1,\ \cdots,\ Q_l) \tag{6.157}$$

L2L では式 (6.117) より得られた DFT 列 $\hat{L}^{(l+1,\,\cdot)}$ の長さは親レベルに合わせており，後処理としてこの長さを 1/2 にして子レベルにおける DFT 列の長さに合わせる必要がある．このとき，式 (6.145) より

$$\hat{L}^{(l+1,\,\cdot)}\left(\xi_k^{(l+1)}\right) = 2\hat{L}^{(l+1,\,\cdot)}\left(\xi_{2k}^{(l)}\right) \tag{6.158}$$

を利用することが考えられる．しかし，この方法ではなく，局所的補間が必要である．その理由を下記に示す．

レベル $l+1$ に対する局所展開係数の打切り項数を p_{l+1}，その DFT 列の長さを $Q_{l+1} = 2^c > 4p+1 > 2^{c-1}$ とする．また，簡単のため親のレベルに対して

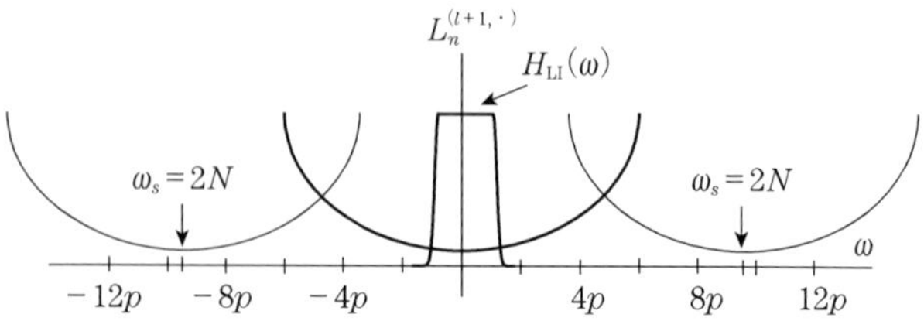

図 6.16　$\hat{L}^{(l+1,\,\cdot)}(\xi)$ のスペクトル分布 ($L_n^{(l+1,\,\cdot)}$ に対応，簡単のため曲線で表示)[115]

はおのおの $2p_{l+1}$，$2Q_{l+1}$ とする．DFT 列 $\hat{L}^{(l,\,\cdot)}$ と $\hat{J}$ の帯域は式 (6.116) と式 (6.109) よりおのおの $2p_{l+1}$ および $4p_{l+1}$ である．したがって，式 (6.117) より得られた $\hat{L}^{(l+1,\,\cdot)}$ の帯域は $6p_{l+1}$ となる．ここで，$\hat{L}^{(l+1,\,\cdot)}$ は式 (6.146) において f_n を $L_n^{(l+1,\,\cdot)}$ と置いたときの $F(\xi)$ を標本化したものである．このときの標本角周波数は $\omega_s = 2Q_{l+1}$ から $\omega_s < 2\omega_{\max}$，すなわち，標本化定理を満足しない場合が生じる．このとき，$\hat{L}^{(l+1,\,\cdot)}$ のスペクトル ($L_n^{(l+1,\,\cdot)}$ に対応) をしらべると図 6.16 のように ω_s の周期関数となるが，$\omega = \pm 6p_{l+1}$ の近傍では隣り合うスペクトルが重なる．この状態で式 (6.145) を用いた場合は，スペクトルの重なりにより誤差を多く含んだ情報がそのまま反映され計算精度が悪化する．

このように，式 (6.117) より得られた $\hat{L}^{(l+1,\,\cdot)}$ の帯域は $6p_{l+1}$ であるが，実際に必要な帯域 (局所展開に対する打切り項数) は p_{l+1} である．そして，$|\omega| < p_{l+1}$ においては前述のスペクトルの重なりがない．そこで，図 6.16 に示すように局所的補間で利用する低域フィルタ H_{LI} [式 (6.150) および図 6.15 参照] を用いて必要な帯域を取り出せばよい．長さが $2Q$ の離散 Fourier 変換列 $G(k)$ より長さが半分の $F(k)$ を求める補間公式を求める．式 (6.145) より

$$F(k) = 2G(2k) \qquad (k = 0,\ 1,\ \cdots,\ Q-1) \tag{6.159}$$

であるから，補間点 $\xi_n^{(i)}$ と標本点 ξ_k^{i-1} との差は

$$\begin{aligned} \xi_n^{(i)} - \xi_k^{(i-1)} &= \left(n - \frac{k}{2}\right)\Delta\xi^{(i)} \\ &= \frac{m\Delta\xi^{(i)}}{2} \qquad (m = 0, \pm 1, \pm 2, \pm 3, \cdots) \end{aligned} \tag{6.160}$$

となり，次式を得る．

$$F(k) = \sum_{n=\pm1,\pm3,\cdots} G(2k+n) \frac{\sin\left(\frac{n}{2}\pi\right)}{\frac{n}{2}\pi} \exp\left[-\left(\frac{n}{2\beta}\right)^2\right] \tag{6.161}$$

この結果を FFT を利用した L2L の後処理に適用すると次式を計算すればよい．

$$\hat{L}^{(l+1)}\left(\xi_n^{(l+1)}\right) = \sum_{m=0,\pm1,\pm3,\cdots} \hat{L}^{(l+1)}\left(\xi_{2n-m}^{(l)}\right) \frac{\sin\left(\frac{m\pi}{2}\right)}{\frac{m\pi}{2}} \exp\left[-\left(\frac{m}{2\beta}\right)^2\right]$$

$$(n = 0,\ 1,\ \cdots,\ Q_i) \tag{6.162}$$

前節および本節で示した処理を行うことで，M2M および L2L の前処理および後処理において，FFT および IFFT を利用せずに DFT 列の長さを 2 倍および 1/2 にすることができる．そして，計算量のオーダも $O(p)$ まで減少できる．

c. 展開係数列あるいはその DFT 列の保存について

FMA では解析領域のクラスター分割を通じて，波源および観測点に対する入れ子のグループ (セル) を生成する．この入れ子構造は木 (4 分木) で表現され，ノードはセルに対応する．波動場計算においてはレベル 2 以下のすべてのセルに対して多重極展開係数またはその DFT 列 (以下では MP 列と略す) および局所展開係数またはその DFT 列 (以下では LP 列と略す) を計算する．そして，葉のセルにおいて波動場を計算する．

木構造上におけるこれら一連の動作は再帰呼び出しを利用することで容易に実装できる．このときの木構造上の処理およびデータの流れを図 6.17 に示す．MP および M2M で生成される MP 列は M2L で利用するため一時的に保存する．その期間は最大で同一レベルのすべてのセルに対する LP 列の計算が終わるまでである．LP 列についてもすべての子セルに対する L2L 処理が完了するまで保存しなければならない．なお，葉のセルについては局所展開係数が確定した後，ただちに波動場計算 (LP) に移るため LP 列は保存しない．

このように再帰呼び出しでは木のノード上に MP 列および LP 列 (以下では総称して係数列と略す) を保存する．しかし，保存期間を的確に考慮されておらず無駄にメモリを消費する．また，木のノードはクラスター分割においてセルが生成された際にメモリ空間上に動的に領域を確保する．このため，係数列を保存する

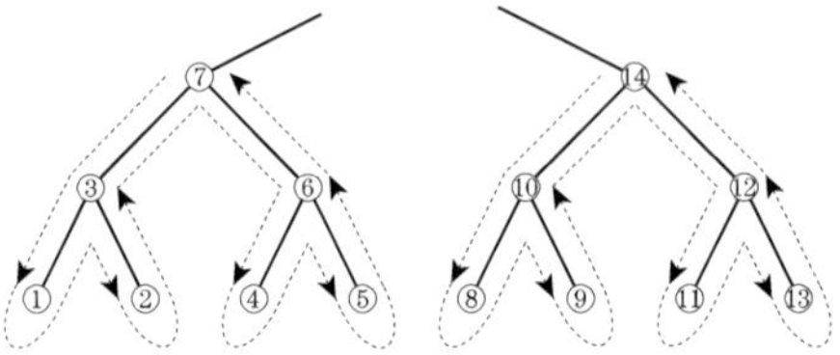

(a)　多重極展開係数列(MP 列)の計算(MP および M2M)

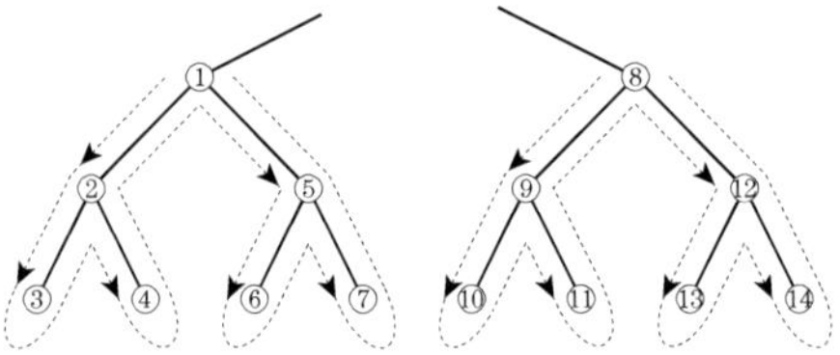

(b)　局所展開係数列(LP 列)の計算(M2L および L2L)

図 6.17　再帰版における木構造の処理の流れ

記憶領域がメモリ空間上に分散し，メモリアクセスの効率が低下する危険性がある．ここでは実装は複雑だが係数列保存のための連続したメモリ領域を確保する．そして，木構造上の処理の流れも上下 (親子レベル間) を優先した再帰呼び出しではなく，左右 (同一レベル間) を優先した非再帰処理を利用する (図 6.18 参照).

係数列保存のための記憶領域については，クラスター分割終了後に生成されたセルのレベルごとの個数と係数列の長さより目安となるメモリ領域のサイズを算定する．次に，図 6.19 に示すように係数列の保存位置について検討する．MP 列についてはメモリ領域の先頭からレベル数の順になお，すべての観測点が解析領

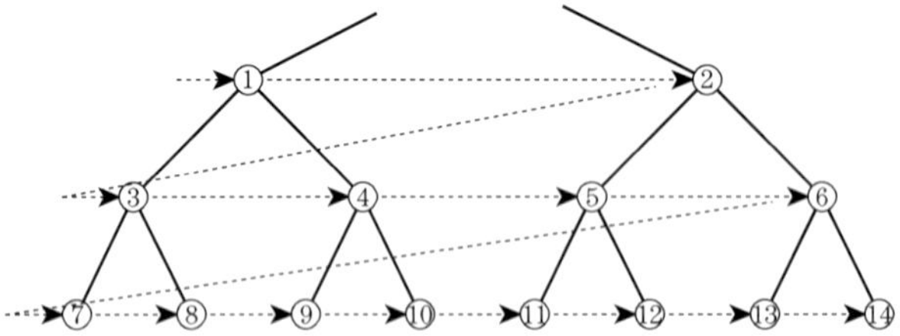

図 6.18　非再帰版における 4 分木上の処理の流れ

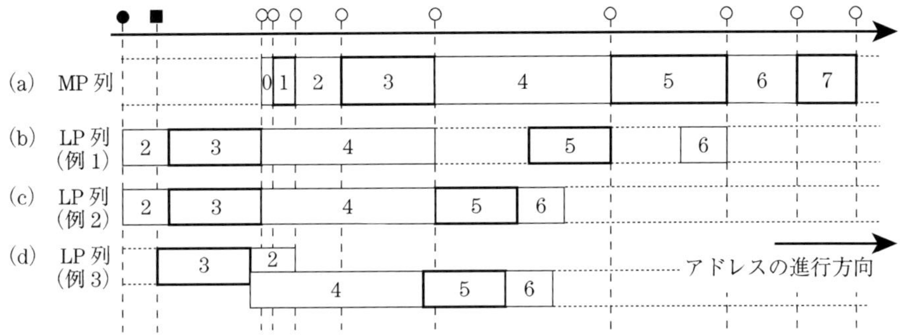

図 6.19 係数列を保存する領域の設定例．図中の数字はレベルを示す．

域内にある場合，すなわち遠方領域での波動場計算が不要な場合*2はレベル 0 および 1 の MP 列は不要であるため，先頭はレベル 2 からになる．

LP 列レベル i のセル群に対する MP 列 LP 列このため，メモリ空間上でレベル i のセル群に対する LP 列を保存する領域の終端の隣を同セル群の MP 列を保存する領域の始端とすればよい．このようにすればレベル i のセル群に対する M2L 処理の途中で同セル群に対する MP 列ことはない．また，レベル $i+1$ のセル群に対する M2L 処理ではレベル i 以下のセル群の MP 列このように係数列の保存開始の位置を各レベルのセル群さらには個々のセルに対して決定する．

上記の規則に従って係数列を保存したときのメモリ空間上の領域の分布を図 6.19 の (a), (b) に示す．M2L はレベル 2 から始まるため，LP 列葉のセルでは LP 列を保存する領域は不要である．このため，同一レベルであっても MP 列サイズが異なることに注意する．図 6.19 の (a) に示す MP 列では保存領域が連続的に分布するが，図 6.19 の (b) の LP 列レベル間で隙間が生じ，保存領域は不連続となる場合がある．このため，図 6.19 の (c) のように隙間を埋めて連続した保存領域を設定させる方法もある．図 6.19 の (b) では M2L において MP 列と LP 列メモリアクセスによる遅延が小さい．ただし，メモリ空間上の隙間のためレベル間で実施する L2L においては距離が大きいため遅延が大きくなる．図 6.19 の (c) は前文と逆の性質を有す．

---

*2 反復計算における行列–ベクトル演算には不要であるが，6.1 節で述べた散乱波動場問題では遠方散乱波動場の計算が必要であり，これにも FMA が利用される[107]．

レベル i セル群に対する LP 列はレベル $i+1$ のセル群に対する L2L がすべて終了した時点で不要となる．この点を考慮すると，図 6.19 の (d) に示すように，レベル 2 のセル群に対する MP 列の保存領域の先頭の 1 つ前を始点にメモリ空間上のアドレスの進行方向と逆方向に保存領域を設定する．その途中のあるレベル i において，レベル $i-1$ とレベル $i+1$ に対する LP 列 MP 列と LP 列 LP 列に対する保存領域はレベル $i-1$ のそれの先頭からアドレスの進行方向に保存する．図 6.19 の (d) ではレベル $3(i=3)$ を基準にした場合を示す．この手法の利点は前述の 2 つの手法 [図 6.19 の (b), (c)] に比べてすべての係数列を保存するための領域サイズを減らせる可能性がある．

6.4　数 値 計 算 例

6.1 節で述べた 2 次元 Helmholtz 方程式に対する積分方程式解法により生じる複素密行列を係数行列とする連立 1 次方程式に対する計算例を示す．連立 1 次方程式の求解においては，初期解ベクトル $\boldsymbol{x}_0$ は零ベクトル，収束判定値を 10^{-10} とする．なお，前述のように複素密行列問題においては 1 反復当りの演算量は行列–ベクトル積の演算量がその大部分を占める．この特徴は，FMA を用いて高速化を達成しても変わらない．このため，収束までの行列–ベクトル積の演算実行回数がそのまま計算時間に反映する．

演算はすべて倍精度浮動小数点演算で，計算はすべて Intel Core2Duo (クロック 2.66 GHz) 上で行った．OS は OpenSUSE 10.3，使用言語は C (gcc v4.2.1)，最適化オプションは “-O3”，メインメモリは 2 GB であった．

6.4.1　FMA による行列–ベクトル積の演算高速化

図 6.20 に示すように L 個の点波源 (位置:$\boldsymbol{y}_j$，強さ:q_j) および観測点 $\boldsymbol{x}_i$ による放射波動場 $\psi(\boldsymbol{x}_i)$ の計算モデルを考える．なお，i 番目の観測点は i 番目の点波源の位置と一致させる ($\boldsymbol{x}_i=\boldsymbol{y}_i$)．このとき，各観測点上の放射波動場は行列-ベクトル積形式 ($\mathcal{A}\boldsymbol{q}=\boldsymbol{\psi}$) で表現でき，各成分は式 (6.103) より次式で与えられる．

(a) 希薄モデル　　(b) 稠密モデル

図 6.20　多数の点波源による放射波動場計算のモデル

$$[\mathcal{A}]_{ij} = \begin{cases} \dfrac{1}{4\mathrm{j}} H_0^{(2)}(k|\boldsymbol{x}_i - \boldsymbol{x}_j|) & (i \neq j) \\ \text{任意の定数} & (i = j) \end{cases}, \quad [\boldsymbol{q}]_i = q_i, \quad [\boldsymbol{\psi}]_i = \psi(\boldsymbol{x}_i)$$

$$(i,\ j = 1,\ 2,\ \cdots,\ L) \tag{6.163}$$

ここでは，この行列–ベクトル積の演算をFMAで処理し，定義どおりの通常計算に対する計算時間およびメモリ量の削減の様子を示す．なお，図6.20aは点波源をレベル0のセルの対角線上に，図6.20bでは格子状に配置し，おのおの等間隔に配置する．なお，隣り合う点波源との間隔は一定とするため，波源数に従ってレベル0のセルサイズは増加する．文献[116]によれば前者はFMAの演算量およびメモリ量のオーダが最大となる最悪モデルであり，後者は同オーダが最小となる最良モデル (best case model) である．

式(6.163)に示す係数行列の対角成分については，点波源と観測点が一致することにより放射波動場 (0次の第2種Hankel関数) が発散する．これを避けるため，ここでは物理的には何の意味をもたない任意の定数を便宜的に与えた．なお，FMAを利用した行列–ベクトル積の演算においては点波源と観測点が同一の葉のセルにあるため，係数行列の対角成分からの寄与は6.3.1項に示した放射波動場計算のための5つの計算過程を経ることなく直接計算として評価される．このため，FMAの処理において何ら影響を受けることはない．

図6.21では通常計算とFMAに対する性能比較を示す．なお，FMAでは打切り項数の決定における要求精度パラメータ$\varepsilon_{\mathrm{tol}}$を$10^{-4}$と$10^{-10}$におのおの設定した．図6.21より通常計算では演算量，メモリ量ともに点波源数Lに対するオー

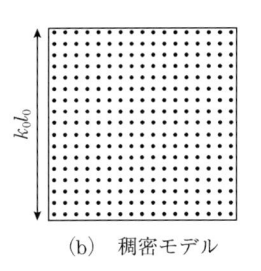

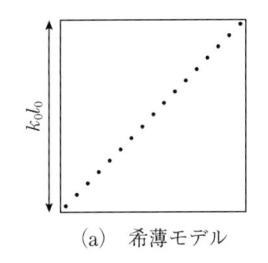

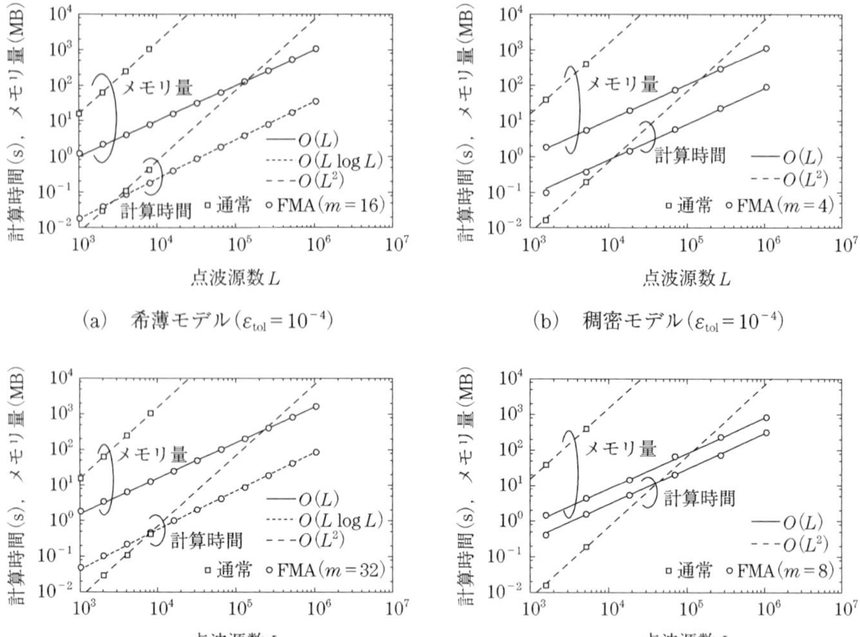

(a)　希薄モデル($\varepsilon_{\text{tol}} = 10^{-4}$)　(b)　稠密モデル($\varepsilon_{\text{tol}} = 10^{-4}$)

(c)　希薄モデル($\varepsilon_{\text{tol}} = 10^{-10}$)　(d)　稠密モデル($\varepsilon_{\text{tol}} = 10^{-10}$)

図 6.21　1 回の行列–ベクトル積の演算に要する計算時間とメモリ量

ダは $O(L^2)$ ときわめて大きく，L が 1 万を超えるとメモリ量が足りずに計算が実行不可能となる．これに対して，FMA を利用することで同オーダは $O(L \log L)$ または $O(L)$ まで大幅に低下し，L が 100 万を超える領域でも計算可能となった．さらに，オーダについては ε_{tol} の影響をまったく受けない．表 6.1 に FMA のオーダ評価に対する理論値[116] と実験結果との比較を示す．最悪に対するメモリ量を

表 6.1　FMA の演算量とメモリ量のオーダ評価

	最悪 (図 6.20a のモデル)		最良 (図 6.20b のモデル)	
	演算量	メモリ量	演算量	メモリ量
理論[116]	$O(L \log L)$		$O(L)$	
実験 (図 6.21)	$O(L \log L)$	$O(L)$	$O(L)$	

除いて理論値どおりの結果となった．

積分方程式解法において現れる連立1次方程式は，図6.20のモデルの点波源および観測点が境界要素または正方形要素上の波源および観測点に変更される．このため，反復求解の高速化および省メモリ化の恩恵の度合いはレベル0のセルに対する両要素の密集の程度に依存する．特に6.1.2項で述べた体積積分方程式解法では正方形要素がレベル0のセルに対して広範囲に密集するため図6.20bのモデルに近くなり，高速化と省メモリ化に大きく貢献できる．

6.4.2 複素対称非 Hermite 行列問題

ここでは，図6.22に示す不均質円柱に対する散乱波動場問題を扱い，6.1.2項で述べた体積積分方程式解法でこれを解く．なお，円柱の中心は座標系の原点と一致する．円柱内部の媒質定数 γ は次式のように原点からの距離 $k^{(0)}r$ (外部領域の波数で規格化) に対する Gauss 関数で与える．

$$\gamma(r) = 1 + 0.5 \exp\left(-\frac{(k^{(0)}r)^2}{\sigma^2}\right) \tag{6.164}$$

なお，円柱の半径 $k^{(0)}a$ は媒質定数が1.01となるときの $k^{(0)}r$ とし，

$$k^{(0)}a = \sigma\sqrt{\log 50} \simeq 3.91\sigma \tag{6.165}$$

で与える．計算では，σ^2 の値を1から16まで段階的に変化させる．離散化では各 σ^2 に対して正方形要素の一辺の長さを同一にし，要素内での媒質定数の変動は

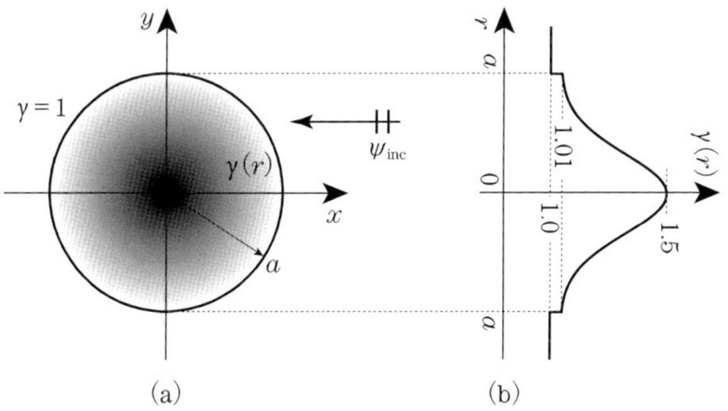

図 6.22 Gauss 関数状の媒質定数を有す円柱と座標系

表 **6.2**　σ^2 と連立 1 次方程式の次元数 L との関係

σ^2	1	2	4	8	16
L	3,228	12,892	51,468	205,892	823,592

無視する．これにより得られる連立 1 次方程式の係数行列は複素対称非 Hermite 行列であり，そのサイズ L は σ^2 に依存する (表 6.2 参照)．FMA の利用においては $\varepsilon_{\rm tol} = 10^{-10}$ とする．

表 **6.3**　σ^2 に対する COCG 法と COCR 法の比較

σ^2	COCG 法			COCR 法		
	演算数	メモリ	相対残差	演算数	メモリ	相対残差
1	86	7.5	8.05×10^{-11}	84	7.6	8.37×10^{-11}
2	90	26.8	8.57×10^{-11}	86	27.2	7.75×10^{-11}
4	89	101	8.30×10^{-11}	88	103	7.47×10^{-11}
8	93	403	7.04×10^{-11}	91	410	8.03×10^{-11}
16	94	1611	9.60×10^{-11}	94	1636	7.68×10^{-11}

表 6.3 に連立 1 次方程式の求解における COCG 法と COCR 法の収束性能の比較を示す．なお，表 6.3 において "演算数" は収束までの行列–ベクトル積の演算回数，"メモリ" はメモリ使用量 (MB)，"相対残差" は収束後の近似解の真の相対残差をおのおの示す．表 6.3 より，この問題に関しては COCR 法が数回の演算数の差で速く収束する．ただし，COCR 法の算法の性質上メモリ量は COCG 法に比べて増加する．両反復法の収束の履歴を図 6.23 に示す．図 6.23 より COCG 法と COCR 法はほぼ同等の収束特性を示す．ただし，COCG 法については σ^2 の

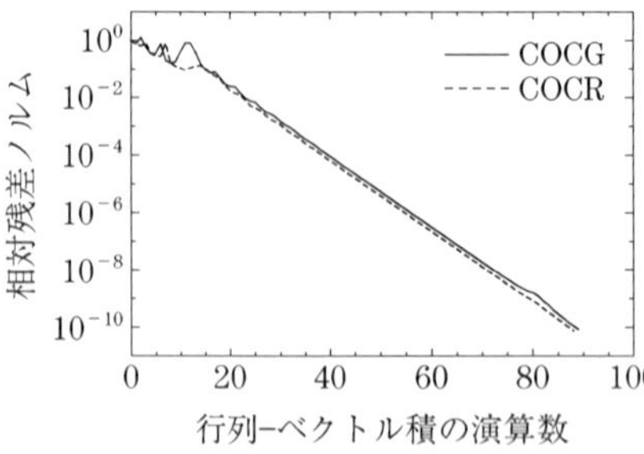

(a)　$\sigma^2 = 4\,(L = 51{,}468)$

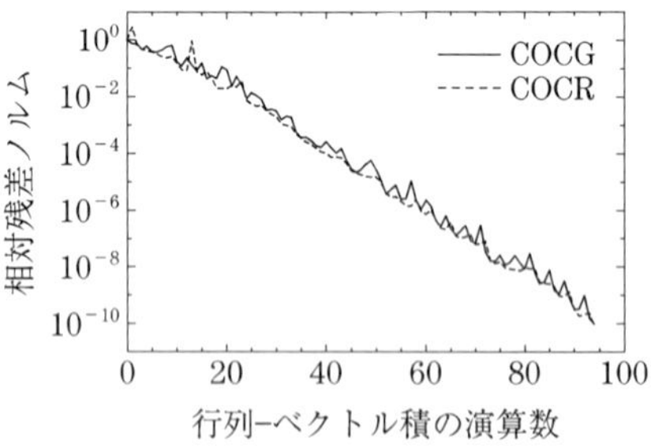

(b)　$\sigma^2 = 16\,(L = 823{,}592)$

図 **6.23**　COCG 法と COCR 法の相対残差履歴

値が大きくなるほど残差が振動を伴い減少する．

6.4.3 複素非対称行列問題

ここでは，2 次元格子状に配置された $N \times N$ 個の均質円柱による波動場散乱問題を設定する (図 6.24 参照)．円柱の規格化半径 $k^{(0)}a$ を 1.0，円柱の縦，横方向の間隔は $\sqrt{100\pi}k^{(0)}a$ とする．各円柱内部の波数 $k^{(i)}$ はすべて $\sqrt{2}k^{(0)}$ とする．各円柱は均質であるため，境界要素法を用いて連立 1 次方程式へ離散化する．ここで，各境界に対する境界分割数 $M^{(i)}$ はすべて 32 とする．各 $M^{(i)}$ の値は比較的小さいため，式 (6.11) に示す複素非対称で完全に密な $L(= 32 \times N^2)$ 元の連立 1 次方程式を導出する．

連立 1 次方程式の求解には各種 IDR (s) 法と GMRES (k) 法で解く．GMRES (k) 法のリスタート周期 k は 50，100，$k_{\max}$ とする．ここで，$k_{\max}$ とは使用計算機の搭載メモリ量の 90%以上を使用したときのリスタート周期である．各種 IDR (s) 法のパラメータ s は 1 から 30 まで変化させ，s 元の連立 1 次方程式の求解には LU 分解を使った直接法を利用する．算法中の $N \times s$ の行列 $\mathcal{P}$ については，すべての成分の実部，虚部に 0 から 1 までの擬似一様乱数を与えた後，各列を成分とする s 個のベクトルに対して Gram–Schmidt の直交化法を施して正規直交ベクトル列を生成する．以上により，行列 $\mathcal{P}$ はユニタリ行列とする．算法中の ω の計算では括弧で示される付加的処理を実行する．FMA の利用においては $\varepsilon_{\mathrm{tol}} = 10^{-10}$ とする．最後に，反復求解においては式 (6.11) の係数行列がブロッ

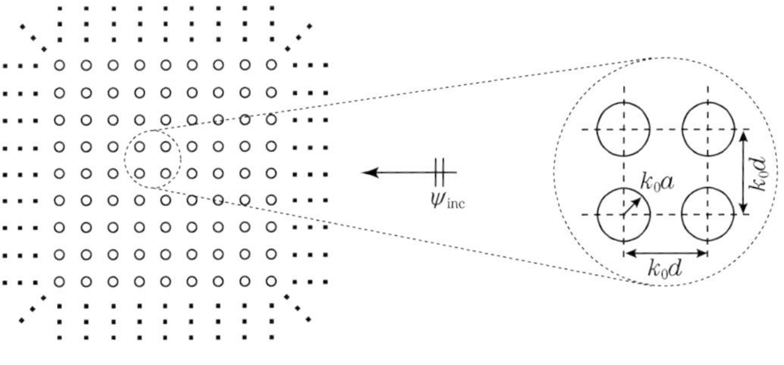

図 **6.24** 格子状に配置した円柱群

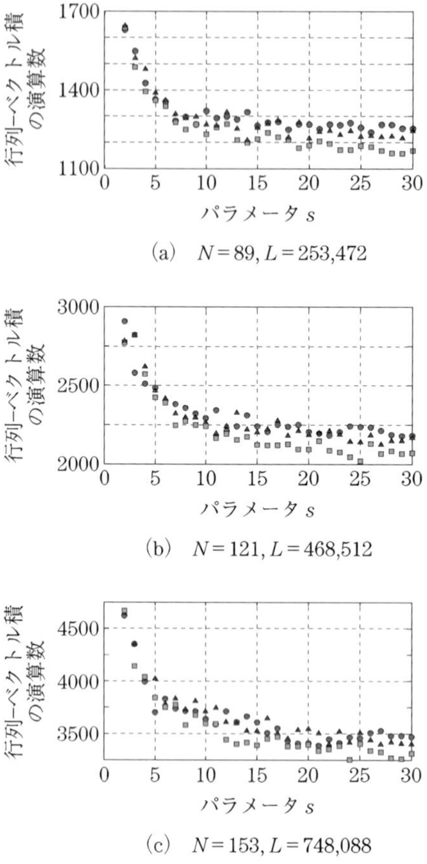

図 **6.25** 各種 IDR (s) 法の s に対する収束までの行列-ベクトル積の演算実行回数の変化[117]

(a) $N=89, L=253{,}472$
(b) $N=121, L=468{,}512$
(c) $N=153, L=748{,}088$

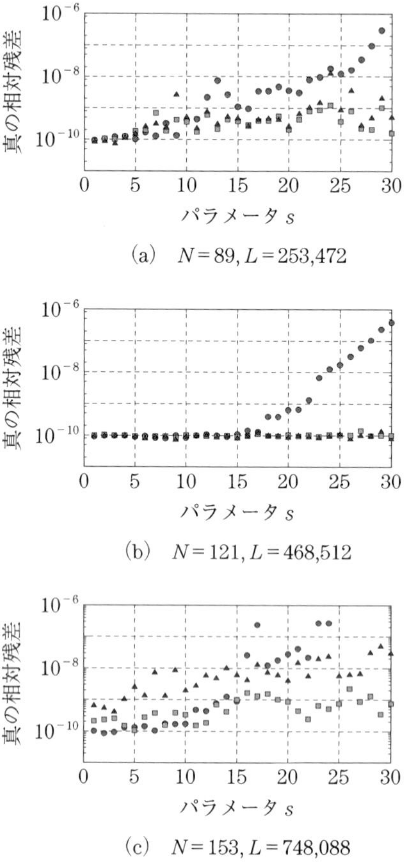

図 **6.26** 各種 IDR (s) 法の s に対する収束後の近似解の真の相対残差の変化[117]

(a) $N=89, L=253{,}472$
(b) $N=121, L=468{,}512$
(c) $N=153, L=748{,}088$

ク構造であるため,Block Jacobi 前処理を利用する.

各種 IDR (s) 法のパラメータ s に対する収束性および真の相対残差を図 6.25,図 6.26 におのおの示す.両図中の●,■,および▲はそれぞれ IDR (s) 法,MR-IDR (s) 法,および Bi-IDR (s) 法に対する結果を表す.また,GMRES (k) 法のリスタート周期 k に対する結果を表 6.4 に示す.図 6.25 および表 6.4 より GMRES (k) 法の収束性は k の値が大きいほど改善される.ただし,解くべき方

表 6.4 各種 GMRES (k) 法リスタート周期に対する行列–ベクトル積の演算実行回数 (演算数)(括弧は $k_{\max}$ の結果に対する比率) と収束後の近似解の真の相対残差 (相対残差)[117]

N, (L)	89 (253,472)		121 (468,521)		153 (749,088)	
k	演算数	相対残差	演算数	相対残差	演算数	相対残差
50	1783 (1.31)	1.10×10^{-10}	3661 (1.26)	1.06×10^{-10}	6447 (1.09)	1.06×10^{-11}
100	1662 (1.22)	1.06×10^{-10}	3291 (1.14)	1.07×10^{-10}	— (—)	—
$k_{\max}$	1363 (1.00)	1.09×10^{-10}	2895 (1.00)	1.06×10^{-10}	6117 (1.00)	1.07×10^{-10}

程式の次元数の増加に従い，大きい k を設定することは困難であり，$N = 153$ のときは $k = 100$ を設定することができなかった．一方，各種 IDR (s) 法の収束性は s の増加に伴い改善され，今回確認した $s = 30$ 付近ではほぼ一定となる．また，MR-IDR (s) 法が調査した 3 種の IDR (s) 法の中で最も優れた収束性を示した．この 3 種類の IDR (s) 法は $s \geq 5$ においては GMRES ($k_{\max}$) 法よりも高い収束性を示した．また，問題の規模が大きくなる程収束性の違いが大きくなる．これは，メモリ空間の大部分を利用する k を設定してもリスタート処理が多く実行され，結果として GMRES ($k_{\max}$) 法の収束性が低くなったためである．

図 6.26，表 6.4 より GMRES (k) 法の収束後の真の相対残差ノルムは打切り判定値である 10^{-10} 程度を示した．これに対して IDR (s) 法については s がある値を超えると真の相対残差が s に従い急激に増加する**偽収束**とよばれる現象が見

表 6.5 優良なパラメータ s に対する各種 IDR (s) 法と GMRES (k) 法のメモリ量の比較 (括弧は GMRES ($k_{\max}$) 法の結果に対する比率)[117]

N (L)	89 (253,472)		121 (468,521)		153 (749,088)	
方法	s	$k_{\max}$ メモリ量	s	$k_{\max}$ メモリ量	s	$k_{\max}$ メモリ量
IDR (s)	9	385 (0.21)	10	765 (0.85)	10	1146 (0.63)
	7	362 (0.19)	9	744 (0.82)	5	977 (0.53)
	6	350 (0.19)	8	723 (0.80)	9	1112 (0.61)
MR-IDR (s)	28	612 (0.33)	25	1080 (0.58)	24	1620 (0.89)
	30	636 (0.34)	24	1059 (0.57)	29	1789 (0.98)
	27	600 (0.32)	29	1164 (0.62)	28	1755 (0.96)
Bi-IDR (s)	14	445 (0.24)	27	1122 (0.60)	3	909 (0.50)
	18	493 (0.26)	25	1080 (0.58)	2	875 (0.48)
	20	517 (0.28)	24	1059 (0.57)	—	— (—)
GMRES (50)		468 (0.25)		905 (0.48)		1366 (0.75)
GMRES (100)		662 (0.35)		1262 (0.67)		— (—)
GMRES ($k_{\max}$)	410	1865 (1.00)	185	1870 (1.00)	95	1820 (1.00)

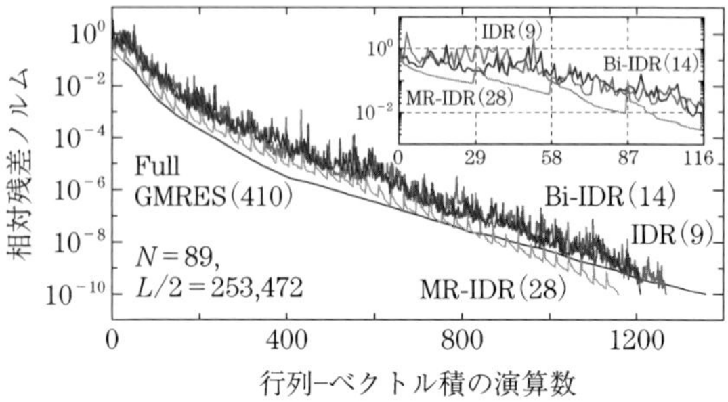

(a)　$N = 89, L = 253{,}472$

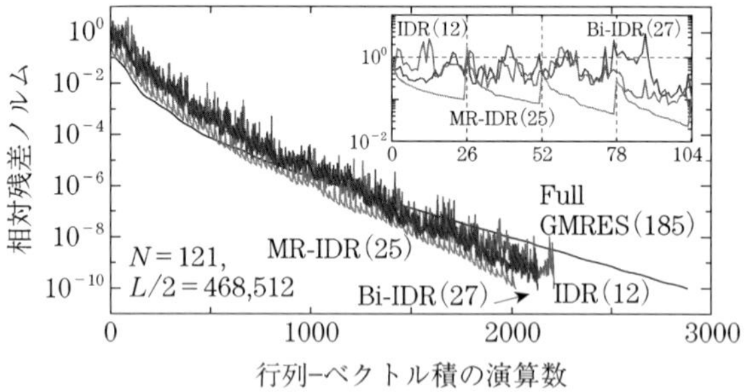

(b)　$N = 121, L = 468{,}512$

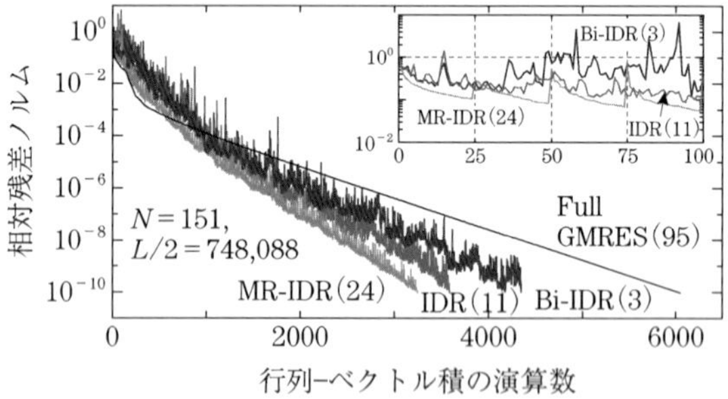

(c)　$N = 153, L = 748{,}088$

図 6.27　各種 IDR (s) 法と GMRES $(k_{\max})$ 法の相対残差履歴 (右上は最初の 100 回程度の履歴の拡大図)[117]

られる．IDR (s) 法の ω の決定において提案された付加的処理はこれを軽減する役割をもつが，根本的な解決策ではない．他方，MR-IDR (s) および Bi-IDR (s) 法は IDR (s) 法の数値的安定性を高めるために工夫された手法であるが，偽収束が検出された．ただし，偽収束の程度は IDR (s) 法と異なり今回調査した $s \leq 30$ の範囲では 1，2 桁程度の誤差で s の大きさに依存しない．

表 6.5 では収束後の相対残差が 10^{-10} 程度で収束性に優れた各種 IDR (s) 法を 3 つの例を挙げ，それらのメモリ量を示す．比較のため，GMRES (k) 法のメモリ量 [MB] と GMRES $(k_{\max})$ 法の結果に対する比も併せて示す．なお，表に挙げる各種 IDR (s) 法の収束性はすべて GMRES $(k_{\max})$ 法よりも高い収束性を示した．いずれの例においても各種 IDR (s) 法は GMRES $(k_{\max})$ 法よりもメモリ量は少ない．したがって，各種 IDR (s) 法は GMRES (k) 法に比べ収束性だけでなくメモリ効率にも優れた解法である．各反復法の収束の残差履歴を図 6.27 に示す．GMRES (k) 法は残差が単調減少するが，リスタート回数が増すと残差ノルムの減少の傾きが緩やかになる．他方，各種 IDR (s) 法の残差は激しい振動を伴い減少する．ただし，残差履歴の曲線の一部を拡大すると，MR-IDR (s) 法の場合，$s+1$ 回ごとに残差の急な増加が観察されるが，それ以外のところでは単調に減少する．これは中間残差最小化の効果である．

Column　数値計算法の研究で大きな貢献をした人々とゆかりの物

数値計算法，特に反復法の研究で大きな貢献をした 4 人を取り上げその経歴などを紹介する．

Krylov 部分空間法で知られる Krylov はロシアの応用数学者で海軍技術者であった (図 1)．また Einstein 博士のベルリン大学時代研究室の助手をしていた Lanczos 多項式などで有名な C. Lanczos (図 2) は，博士の著名な業績解説した著書 (図 3) を著している．加えて博士がノーベル物理学賞受賞をした 1922 年，来日中の博士が毛筆で書いた署名を図 4 に紹介する．

図 1　A. N. Krylov (1863–1945)

図 2　C. Lanczos (1893–1974)

図 3　C. Lanczos 著 (矢吹治一 訳)：『アインシュタイン創造の 10 年 1905–1915』講談社 (1978).

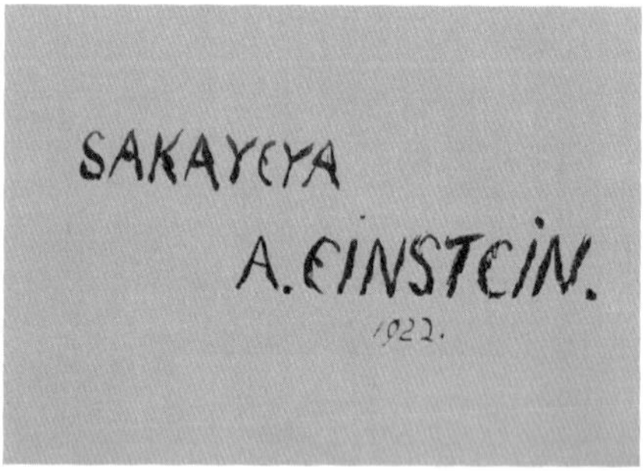

図 4　Einstein の毛筆によるサイン (1922 年，福岡市栄屋にて)

図 **5** K. Hessenberg (1904–1959)

図 **6** A. Cholesky (1875–1918)

図 5 は Hessenberg 行列で知られた K. Hessenberg，また図 6 は Cholesky (不完全) 分解でよく知られた A. Cholesky である．最近 C. Brezinski により，Cholesky の経歴やその解法を記したノートが見つかった．

参 考 文 献

[1] Abe, K. and Sleijpen, G. L. G., "BiCGStab2 and GPBiCG Variants of the IDR(s) Method," Talk at SIAM conference on Applied Linear Algebra, USA (2009).

[2] Abe, K. and Sleijpen, G. L. G., "BiCR Variants of the Hybrid BiCG Methods for Solving Linear Systems with Nonsymmetric matrices," *J. Comput. Appl. Math.* **234** (2010) 985–994.

[3] Abe, K. and Sleijpen, G. L. G., "Hybrid Bi-CG Methods with a Bi-CG Formulation Closer to the IDR Approach," *Appl. Math. Comput.* **218** (2012) 10889–10899.

[4] Abe, K. and Sleijpen, G. L. G., "A BiCGStab2 Variant of the IDR(s) Method for Solving Linear Equations," *AIP Conference Proceedings*, American Institute of Physics, **1479** (2012) 741–744.

[5] Abe, K. and Sleijpen, G. L. G., "Solving Linear Equations with a Stabilized GPBiCG Method," *Appl. Numer. Math.* **67** (2013) 4–16.

[6] 阿部邦美，曽我部知広，藤野清次，張 紹良，"非対称行列用共役残差法にもとづく積型反復解法"，情報処理学会論文誌：コンピューティングシステム **48** (2007) 11–21.

[7] Axelsson, O., "Conjugate Gradient Type methods for Unsymmetric and Inconsistent Systems of Equations Iterative Methods," *Linear Algebra and Its Applications* **29** (1980) 1–16.

[8] Cao, Z.-H., "On the QMR Approach for Iterative Methods Including Coupled Three-term Recurrences for Solving Nonsymmetric Linear Systems," *Appl. Numer. Math.* **27** (1998) 123–140.

[9] Concus, P. and Golub, G. H., "A Generalized Conjugate Gradient Method for Non-symmetric Systems of Linear Equations," Stanford University, Technical Report STAN-CS-76-535, 1976.

[10] Du, L., Sogabe, T., Yu, B., Yamamoto Y. and Zhang, S.-L., "A Block IDR(s) Method for Nonsymmetric Linear Systems with Multiple Right-hand Sides," *J. Comput. Appl. Math.* **235** (2010) 4095–4106.

[11] Du, L., Sogabe, T. and Zhang, S.-L., "A Variant of the IDR(s) Method with the Quasi-Minimal Residual Strategy," *J. Comput. Appl. Math.* **236** (2010) 621–630.

[12] Eisenstat, S. C., Elman, H. C. and Schultz, M. H., "Variational Iterative Methods for Nonsymmetric Systems of Linear Equations," *SIAM J. Numer. Anal.* **20** (1983) 345–357.

[13] Fletcher, R., "Conjugate Gradient Methods for Indefinite Systems," *Lecture Notes in Mathematics*, Vol. 506 (Springer-Verlag, 1976) pp. 73–89.

[14] Fokkema, D. R., "Enhanced Implementation of BiCGstab (l) for Solving Linear Systems of Equations," `http://citeseerx.ist.psu.edu/viewdoc/summary?doi=10.1.1.12.5600`.

[15] Fokkema, D. R., Sleijpen, G. L. G. and van der Vorst, H. A., "Generalized Conjugate Gradient Squared," *J. Comput. Appl. Math.* **71** (1996) 125–146.

[16] Freund, R. W., "A Transposed-Free Quasi-Minimal Residual Algorithm for Non-Hermitian Linear Systems," *SIAM J. Sci. Comput.* **14** (1993) 470–482.

[17] Freund, R. W. and Nachtigal, N. M., "QMR: A Quasi-Minimal Residual Method for Non-Hermitian Linear Systems," *Numer. Math.* **60** (1991) 315–339.

[18] 藤野清次，張 紹良，反復法の数理，朝倉書店，1996.

[19] 藤野清次，村上啓一，"バニラ版積型解法の特性調査"，日本応用数理学会環瀬戸内応用数理研究部会 第 16 回シンポジウム講演集，愛媛大学工学部，2013 年 1 月.

[20] Golub, H. G. and van der Vorst, H. A., "Closer to the Solution: Iterative Linear Solvers," *The State of the Art in Numerical Analysis*, Duff, I. S. and Watson, G. A. (eds) (Clarendon Press, 1997) pp. 63–92.

[21] Greenbaum, A., "Estimating the Attainable Accuracy of Recursively Computed Residual Methods," *SIAM J. Matrix Anal. Appl.* **18** (1997) 535–551.

[22] Gutknecht, M. H., "Variants of BiCGStab for Matrices with Complex Spectrum," *SIAM J. Sci. Comput.* **14** (1993) 1020–1033.

[23] Gutknecht, M. H., "Local Minimum Residual Smoothing," Talk at Oberwolfach, Germany (1994).

[24] Gutknecht, M. H., "Lanczos-type Solvers for Nonsymmetric Linear Systems of Equations," *Acta Numerica* **6** (1997) 217–397.

[25] Gutknecht, M. H., "IDR explained," *Elec. Trans. Numer. Anal.* **36** (2010) 126–148.

[26] Gutknecht, M. H. and Strakos, Z., "Accuracy of Two Three-term and Three Two-term Recurrences for Krylov Space Solvers," *SIAM J. Matrix Anal. Appl.* **22** (2000) 213–229.

[27] Gutknecht, M. H. and Zemke, J.-P. M., "Eigenvalue Computations Based on IDR," SIAM J. Matrix Anal. Appl. **34** (2013) 283–311.

[28] Hestenes, M. R. and Stiefel, E., "Methods of Conjugate Gradients for Solving Linear Systems," *J. Res. Nat. Bur. Standards* **49** (1952) 409–435.

[29] Lanczos, C., "Solution of Systems of Linear Equations by Minimized Iterations," *J. Res. Nat. Bur. Standards* **49** (1952) 33–53.

[30] Röllin, S. and Gutknecht, M. H., Variations of Zhang's Lanczos-type Product Method," *Appl. Numer. Math.* **41** (2002) 119–133.

[31] Rutishauser H., "Theory of Gradient Method," *Refined Iterative Methods for Comutation of the Solution and the Eigenvalues of Self-Adjoint Value Problems*, Mitt. Inst. angew. Math. ETH Zürich, Nr. 8 (Birkhäuser, 1959) pp. 24–49.

[32] Saad, Y., "A Flexible Inner-outer Preconditioned GMRES Algorithm," *SIAM J. Sci. Stat. Comput.* **14** (1993). 461–469.

[33] Saad, Y., *Iterative Methods for Sparse Linear Systems*, 2nd edition (SIAM, 2003).

[34] Saad, Y. and Schultz, M. H., "GMRES: A Generalized Minimal Residual Algorithm for Solving Nonsymmetric Linear Systems," *SIAM J. Sci. Stat. Comput.* **7** (1986) 856–869.

[35] Schönauer, W., Müller, H. and Schnepf, E., "Pseudo-residual Type Methods for the Iterative Solution of Large Linear Systems on Vector Computers," *Parallel Computing*, Feilmeier, M., Joubert, J., and Schendel, U. (eds) (North-Holland, 1986) pp. 193–198.

[36] Simoncini, V. and Szyld, D. B., "Interpreting IDR as a Petrov-Galerkin Method," *SIAM J. Sci. Comput.* **32** (2010) 1898–1912.

[37] Sleijpen, G. L. G., "Subspaces of Inducing Dimension Reduction," Talk at Colloquium in NII and Tokyo University of Science, Japan (2010).

[38] Sleijpen, G. L. G., and Fokkema, D. R., "BiCGstab(l) for Solving Linear Equations Involving Unsymmetric Matrices with Complex Spectrum," *Elec. Trans. Numer. Anal.* **1** (1993) 11–32.

[39] Sleijpen, G. L. G., Sonneveld, P. and van Gijzen, M. B., "Bi-CGSTAB as Induced Dimension Reduction Method," *Appl. Numer. Math.* **60** (2010) 1100–1114.

[40] Sleijpen, G. L. G. and van der Vorst, H. A., "Maintaining Convergence Properties of BiCGstab Methods in Finite Precision Arithmetic," *Numerical Algorithms* **10** (1995) 202–223.

[41] Sleijpen, G L. G. and van der Vorst, H. A., "Reliable Updated Residuals in Hybrid Bi-Bi-CG," Comput. **2** (1996) 141–163.

[42] Sleijpen, G. L. G., van der Vorst, H. A. and Fokkema, D. R., "BiCGstab(l) and Other Hybrid Bi-CG Methods," *Numerical Algorithms* **7** (1994) 75–109.

[43] Sleijpen, G. L. G. and van Gijzen, M. B., "Exploiting BiCGstab(l) Strategies to Induced Dimension Reduction," *SIAM J. Sci. Comput.* **32** (2010) 2687–2709.

[44] Sogabe, T., Sugihara, M. and Zhang, S.-L., "An Extension of the Conjugate Residual Method to Nonsymmetric Linear Systems," *J. Comput. Appl. Math.* **226** (2009) 103–113.

[45] 曽我部知広, 張 紹良, "Bi-CR 法の積型解法について", 京都大学数理解析研究所講究録, 1362, 2004, pp. 22–30.

[46] Sonneveld, P., "CGS, A Fast Lanczos-type Solver for Nonsymmetric Linear Systems," *SIAM J. Sci. Comput.* **10** (1989) 36–52.

[47] Sonneveld, P., "On Convergence Behavior of IDR (s)," , Rport 10-08 (Department of Applied Mathematical Analysis, Delft University of Technology, 2010).

[48] Sonneveld, P. and van Gijzen, M. B., "IDR(s): A Family of Simple and Fast Algorithms for Solving Large Nonsymmetric Linear Systems," *SIAM J. Sci. Comput.* **31** (2008) 1035–1062.

[49] Stiefel, E. L., "Kernel Polynomial in Linear Algebra and their Numerical Applications," in: Further contributions to the determination of eigenvalues, *NBS Appl. Math. Ser.* **49** (1958) 1–22.

[50] 杉原正顯，室田一雄，線形計算の数理, 岩波書店, 東京 2009.

[51] Tanio, M. and Sugihara, M., "GBi-CGSTAB(s, L): IDR(s) with High-Order Stabilization Polynomials," *J. Comput. Appl. Math.* **235** (2010) 765–784.

[52] van den Eshof, J., Sleijpen, G. L. G. and van Gijzen, M. B., "Iterative Linear System Solvers with Approximate Matrix-vector Products," *QCD and Numerical Analysis III, Lecture Notes in Computer Science*, Borici, A., Frommer, A., Joo, B., Kennedy, A. D. and Pendleton, B. (eds), Vol. 47 (Springer-Verlag, 2005).

[53] van der Vorst, H. A., "Bi-CGSTAB: A Fast and Smoothly Converging Variant of Bi-CG for the Solution of Nonsymmetric Linear Systems," *SIAM J. Sci. Stat. Comput.* **13** (1992) 631–644.

[54] van der Vorst, H. A. and Sonneveld, P., "CGSTAB: A More Smoothly Converging Variant of CG-S," Report 90-50 (Department of Mathematics and Informmatics, Delft University of Technology, 1990).

[55] van Gijzen, M. B., Sleijpen, G. L. G. and Zemke, J.-P. Z., "Flexible and Multi-shift Induced Dimension Reduction Algorithms for Solving Large Sparse Linear Systems," Bericht 156 (Institute of Numerical Simulation, TUHH).

[56] van Gijzen, M. B. and Sonneveld, P., "Algorithm 913: An Elegant IDR(s) Variant that Efficiently Exploiting Bi-Orthogonality Properties," *ACM Trans. Math. Software* **38** (2011) Article 5:1–19.

[57] Vinsome, P. K. W., "Orthomin, An Iterative Method for Solving Sparse Sets of Simultaneous Linear Equations," in *Proc. Fourth Symposium on Reservoir Simulation*, Society of Petroleum Engineers of AIME, SPE 5729, 1976.

[58] Wesseling P. and Sonneveld, P., "Numerical Experiments with a Multiple Grid and a Preconditioning Lanczos Type Method," *Lecture Notes in Mathematics*, Dold, A. and Eckmann, B. (eds) (Springer-Verlag, 1980) pp. 543–562.

[59] Widlund, O., "A Lanczos Method for a Class of Nonsymmetric Systems of Linear Equations," *SIAM J. Numer. Anal.* **15** (1978) 801–812.

[60] Young, D. M. and Jea, K. C., "Generalized Conjugate Gradient Acceleration of Nonsymmetrizable Iterative Methods," *Linear Algebra and Its Applications* **34** (1980) 159–194.

[61] Yueng, M.-C. and Chan, T. F., "ML(k)BiCGSTAB: A BiCGSTAB Variant Based on Multiple Lanczos Starting Vectors," *SIAM J. Sci. Stat. Comput.* **21** (1999) 1263–1290.

[62] Zhang, S.- L., "GPBi-CG: Generalized Product-type Methods Based on Bi-CG for Solving Nonsymmetric Linear Systems," *SIAM J. Sci. Comp.* **18** (1997) 537–551.

[63] Faber, V. and Manteuffel, T., "Necessary and sufficient conditions for the existence of a conjugate gradient method," *SIAM J. Numer. Anal.* **21** (1984) 352–362.

[64] Faber, V. and Manteuffel, T., "Orthogonal error methods," *SIAM J. Numer. Anal.* **24** (1987) 170–187.

[65] Sleijpen, G. L. G. and van Gijzen, M. B., "Exploiting BiCGstab(l) strategies to induce dimension reduction," Report 09-02 (Department of Applied Mathematical Analysis, Delft University of Technology, 2009).

[66] Sleijpen, G. L. G., Sonneveld, P., and van Gijzen, M. B., "Bi-CGSTAB as an Induced Dimension Reduction Method," Report 08-07 (Department of Applied Mathematical Analysis, Delft University of Technology, 2008).

[67] Sonneveld, P. and van Gijzen, M. B., "IDR(s): A Family of Simple and Fast Algorithms for Solving Large Nonsymmetric Systems of Linear Equations," Report 07-07 (Departmen of Applied Mathematical Analysis, Delft University of Technology, 2007).

[68] 杉原正顯，室田一雄，線形計算の数理 (岩波書店，2009).

[69] 谷尾真明，杉原正顯，GIDR(s, L)："一般化 IDR (s)，" 日本応用数理学会 2008 年度年会，東京大学柏キャンパス，2008 年 9 月.

[70] 谷尾真明，杉原正顯，"一般化 Bi-CGSTAB(s, L) (= 一般化 IDR(s, L))"，数理解析研究所研究集会「数値解析における理論・手法・応用」，京都大学，2008 年 11 月.

[71] Tanio, M. and Sugihara, M. "GBi-CGSTAB(s, L): IDR(s) with higher-order stabilization polynomials," *J. Comput. Appl. Math.*, **235** (2010) 765–784.

[72] 井上明彦，藤野清次，"フィルインの選択にもとづく改良版 ABRB 順序付け法による ICCG 法の並列化"，情報処理学会論文誌：コンピュータシステム **46** (2005) No. SIG16(ACS12), 119–128.

[73] 藤野清次, 藤原牧，吉田正浩，"準残差の最小化にもとづく積型 BiCG 法"，日本工学会論文集 (2005).
`https://www.jstage.jst.go.jp/article/jsces/2005/0/2005_0_20050028/_pdf`

[74] 藤野清次，P. Sonneveld，尾上勇介，M. van Gijzen，"IDR(s)-SOR の提案，A proposal of IDR(s)-SOR method," 日本応用数理学会論文誌 **20** (2010), No. 4, 289–308.

[75] 藤野清次，関本 幹，村上啓一，"IDR(s) 法と BiCGStab(L) 法との複合反復法の比較に関する実験的考察"，日本応用数理学会 環瀬戸内応用数理研究部会 第 15 回シンポジウム講演予稿集，pp. 22–26，山口東京理科大学，12 月 3-4 日，2011.

[76] 藤原 牧，藤野清次，"対角補償型 ILUC 分解前処理の性能評価"，日本応用数理学会論文誌 **16** (2006) No. 4，481–496.

[77] 柿原正伸，小山大介，藤野清次，"外部 Helmholtz 問題で生じる線形方程式に対する前処理つき COCG 法の応用"，日本計算工学会 論文集 (2005) インターネット論文集
`https://www.jstage.jst.go.jp/article/jsces/2005/0/2005_0_20050022/_pdf`

[78] 柿原正伸，藤野清次，"緩和係数 ω を自動決定する対角緩和準ロバスト ICCG 法の収束性"，情報処理学会論文誌：コンピュータシステム **46** (2005) No. SIG4(ACS9), 45–55.

[79] 柿原正伸，藤野清次，構造解析で現れる線形方程式に対する対角緩和つき準ロバスト ICCG 法の収束性評価"，日本計算工学会 論文集 (2004) インターネット論文集
`https://www.jstage.jst.go.jp/article/jsces/2004/0/2004_0_20040020/_pdf`

[80] Moe Thuthu, Fujino, S., "Stability of GPBiCG_AR method based on minimization of associate residual," J. ASCM, **5081** (2008) 108–120.

[81] 村上啓一，藤野清次，"Eisenstat 技法を用いた前処理つき CG 法と同 MRTR 法の収束性比較"，日本応用数理学会 環瀬戸内応用数理研究部会 第 15 回シンポジウム講演予稿集，pp.16-21，山口東京理科大学，12 月 3-4 日，2011.

[82] Murakami, K., and Fujino, S., "A proposal of a product type iterative method using associate residual for parallel computer," Proc. of Int. Workshop on HPC and Krylov Subspace method, pp. 16–22, Beppu, January 23–26, 2013.

[83] 村上啓一，"同期点を削減した並列計算向き Krylov 部分空間法の提案"，九州大学大学院システム情報科学府修士論文，2013 年 2 月.

[84] 村上啓一，藤野清次，尾上勇介，平良賢剛，"メモリアクセスの視点からの Eisenstat 版前処理の考察"，日本シミュレーション学会論文誌 **3** (2011) No. 2, 36–47.

[85] 岡本則子，大鶴 徹，富来礼次，藤野清次，"有限要素法による室内音場解析における COCG 法の収束性"，日本計算工学会 論文集, 2005. インターネット論文集
`https://www.jstage.jst.go.jp/article/jsces/2005/0/2005_0_20050027/_pdf`

[86] Rouf, H. K, Costen, F., Garcia, S. G., and Fujino, S., "On the solution of 3-D frequency dependent Crank–Nicolson FDTD scheme," J. Electromag. Waves Appl. **23** (2009) No. 16, 2163–2175.

[87] Sekimoto, T. and Fujino, S., "A proposal of variants of BiCGSafe method for solving linear systems in realistic problems," The 2012 Int. Conference of Applied and Engineering, London, U.K., 4–6 July, 2012.

[88] Sekimoto, T. and Fujino. S., "Comparison of performance of several iterative methods for matrices appear in the field of electromagnetics," The Proc. of Int. Workshop on application of iterative methods to engineering and its mathematical element, Doshisha Univ., pp. 174–181, Oct., 2011.

[89] 染原一仁，藤野清次，"代数マルチブロック技法による ICCG 法の並列性能の向上"，情報処理学会論文誌：コンピュータシステム **47** (2006) No. SIG18(ACS16), 21–30.

[90] 染原 一仁，藤野清次，"Eisenstat 技法による DICCG 法の適用性拡張と収束性向上"，日本計算工学会論文集，Trans. JSCES, Paper No.20080004, 2008.2.28.
`https://www.jstage.jst.go.jp/article/jsces/2008/0/2008_0_20080004/_pdf`

[91] 染原一仁，藤野清次，"固有値の相加・相乗平均の関係を利用した前処理の提案"，日本応用数理学会論文誌 **18** (2008) No. 4, 85–103.

[92] University of Florida Sparse Matrix Collection,
`http://www.cise.ufl.edu/research/sparse/matrices/index.html`

[93] 安江 卓，藤野清次，中川弘明，"有限要素法ダム地震応答解析における非対称反復法の適用"，日本応用数理学会環瀬戸内応用数理研究部会 講演集，pp. 49–54，岡山理科大学，2011.1.22-23.

[94] 吉田正浩，藤野清次，岡田 裕，"重合メッシュ法による複合材料解析で現れる線形方程式に対するマスキング前処理つき CG 法の有効性"，日本計算工学会 論文集, 2006. インターネット論文集
`https://www.jstage.jst.go.jp/article/jsces/2006/0/2006_0_20060010/_pdf`

[95] 熊谷信昭，森田長吉，電磁波と境界要素法 (森北出版，1987).

[96] Richmond, J. H., "Scattering by a dielectric cylinder of arbitrary cross-section shape," *IEEE Trans. Antennas Propagat.* **AP-13** (1965) 334–341.

[97] 森 正武，数値解析，第 2 版 (共立出版，2002).

[98] 森 正武，杉原正顯，室田一雄，線形計算 (岩波書店，1994).

[99] Barrett, R., Berry, M., Chan, T. F., Demmel, J., Donato, J. M., Dongarra, J., Eijkhout, V., Pozo, R., Romine, C., and van der Vorst, H. (長谷川里美，藤野清次，長谷川秀彦 訳)，反復法 Templates (朝倉書店，1996).

[100] van der Vorst, H. A., *Iterative Krylov Methods for Large Linear Systems* (Cambridge University Press, 2003).

[101] van der Vorst, H. A., Melissen, J. B. M., "A Petrov-Galerkin Type Method for Solving $\mathcal{A}\boldsymbol{x} = \boldsymbol{b}$, where $\mathcal{A}$ is Symmetric Complex," *IEEE Trans. Mag.*, **26** (1990) No. 2, 706–708.

[102] Sogabe, T. and Zhang, S-L., "A COCR Method for Solving Complex Symmetric Linear Systems," *J. Comput. Appl. Math.*, **199** (2007) 297–303.

[103] van Gijzen, M. B. and Sonneveld, P., "An IDR(s) Variant with Minimal Intermediate Residual Norms," *Proc. Int. Kyoto-Forum on Krylov Subspace Method*, (2008) pp. 85–92.

[104] 中嶋徳正，藤野清次，立居場光生，尾上勇介，"2 次元電磁多重散乱の境界要素解析における IDR(s) 法の適用"，電子情報通信学会論文誌, **J92-C** (2009) No. 4, 111–118.

[105] Rokhlin, V., "Rapid Solution of Integral Equation of Classical Potential Theory," *J. Comput. Phys.* **60** (1985) 187–207.

[106] Rokhlin, V., "Rapid Solution of Integral Equations of Scattering theory in Two Dimensions," *J. Comput. Phys.* **86** (1990) 414–439.

[107] 小林昭一 編著，波動解析と境界要素法 (京都大学出版局，2000).

[108] Chew, W. C., Jin, J-M., Michielssen, E., and Song J. M., *Fast and Efficient Algorithms in Computational Electromagnetics* (Artech House, 2001).

[109] Nakashima, N. and Tateiba, M., "Greengard–Rokhlin's Fast Multipole Algorithm for Numerical Calculation of Scattering by N Conducting Circular Cylinders," *IEICE Trans. Electron.* **E86-C** (2003) No. 11, 2158–2166.

[110] Nakashima, N. and Tateiba, M., "A Wideband Fast Multipole Algorithm for Two-dimensional Volume Integral Equations," *Int. J. Numer. Meth. Eng.* **77** (2009) 195–213.

[111] 森口繁一，宇田川銈久，一松 信，岩波 数学公式 III 特殊関数 (岩波書店，1960).

[112] Ohnuki, S. and Chew, W. C., "Error Minimization of Multipole Expansion," *SIAM J. Sci. Comput.* **26** (2005) No. 6, 2047–2065.

[113] 辻井重男，鎌田一雄，ディジタル信号処理 (昭晃堂，1990).

[114] Knab, J. J., "Interpolation of Band-limited Functions Using the Approximate Prolate Series," *IEEE Trans. Inform. Theor.* **25** (1979) No. 6, 717–720.

[115] 中嶋徳正，立居場光生，“2 次元 Greengard と Rokhlin の高速多重極アルゴリズムの改良”，電気学会電磁界理論研究会資料，EMT-04-79 (2004).

[116] Nakashima, N. and Tateiba, M., “Computational and Memory Complexities of Greengard–Rokhlin's Fast Multipole Algorithm,” *IEICE Trans. Electron.* **E88-C** (2005) No. 7, 1516–1520.

[117] Nakashima, N., Fujino, S., and Tateiba, M., “State-of-the-art Linear Iterative Solvers Based on IDR Theorem for Large Scale Electromagnetic Multiple Scattering Simulations,” *Appl. Comput. Electromag. Soc. J.* **26** (2011) No. 1, 37–44.

索　引

欧　文

あ　行

か　行

さ　行

著者の紹介

藤 野 清 次
九州大学 情報基盤研究開発センター 先端計算基盤研究部門

阿 部 邦 美
岐阜聖徳学園大学 経済情報学部 経済情報専攻

杉 原 正 顯
青山学院大学 理工学部 物理・数理学科

中 嶋 徳 正
福岡工業大学 情報工学部 情報通信工学科

計算力学レクチャーコース
線形方程式の反復解法

平成 25 年 9 月 20 日 発 行
令和 5 年 1 月 30 日 第 4 刷発行

編 者 一般社団法人 日本計算工学会

発行者 池 田 和 博

発行所 丸善出版株式会社
〒101-0051 東京都千代田区神田神保町二丁目17番
編 集：電話 (03) 3512-3266／FAX (03) 3512-3272
営 業：電話 (03) 3512-3256／FAX (03) 3512-3270
https://www.maruzen-publishing.co.jp

組版／三美印刷株式会社
印刷・製本／大日本印刷株式会社

ISBN 978-4-621-08741-1 C 3353 Printed in Japan